婚禮風格
規劃概論
Wedding Planning
傅茹璋◎編著

陳 序

「結婚」是人生大事，而婚禮雖只是人生計畫上的一個點，但就戀愛中的新人而言，卻是兩人努力共度人生目標的開始。從古至今，因文化的差異，各國均有其特殊的婚禮習俗。

「婚禮」是一股時尚與美的流行。最重要的一步，是決定你的「婚禮風格」。要籌備一場屬於自己風格的婚禮談何容易，如何打造每一對新人的愛情故事及令人難忘感動的婚禮，更需要投入全心的熱情。在開始進行婚禮籌備事宜前，新人們需要花一點時間先討論兩人喜歡的婚禮風格是什麼？期盼與會佳賓都能目睹一場最完美的愛情盛宴。

這本書裡，不但可以認識婚禮規劃的變遷，瞭解現今婚禮市場的概況，從實務中體認相關流程及未來市場的發展趨勢，是一本值得擁有的婚禮工具書，推薦給每位共組家庭的新人。

醒吾科技大學副校長

陳義文

李　序

我國自古崇尚禮儀，《禮記‧曲禮上》：「夫禮者，所以定親疏，決嫌疑，別同異，明是非也。」說明凡事都以禮為規範，從食衣住行應對進退各方面都是如此，代表我們對每一件事的態度和重視。而「婚姻」是人生中重要的大喜之事，關於婚嫁的種種禮俗約定，也正告訴我們婚姻是隆重而不可輕乎的。

「男大當婚，女大當嫁」，在遇到對的對象，攜手迎接成家面對結婚時，此刻心中想必充滿了幸福的期待，但是隨之而來的結婚儀禮及過程，卻是繁複且令人不知如何準備起……，因此提供一份完整的正確資料是何等地重要，不僅是本土的婚嫁禮俗而已，本書還詳細蒐集了世界各地的婚禮文化差異，提供讀者做參考。

時至今日，人們的世界觀早已非封閉的地區性思想，本書見證了人類的婚嫁禮俗演變，更扮演著傳遞文化和教育的角色，以婚嫁禮俗為核心，延伸至一對佳人喜悅尋覓良緣，而至相遇結婚乃至婚後的各種相處儀禮介紹等；並從古代的婚俗六禮介紹，一直到現代的婚嫁體驗、過程，完整地做介紹和推廣，提供大眾更容易認識和親近婚俗禮儀的機會。

另外為發揚傳統喜餅文化及婚嫁禮俗之美，也將喜餅與文物、婚嫁禮儀演變做系統性介紹，帶領民眾從百年前的光景開始認識傳統的禮俗，直至現今各種習俗變化與進行婚嫁的繁複隆重等禮俗介紹，讓民眾能更深切地瞭解喜餅及婚俗儀禮的深厚內涵。

我們希望藉著這本書讓讀者更加認識婚嫁前後之種種甜蜜的過程，期待幸福的故事就從這裡開始吧！

郭元益糕餅博物館 楊梅館館長

李坤聰

林　序

我十八歲進入職業攝影業時，即被日本影壇巨擘——黑澤明導演的成就訣竅啟示：閱讀、創作、永不放棄！雖然是簡短的幾句話，卻餵養了我一生。

如今回顧我四十餘載的攝影生涯，雖然未晉大導演之姿，卻經歷無數的天使、好人、貴人、奇人的精彩與幫助，因而豐盛了生命中的每一個橋段。看完了傅老師的《婚禮風格規劃概論》後，即是一例。早在十五年前，我即與新婚妻子坦訴完成這類專書的心願，以作為這一生獻給婚紗職場的大禮，這一直擱在心中的大夢，在現實中一再石沉大海。

2014年12月，像是戰火遍地的驚險時刻，我完成了兩個展覽的開幕會，一本攝影集，及遷移攝影棚至淡水文化園區的繁重工作。因此，每個時刻的呼吸皆處於忙亂緊促之中。在這兵荒馬亂之際，來自醒吾大學的傅老師，優雅地現身在我的工作室，為其新書徵詢我的意見，我卻因故遲到了一個小時，途中暗自內疚，卻又期待她已不耐的離開。未料，傅老師的優雅謙遜，與溫柔堅定的等待，交談中言辭更彰顯了 神的心與信念，於是我順服了這一個突來的任務，拜讀傅老師的大作，著手為其寫序。

傅老師顯然是有備而來，書中詳盡敘述近半世紀婚紗業、婚顧業及世界婚禮大觀，其內容之詳盡與完備，令人驚嘆！讀來毫不費力，處處引人入勝，展頁拜讀卻不知東方即白。

雖然被吞噬了一夜的好眠，卻開啟了一幕幕的回憶：從單一市場進階多元市場到整合市場；從單純的傳統到現代多元混搭的面向；從職場中的流程、競爭、變化與預備的態度、能力、方向……鉅細靡遺，圖文並茂，精彩、精準又流暢的貼心呈現，這的確是一本所有婚禮產業鏈的經營者及工作夥伴必讀的好書，同時更是預備進入這職場

的新鮮人必備的工具指南。

書中除了陳述婚禮產業變革中的轉折及應變之道，亦在婚禮產業本土化及國際化方面的有深度著墨。拜讀之後，對我而言，既是回憶錄又有溫故知新的效果，像是大補丸，彌補了我在職場中忙碌所忽略的許多細節，及面對相關產業鏈相互間的影響力與靈敏度，更是從業者的致勝之道！

啟示錄人文影像館館長

林　聲

自序

2011年8月擔任醒吾科技大學時尚造形設計系之創系主任，便思考時尚造形設計系，適合以「婚禮產業」為本系的發展方向之一，因為「婚禮產業」為生活產業、美學產業、時尚產業與文化產業等跨域整合之產業；可提供學生畢業後更多元的就業機會，並符合時尚產業發展潮流的趨勢。

「婚禮產業」所發展的婚禮顧問（婚禮企劃師），成就新人的夢想；並將婚紗、攝影、花卉、喜餅、印刷、婚宴、金飾及旅行業等行業連結為套裝產業。婚禮顧問擔任新人婚禮的魔術師、導演與貼心的管家，負責企劃與執行從婚前籌劃階段、婚禮舉行階段與婚後階段的各項服務。婚禮顧問除了須具備婚禮習俗、時尚美學、婚宴禮儀、會館佈置與服務諮詢等專業素養，並須具備創意、整合與溝通的人格特質。台灣婚禮產業近年來，每年創造新台幣1,000億的商機，由於台灣推陳出新與包套式的婚禮產業蓬勃發展，吸引大陸與東南亞的新人，專程到台灣拍攝婚紗照，成為繼「會展產業」發展而創造就業機會的「台灣之光」；這些成就歸功於台灣過去從事婚紗業、攝影業與婚宴場所等業者，因應市場消費者需求，異業結盟與經驗累積之下的跨域整合成果。

因應台灣婚禮產業發展的從業人才需求，許多大專技職院校開設「婚禮風格規劃」課程，適逢2013年底業界推出「時尚婚禮企劃師乙級證照」專業證照考試，提供婚禮產業在職從業人員，以及有志從事婚禮產業的在學學生，更專業與彼此交流新知的平台。有鑑於「婚禮風格規劃」專書的缺乏，筆者將過去教授該課程的資料彙整，與協助新人籌劃婚禮經驗的累積，系列性地編撰婚禮產業之相關專書；由於多種客觀因素的限制，本書尚有婚禮產業發展的資料須透過更多先進前輩指導，方能更完整與精緻呈現；此乃筆者努力的目標。

本書的出版，特別感謝揚智文化公司的邀約，陳祐明老師、余凱琳夫婦、高捷中夫婦等親友們提供的結婚照片，以及郭元益糕餅博物館鼎力支持本書出版所提供的珍貴史料。最後感謝醒吾科技大學陳義文副校長、郭元益糕餅博物館李坤聰館長，以及專業資深攝影藝術家林聲老師應允，為本書撰序，因此更添本書之價值與祝福。

傅茹璋

於2014年臘冬

Contents

目　錄

CHAPTER

1

婚禮市場概況

一、台灣婚禮產業發展

二、台灣婚禮產業鏈

三、台灣婚禮市場規模與消費偏好

結婚乃人生喜事，只要經濟條件許可，雙方家庭多願意提供子女最貼切的婚禮，而新人也多希望在婚禮的過程中，留下人生最美好的回憶。因此，婚禮習俗展現人類的生命傳承、歷史文明、衣著服飾、飲食文化，以及種種的生活記憶累積與傳承。

一、台灣婚禮產業發展

據經濟部商業司（2009）資料顯示，台灣近年之婚禮產業已增至每年1,000億的商機。台灣的婚禮產業擁有1,000家以上婚紗店、20,000名以上員工，並持續增加中。

日本與歐美的結婚照多在結婚現場才拍攝，台灣則把婚禮產業群聚成整合型產業，不僅結婚前便拍攝，同時具備主題故事，並提供婚紗禮服、攝影、造型美髮化妝等的整合方案；有別於國外婚紗在攝影、禮服、造型上多各自獨立。台灣的婚紗業者早在1970年代便開始自動整合，將化妝、禮服、攝影等集中經營，成為獨步全球的「三合一婚紗攝影」。台灣的婚紗攝影發展成龐大的婚禮產業；並帶動其他周邊的產業，如沖印、相簿相框、禮服製作、新娘化妝、花卉業（新娘捧花、車飾、禮堂佈置）、美容美髮、印刷業（喜帖）、喜餅喜糖、蜜月旅行，以及新興的婚禮顧問（婚禮企劃）（Wedding Planner）服務等。婚禮的形式與內容可依照新人的背景、愛情故事、星座與興趣連結等方式，呈現屬於新人的故事與風格的主題婚禮。近年來在台灣，幾乎九成以上的結婚新人都選擇拍婚紗照，成為婚俗不可或缺的一部分。由於台灣主題婚禮的發展，台灣婚禮產業除了輸出至鄰近的東南亞國家，並在中國大陸婚禮市場蓬勃發展。

依據內政部戶政司統計資料，2008年結婚平均初婚年齡男性為31.1歲，女性為28.4歲；2009年結婚平均初婚年齡男性為31.6歲，女性為28.9歲；2010年結婚平均初婚年齡男性為31.8歲，女性為29.2歲；

2011年結婚平均初婚年齡男性為31.8歲，女性為29.4歲；2012年結婚平均初婚年齡男性為31.9歲，女性為29.5歲；2013年結婚平均初婚年齡男性為32歲，女性為29.7歲；台灣社會呈現普遍遲婚、少子、老齡化社會的現象。雖然結婚率逐年下降（結婚率從2000年之8.3%下降至2007年之5.8%），但台灣的婚禮顧問市場近十年來每年卻依20%的速度成長。

結婚率逐年下降

2008年結婚對數為154,866對，2009年結婚對數為116,392對，2010年結婚對數為133,822對，2011年結婚對數為165,305對，2012年結婚對數為142,846對，2013年結婚對數為147,486對，2014年結婚對數為149,287對。

過去婚紗業獲利率高達30%，但是在1,000家同業的激烈競爭下，成本從營收的20%，提高到30%，獲利率也降到15-20%之間。除了過度競爭，結婚人數暴跌也是主因。如何透過精緻化品質與服務，強化婚紗產業的競爭力，成為各家婚紗業者的目標。也由於台灣婚紗業者以過去台灣婚紗產業發展的基礎之下，不斷創新與跨域整合，成為台灣重要的創意產業發展，並打造繼「會展產業」與「文化創意產業」之後的台灣之光——「婚禮產業」。

(一)台灣婚紗產業發展的階段

參考中研院台史所檔案館及文建會數位典藏（文化部）之資料，以及資深婚紗攝影業者提供資料研析；台灣婚禮產業發展，依新人穿著之婚禮服飾特徵，可略分為六個時期：(1)過渡時期（1910-1920年代）；(2)西化時期（1930-1960年代）；(3)啟始期（約1970年代）；(4)轉型期（1980年代）；(5)包套成長期（1990年代）；(6)創新發展期（2000年代迄今）。

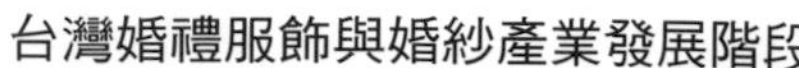
台灣婚禮服飾與婚紗產業發展階段

分期階段	年代	主要發展特色
過渡時期	1910s-1920s	從傳統中國婚禮象徵喜氣的大紅色禮服，要到1910年代以後，才開始出現轉變成西方表示聖潔的白色婚紗，而且是從頭紗開始改變。
西化時期	1930s-1960s	台灣的婚禮服飾風格演變到1930年代，呈現出完全西式的特色。
啟始期	1970s	結婚拍照與新娘禮服行業結合。
轉型期	1980s	提供結婚照、新娘禮服、美髮、新娘化妝服務。以上項目分別計價，為簡易套裝結婚照產品。提供室外拍照與攝影棚內拍服務；拍照日期與結婚日期分開，婚紗店逐漸形成。
包套成長期	1990s	包套產品服務成形：包括拍照前的溝通、一對一（One by One），以及安排一整天拍照服務，甚至安排到風景區外拍。婚紗街逐漸群聚成形。
創新發展期	2000s迄今	主題婚禮興起，客製化的婚禮百花爭鳴，婚宴會館設備新穎多樣選擇，婚禮顧問公司因應而生；整合式婚禮產業蓬勃發展。

◆台灣婚禮服飾的過渡時期（1910-1920年代）

中國傳統的新娘服飾為大紅的鳳冠霞帔，傳統的西方新娘服飾則穿著白紗。清治時期大戶人家的新郎穿著依據中國傳統的長袍馬褂，樣式與官服相似；而一般平民新郎的禮服樣式較為簡單，大多穿著漢式藍色的衣服與褲子。台灣的婚禮服飾從傳統中國婚禮象徵喜氣的大紅色禮服，直到1910年代以後，才開始出現西方表示聖潔的白色婚紗，而且是從頭紗開始改變。

日治時期，日人穿著西裝慢慢影響台灣仕紳，西式正式禮服分為兩種，一是晨間禮服（Morning Coat），依當時之唸音近似「摩令古」，用於新郎服裝；另一種即為燕尾服。1910年代受到西服普遍化影響，新郎在婚禮的穿著逐漸改變，晨間禮服通常穿著白色襯衫搭配直條紋長褲，領帶是以銀灰或白色的色系視為正式，同時搭配西洋黑色禮帽，是上流仕紳的時尚表徵。受到日本文化影響，1910年代，台

晨間禮服

曾經是歐洲上流階層出席英國Ascot賽馬場金杯賽時的服裝，因此也被稱為「賽馬禮服」。後來晨間禮服被視為白天參加慶典、星期日的教堂禮拜，以及婚禮活動的正規禮服，而且在一些正規的日間社交場合也同樣會出現很多身著晨間禮服的紳士。現今，繁複的晨間禮服已經不太常見，但在歐洲，晨間禮服仍是男士禮儀的一部分，尤其是參加一些有貴族傳統的體育賽事。而在日本，晨間禮服至今仍然是要員們白天參加各種活動的標準著裝。晨間禮服上裝為灰、黑色，後擺為圓尾形，其上衣長與膝齊，胸前僅有一粒扣，一般用背帶。配白襯衫，灰、黑、駝色領帶均可，穿黑襪子和黑皮鞋。

新郎打扮全盤西化，新娘身穿寬身寬袖的漢式上衣，搭配長衫裙，頭戴及地白色西式頭紗。
張庚崑夫婦結婚紀念照（1936）
資料來源：文建會數位典藏

新娘穿著連身直筒長洋裝，搭配長袖短外套，白色的頭紗，新郎身著西服、西褲加上領帶。
林芳平夫婦結婚紀念照（1936）
資料來源：文建會數位典藏

灣的新人已開始穿著西式婚紗和洋式禮服禮帽；新郎頭戴大禮帽（Silk Hat），身穿「福鏤庫」禮服（Frock Coat）（亦稱工裝外套），雙手戴白手套。1910年至1920年代，新人穿著的服飾及頭紗造型，受日本與西方文化的影響，不再只是大紅的衣裳，並出現淺淡粉色裝飾。1920年至1930年代，台灣新娘頭戴長頭紗，身穿過膝洋裝，頭紗（Veil）緊緊包住額頭，連耳部都遮住。

在日治時期，日本人結婚時開始穿白紗禮服，台灣女孩也學穿著白紗禮服，因長輩覺得白色甚為不吉利，新人於是買粉紅色的禮服，看起來有些土氣。當時的新娘因追求時髦的中西式風潮，婚紗禮服嘗試混合搭配，產生婚紗產業中西化服飾融合的過渡期。

1499年法國路易十二與安妮．布列塔尼的婚禮上，新娘的結婚禮服，是第一次有文獻記載的婚紗。傳統婚紗一般為白色，採用白色的傳統可追溯至1840年，英國維多利亞女皇的婚禮。當時女皇穿著白色婚紗，拖尾長達18呎，官方照片被廣泛刊登，不少新娘希望穿著類似的婚紗，這傳統一直流傳至今，而拖尾的長度也有新人財富的象徵，1980年代英國黛安娜王妃結婚時的禮服約有480呎。

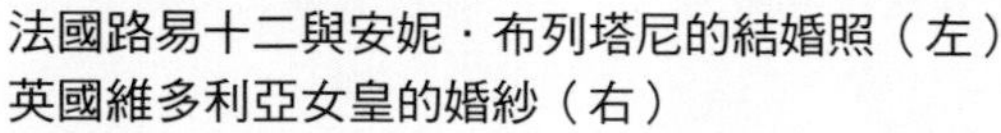

法國路易十二與安妮．布列塔尼的結婚照（左）
英國維多利亞女皇的婚紗（右）

資料來源：Eileen Makeup Artist時尚彩妝新娘秘書（2014）

婚紗的故事

在維多利亞時代以前，婚紗可以是除了黑色（表示哀悼）或紅色（與娼妓有關連）以外的各種顏色，白色婚紗代表內心的純潔及像孩童的天真無邪，後期則演變為童貞的象徵。第一次世界大戰後的1920年代，女性社會地位的改變，也使婚紗的風格大異從前，而有短裙設計的婚紗出現。1940年代因為第二次世界大戰的緣故，婚紗的製作取得不易，因此新娘的結婚禮服轉為簡單樸素，或是向親友借現成的婚紗，許多母親也會將自己的婚紗當作傳家寶，讓自己的女兒在結婚時穿上自己結婚當時的婚紗。

由中研院台史所檔案館資料顯示，1912年4月27日，板橋林家林祖壽與清水蔡蓮舫女兒蔡嬌霞結婚時拍攝的照片，蔡嬌霞女士身穿傳統中國嫁衣及霞披、頭戴鑲有珠簾的鳳冠，林祖壽先生穿戴清代長袍馬褂官服。當時台灣婚禮的新人穿著，仍依循中國的婚禮服飾。

1912年4月27日林祖壽與蔡嬌霞結婚照

資料來源：蔡蓮舫文書，中研院台史所檔案館數位典藏

1910年代左右，拍照技術才逐漸傳入台灣；1910至1920年代之間，是台灣婚禮服飾的過渡時期，受到日治時期的西化風氣影響，中西混搭的服飾風格充分表現在婚禮的禮服上。新郎身著工裝外套的西

式長禮服、山高帽（Bowler Hat）搭配黑色皮鞋，新娘卻穿著台灣衫。此時期西式作風已在台灣社會中出現，身著西服是時髦的象徵，遂出現「西服配台灣衫」的特殊景象。

1911年，高再祝與高許美的結婚週年紀念照片中，高再祝依舊身著工裝外套禮服搭配黑色皮鞋，高許美則從台灣衫改穿改良式禮服，頭戴白紗、手持百合捧花。

1920年代，霧峰林垂拱先生並未穿著時髦的西裝，而穿著中國傳統的長袍，陳瓊珍女士也未穿著完全西式的長裙擺禮服，卻以短版的鳳仙裝搭配長度及地的白色頭紗，且穿著帶刺繡圖案的布質高跟鞋。

1910年4月21日高再祝、高許美結婚照（左）
資料來源：台北大安高慈美文書，中研院台史所檔案館數位典藏
1911年高再祝、高許美結婚週年補拍婚紗照（中）
1920年代林垂拱、陳瓊珍結婚照（右）
資料來源：台北大安高慈美文書、蔡蓮舫文書，中研院台史所檔案館數位典藏

藉由過渡時期的兩張老照片，看出台灣當時已將一般喜事視為禁忌的白紗，轉化成為聖潔的象徵，而西方婚禮服飾也逐漸傳入台灣社會。

◆台灣婚禮服飾的西化時期（1930-1960年代）

台灣婚禮服飾至1930年代，呈現完全西式的特色。新郎多身著晨間禮服、手持高呢帽，並搭配黑色皮鞋。受到日本文化影響，1930年初期新娘禮服曾經流行粉紅色。日治時代，台灣上流家庭婚禮照片顯示，新人兩側坐介紹人，雙方家長依序落坐兩側。戰前台灣處於中西文化衝突與融合的時代，依當時習慣，上流男士穿中式禮服。1930年代中期之後，原來的中西式混合禮服隨即被西洋樣式的禮服取代。

高慈美身著西式長裙禮服（Wedding Dress），莊素鶯則難以辨識是否穿著連身禮服，但裙擺明顯看出並未及地；兩位新娘皆手持百合捧花，頭戴曳地的白色頭紗；四位新人雙手皆戴白色手套。

1937年李超然、高慈美結婚照（左）
1937年蔡伯淙、莊素鶯結婚照（右）
資料來源：台北大安高慈美文書、蔡蓮舫文書，中研院台史所檔案館數位典藏

結婚必須戴手套的涵義

西方認為手套是象徵愛情的信物，台灣老一輩的說法認為，結婚當天新娘不須做事，日後比較好命，因此新娘才須戴手套。

1942年日治時期末期，日本在東亞的戰事不斷擴大，上流社會的結婚儀式，新郎仍穿晨間禮服，「中流」（中產階級）階級，則穿著戰時服裝「國民服」。

1950年代後，新娘禮服流行蓬裙，手捧鮮花，偏好拖曳拉長的裝飾，為當時正式的結婚照。戰後初期，有些新郎仍穿晨間禮服，絲質高禮帽已經告別。1951年至1960年十年間，國民黨撤退來台後，產生大時代清貧的浪漫婚禮，軍裝與白色婚紗的結婚照，記錄顛沛流離時代的愛情故事。

在1950年代，大約有80%的新人會拍結婚照。直至1970年代，新人才全面普及拍結婚照。

1952年邱榮昌夫婦結婚照
資料來源：李楨英女士提供

1950年代結婚照
資料來源：陳祐明老師照片蒐藏

1955年李金英夫婦結婚照
資料來源：李楨英女士提供

1961年高一鳴夫婦結婚照
資料來源：李楨英女士提供

1968年李明寶夫婦結婚照
資料來源：李楨英女士提供

1965年9月15日一鳴、秀圓夫婦結婚照（左）；1962年2月22日黃暄嬪夫婦結婚照（右）
資料來源：陳祐明老師照片蒐藏

1967年1月10日林重政、何曉梅結婚照（左）；1967年6月18日正培、鳳珠結婚照（右）
資料來源：陳祐明老師照片蒐藏

1968年5月9日作民、素娥夫婦結婚照（左）
1968年12月7日興山、阿梅夫婦結婚照（右）
資料來源：陳祐明老師照片蒐藏

◆台灣婚禮服飾的啟始期（1970年代）

從日治時代，便有日本人經營的「寫真館」提供結婚照服務，當時因為相機昂貴，一般台灣人很少擁有相機，只好至「寫真館」拍攝結婚照。因此，婚紗攝影業由傳統的照相館為新人提供結婚照服務。

1970年代婚紗攝影起步，當時主要發展特色，是結婚拍照與新娘禮服結合；1970年代以前，照相館和禮服出租店是分開的。當時的傳統照相館一般都預備一至兩套的結婚禮服，並非提供新人租用，是方便供新人拍照備用。1970年代之後，婚紗攝影服務全面普及全台灣，並傳至中國大陸、香港、新加坡等地，及擴展至其他國家的華人社區。此時期的造型都是結婚當天到美容師店裡化妝，晚上喜宴結束卸妝。照片沒多少變化，都是穿著白紗與西裝，目不轉睛地盯著鏡頭，神情嚴肅。

1970年台灣上流社會的新娘穿著的禮服樣式，幾乎都穿著西式的白色長洋裝和白色頭紗的禮服。1970年代開始，新娘禮服流行合身、窄長款式，頭紗流行小帽綴花的長頭紗，新娘禮服重視拖曳效果。至1970年代後期，則逐漸開始回復蓬裙款式。

1970年代，邁入彩色照片時期，人物與表情都變得比較親密或活潑。攝影地點在室內照相館，或在新人家拍攝，結婚照形式仍與新人生活場景結合。比較黑白照片，彩色照片豐富的色彩更貼近現實生

活，提供新人拍攝結婚照的樣式與張數多樣化選擇。當時照相館發展趨勢，乃結合結婚攝影與新娘禮服的經營方式；新娘禮服與拍攝結婚照，成為關鍵的影響因素。

1977年，台灣婚紗攝影逐漸發展成整合多項內容的服務性工業，包含禮服製作、專業美容造型師、拍照、底片沖洗、電腦美工處理至印刷等；婚紗照產業在台灣供需市場的消費生產結構形成。婚紗與攝影結合的大眾化消費市場，形成一股風潮，邁入產業化的經營；逐漸地，替未來婚紗業者的蓬勃發展，奠定成長基石。

1970年至1980年代，結婚照的拍攝已與「婚禮」分開，婚禮前先在專業相館拍攝婚紗照，由攝影師掌鏡並設計各種變化效果，在當時蔚為風潮；照相館亦提供禮服、化妝等專業的服務。

當時，婚紗業有很明顯的淡旺季之分，只要遇上所謂的好日子，便有許多新人等候拍照；對於拍照品質難以管控，為縮減淡旺季的落差，以及希望提升照相的品質，於1978年提倡婚前拍照模式，改變結婚當天拍照的習俗。

1978年王台慶夫婦婚紗照
資料來源：王台慶夫婦提供

1979年余凱琳夫婦訂婚與結婚照
資料來源：余凱琳夫婦提供

◆轉型期（1980年代）

此時期，婚紗產業產生結構性變化。婚紗店在轉型期的關鍵特色，包括拍照日期和結婚典禮是分開的，消費者可以花比較多的時間與選擇喜歡的外景地點拍照。拍照內容呈現多樣化；除了白紗禮服和西裝，加上傳統的中式禮服、西式晚禮服、日本和服等，在攝影棚內及外景拍照。為了準備新娘多種造型提供拍照，婚紗店開始將美容美髮納入營業項目。部分攝影公司改變過去到新人家外拍的形式，提供新人到「風景區」拍照的方式，從此，婚前拍照風氣逐漸形成，消費量逐漸增加。同時，攝影公司開始納入相關的上下游服務項目，進行多角化經營。禮服出租與美髮美容成為重要的新增營運項目，是台灣婚禮產業中，婚禮顧問服務的前身。

由於包套制度大幅激增消費量，加上經濟持續成長，拍照風氣日盛，利潤高，吸引許多業者加入。掌握消費者需求變化之相關訊息，婚禮業者求新求變，成為婚紗禮服、婚紗攝影與新娘造型業者存活之關鍵。

當時，新娘禮服設計上，流行宮廷式的高領，大片的蕾絲，白色花朵，展現高雅氣質。

1983年林久雄夫婦婚紗照
資料來源：林久雄夫婦提供

◆包套成長期（1990年代）

1990年代後，婚紗店的數目迅速增加，婚紗業市場進入高度競爭期（這個階段，每一年台灣結婚的人數都相差不多，約十五萬對）。為了吸引客人上門，每家婚紗店除了高品質的攝影技術之外，多樣化商品選擇，創新的管理技術和溫馨的服務，成為新市場利基；因應消費市場的需求，婚禮顧問業開始進入台灣市場。

婚紗攝影之整合式服務（包套制）成為主流，這樣的包套服務，包辦造型、服裝及攝影。內容包括：

1.新娘禮服：白紗、晚禮服、西裝、伴娘服、花童服、父母親服裝等。
2.攝影：動態、靜態、室內、戶外、巨幅照片、相本、包裝、贈品等。
3.新娘化妝：新娘、新郎、伴娘、伴郎等。
4.其他：車花、禮盒與婚禮小物等。

婚紗包套制風行，提供新人各項服務，如訂婚的禮服、結婚禮服、新郎的西式禮服、造型設計、攝影照片、美工相本設計，以及如邀請卡、謝卡、新娘捧花、簽名綢等結婚儀式的用品，提供消費者更

多樣的選擇。包套制度階段，婚禮儀式出現變化；婚宴入口出現巨幅新人婚紗照片，並提供謝卡；貼心的包套服務，使新人於婚宴的任務是扮演好畢生重要的幸福愛侶。新人在拍攝婚紗照之前，依訂定契約內容，與消費者溝通拍攝細節，包括外景拍攝及配合蜜月旅行攝影設計等的服務項目。婚紗包套制提供一對一（One by One）的服務品質保證，帶給消費者特別的經驗；不只提供具體的商品，同時銷售看不見的商品：經驗與情感的體驗。由於婚紗包套制度愈趨成熟，以及產業群聚趨勢，台灣每個縣市產生婚紗業者群聚效應，形成婚紗街，提供新人拍攝婚紗選擇的便利性。

攝影師不只在拍照，並營造浪漫的氣氛，導引新人在鏡頭前擺出親密幸福的姿勢。攝影師的溝通能力已經被視為服務的項目之一，具有增加商品價值的影響力。

1992年Morris Yan夫婦結婚照
資料來源：Morris Yan夫婦提供

◆創新發展期（2000年代迄今）

此時期之婚紗攝影基本模式與1990年代大致相同，因應客製化市場需求，婚紗業者更注重與新人拍攝前的溝通，打破原由婚紗公司設計的包套制模式服務。婚紗店的禮服琳瑯滿目，強調時尚設計概念、色系材質與造型搭配等服務，並與國外的流行時尚趨勢結合；因應新人婚禮場合與需求，提供新娘白紗禮服、小禮服、晚宴服、民族服飾與禮服等選擇。

2000年代起，客製化的婚禮百花爭鳴，主題婚禮興起，婚禮顧問（婚禮企劃）應運而生。飯店業者增設婚禮企劃部門；婚禮會館提供多樣化精緻服務；海外婚禮成為婚顧公司服務的項目。婚紗業者、飯店業者、糕餅公司、禮品業者、旅行業者等行業，成為婚禮顧問合作對象；整合式婚禮產業蓬勃發展，並吸引東南亞與大陸等新人至台灣拍攝婚紗照；台灣婚禮產業創造無限商機。

2014年高捷中夫婦婚紗照
資料來源：高捷中夫婦提供

2014年王榮寧夫婦婚紗照
資料來源：王榮寧夫婦提供

(二)傳統結婚照和當代婚紗照消費模式的差異

自1970年以降，因應婚禮市場的需求，以及新人夢想人生珍貴經驗的追求，人們對於婚禮的要求愈來愈挑剔，於是發展出代表台灣之光的「婚禮產業」。1980年代前後之婚紗照消費模式產生結構性變化，並奠定現今婚禮市場多元而富創意的婚禮產業市場的契機，並吸引東南亞或香港等華人的新人至台灣拍攝婚紗照。

台灣的婚禮服務產業形塑婚紗照標準化，不但裝扮新娘，並決定當代台灣婚紗照的拍攝形式與內涵。婚紗業者的關鍵性角色，與傳統的照相館相比，婚紗店不只是拍照，並提供所有與婚禮相關的服務；例如結合結婚禮服、美容美髮、造型設計和攝影等。婚紗產業結合生

產和銷售，並同時影響大眾消費模式。消費者願意花錢拍婚紗照的心理因素，在於大多數的人普遍相信結婚是人生的大事；因此，婚紗業者便掌握商機，只要婚姻制度存在，婚紗業者因應市場需求，總能從中獲利。

當代的婚紗攝影受到數位化影響，除了拍照外，通常需與其他產業結合；依據顧客訂婚或結婚的需求，可提供相關服務，包括：

1.攝影棚內的正規拍照。
2.戶外拍照，如公園、海灘或其他風景較好的地方。
3.室內拍照，如教堂、寺廟或是其他慶典、儀式場所。
4.婚禮進行中的新人與其親友、訪客等拍攝。
5.數位服務，如新人成長與戀愛故事等影片編輯與婚禮現場播放。
6.將婚禮拍攝成果製作成專輯等。

傳統結婚照和當代婚紗照的生產過程和消費模式之差異

消費階段	結婚照（1980年之前）	婚紗照（1980年之後）
製造場域	照相館、新娘禮服租賃、美髮美容院	婚紗店
通路	消費者必須在上述不同的店家採購所需的商品及服務	從婚紗街或是婚紗攝影禮服展覽秀場挑選一婚紗店買組包套產品
服務	鬆散的供給與需求的買賣關係	消費者與服務人員之間有親切緊密的關係
消費經驗	花時間採購，費時且不方便	體驗以客為尊的全方位服務品質，省時方便

參考資料：于亦知、詹詠為、蕭智強、楊子毅、陳思妘（2013）

二、台灣婚禮產業鏈

依據前述台灣婚紗產業發展歷程，台灣婚禮產業範圍以婚紗攝影業為發展主軸，旁及上下游婚禮相關產業，包括婚禮顧問業、糕餅業、金飾業、婚宴業及其他婚禮細項等。

婚禮產業之消費價值鏈，婚紗攝影的預算比例較婚宴為低，由於婚紗攝影業在婚禮產業鏈中的發展，較婚宴業更上游，可以較早接觸到消費者；因此，婚紗攝影業在整個婚禮相關產業中仍具關鍵地位。

婚紗業主要從業人員，包括攝影師及造型師等藝術工作者、婚紗設計及製作者、門市服務等服務人員，以及後勤支援行政管理等人員。

上游產業	中游產業	下游產業
紡織業原料製造、服裝加工製造、農林漁牧業、食品加工業、攝影器材、花卉裝飾品等製造業等	婚禮服務、婚紗攝影、婚紗禮服、金飾、婚宴服務等 禮服設計、餐飲服務、婚禮顧問等	家電、傢俱、裝修、房地產、居家用品、汽車等

台灣婚禮產業上中下游產業鏈圖

另依據經濟部商業司（2009）資料說明，從結婚過程中的三個階段面臨不同需求，進而形成婚禮產業鏈。

(一)婚前準備階段

從單身交友開始到迎娶前準備、婚禮規劃到婚前健康檢查等過程，所包含的產業有婚姻仲介、銀行貸款、印刷業、食品糕餅業、資

訊傳播業、婚禮顧問、百貨業、珠寶業、婚紗攝影業、美容美髮業、健檢中心等。

(二)婚禮舉辦階段

主要以配合迎娶、宴客時的活動及相關環節安排為主，其相關產業別包括汽車租賃業、婚禮顧問、婚紗攝影業、花店、婚禮小物業、結婚百貨業、飯店業、餐飲業等。

(三)婚後生活階段

婚後生活階段比較沒有急迫性時間排程，且消費者會多次性消費，該相關產業為長期受益，其涵蓋領域有旅遊業、家電零售業、房仲業、室內設計、傢俱及家飾業、保險業、食品糕餅業、婚紗攝影業等。

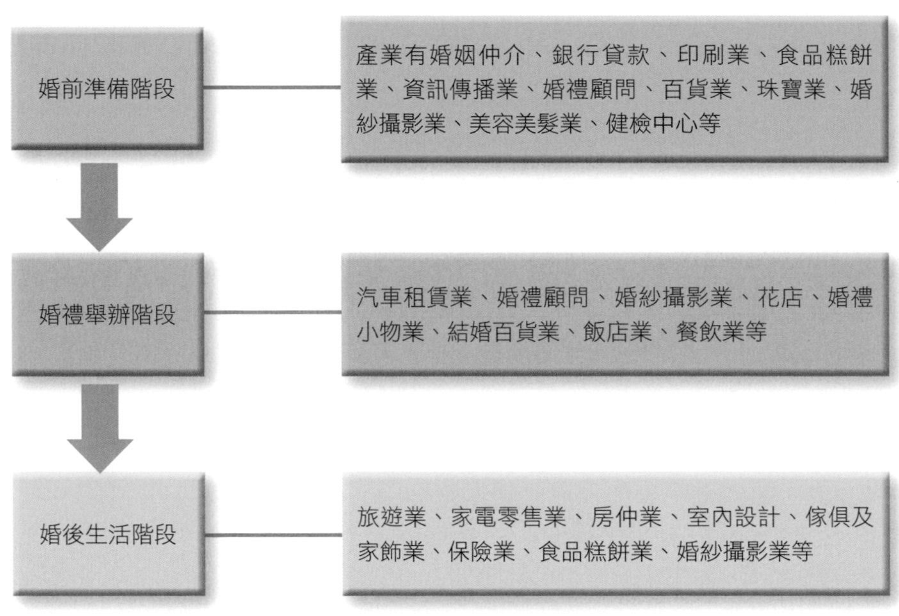

結婚三階段之婚禮產業鏈圖

資料來源：筆者繪製

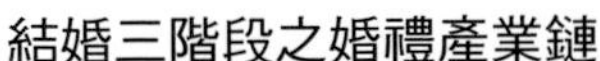

結婚三階段之婚禮產業鏈

階段	需求項目	內容與活動	業種／業態
婚前準備	婚姻介紹	交友聯誼	婚友社、婚姻仲介
	結婚貸款	結婚資金籌備	銀行、融資業
	喜帖	內容設計與印製	印刷業、廣告設計
	喜餅喜糖	喜餅喜糖訂製	食品零售業、糕餅業
	結婚資訊	資訊蒐集、電子喜帖與相簿、婚禮規劃	資訊業、婚禮顧問、雜誌業
	禮俗物品	服飾（洋裝、西裝、皮夾／包、皮帶、手錶、領帶、襪子等）	服飾業、鐘錶業、百貨業
	婚戒珠寶	婚戒、飾品（項鍊、手鐲等）	珠寶業
	婚紗攝影	婚紗造型、婚紗照、相本製作	婚紗攝影、婚禮顧問
	美容美髮	美容保養、塑身、剪燙、護髮	美容業、美髮業
	健康檢查	婚前健康檢查	健檢中心、醫院
婚禮舉辦	造型設計	婚禮造型／化妝	美容業、美髮業、婚紗攝影業
	婚禮場所租借	教堂、宴客場所訂製	
	婚禮佈置	汽球／花卉訂製	結婚百貨業、花店、婚禮顧問
	禮車安排、交通接送	禮車租借、親友交通安排	汽車租賃業（汽車、遊覽車出租）
	婚禮過程安排	婚禮主持	婚禮顧問業
		新娘秘書	婚禮顧問業
		婚禮紀錄／攝影	婚禮顧問業、婚紗攝影業
		MV製作與播放	
	婚宴	餐飲、宴客	飯店業、餐飲業
	婚禮小物	回客小禮物	婚禮顧問業、結婚百貨業
	住宿安排	親友住宿	住宿業
婚後生活	蜜月旅行	國內外旅遊、住宿、交通安排	旅遊業
	家用電器	家用電器（電視、冰箱等購買）	家電零售業
	新居購買與裝潢	住屋購買與新居裝潢	房仲業、室內設計業
	傢俱寢具	新居傢俱與寢具	傢俱、寢具業、家飾品業
	保險	各類險種	保險業
	彌月	新生兒滿月酒與滿月禮	食品零售業、糕餅業
	週年紀念	週年、金婚、銀婚紀念照、聚會與旅遊	婚紗攝影業

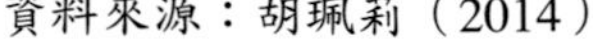

資料來源：胡珮莉（2014）

三、台灣婚禮市場規模與消費偏好

新人在決定結婚的那一刻起，多希望能生世相守，白頭偕老；雙方希望能留下人生最美好的回憶。因此，新人儘可能在各方面的條件下，舉辦一場別開生面的婚禮，為人生奠立新的美好生活開始。

(一)台灣婚禮市場規模

1.台灣婚禮產業主要指提供結婚者系列產品和服務之各種行業的集合。

2.婚禮產業市場服務項目，包括喜餅、婚宴、喜帖、婚紗攝影、珠寶、嫁妝、新房修繕、傢俱、蜜月、美容美髮、結婚貸款等，其中以婚宴所佔消費比例最高。

3.依據經濟部委託台灣經濟研究院進行之研究調查顯示，2006年到2008年每對新人結婚消費平均為74.5萬元，以婚宴費用最高，平均為41.8萬元，佔56.13%。其次為蜜月旅行費用為7.4萬元（佔9.90%）、喜餅費用為5.7萬元（佔7.62%）。因此，2006年到2007年之市場規模約在新台幣1,000億元（行政院，2009）。

台灣婚禮市場規模

	2006年	2007年	2008年	平均
結婚對數	142,799	135,041	154,866	-
平均每對新人花費（元）	744,293	756,634	735,092	745,127
主要花費項目（元）				
喜帖	4,918	5,000	5,552	5,185
禮服及婚紗攝影	53,729	59,618	52,455	55,279
喜餅	53,303	58,404	57,865	56,785
婚戒（訂婚與結婚）	73,571	75,233	82,760	77,529
婚宴（訂婚、結婚、歸寧）	424,110	428,242	404,368	418,244
蜜月旅行	74,190	77,529	69,991	73,768
結婚市場規模估計（億元）	1,059	1,022	910	960

資料來源：經濟部商業司（2006）；行政院（2009）

近來台灣出生人口連續下滑，2010年出生人口僅有十六萬六千餘人，2011年出生人口十九萬六千餘人，2012年出生人口二十二萬九千餘人，2013年出生人口十九萬九千餘人，2014年（1-11月）出生人口十八萬九千餘人。2010年創下歷史新低，少子化意味著高齡化社會現象更為擴大；少子化與高齡化社會現象，勢必衝擊婚禮產業市場的發展。

(二)台灣婚禮市場消費者偏好

◆考量因素

對於婚禮的花費或預算，新人結婚因人而異。一般而言，新人多考慮產品價格、產品品質，以及主題創意等服務因素。

1.產品價格：價格是許多新人考量的關鍵因素。

2.產品品質：透過服務過程與產品品質的口碑，由親朋好友推薦與網路評價等意見，成為新人選擇廠商的重要參考。

3.主題創意：新人除了符合長輩傳統婚禮習俗的期待，越來越多新人喜歡有創意的主題婚禮，因此婚禮顧問（婚禮企劃）提供貼心的婚禮企劃，因應婚禮產業創新市場的發展趨勢。

消費者偏好的改變，提供婚禮產業發展多元的服務，以迎合消費型態的需求。台灣早期的結婚儀式遵從三書（聘書、禮書、迎親書）、六禮（納采、問名、納吉、納徵、請期、親迎）等傳統習俗流程。經過現代人生活型態與觀念改變，現代人講求效率與便利性，因而簡化傳統繁文縟節的儀式；並受到西方文化的影響，有別於傳統古禮儀式，現代婚禮需求隨著國際化、數位化與個人化潮流，產生特殊的服務市場需求。

◆**需求型態**

目前台灣的結婚需求型態，約可區分為基本需求、特殊需求、e化需求與婚後需求等四方面。

1.基本需求：包含喜餅、喜帖、婚紗攝影、美容美髮、珠寶、婚宴與蜜月旅行等。

2.特殊需求：包含婚禮顧問（婚禮企劃）服務、婚禮紀錄、婚禮秘書、回客禮（婚禮小物）、保險、婚前健康檢查等。

3.e化需求：包含電子喜帖、相簿、線上謝卡等。

4.婚後需求：包含結婚週年、生子與慶生、婚後保險等。

喜帖

資料來源：米果婚禮設計（2014）

手工喜餅

資料來源：郭元益糕餅博物館提供

婚禮紀錄（左）；婚禮小物（右）

資料來源：高捷中夫婦提供、樂芙禮品公司（2014）

電子喜帖（左）；電子謝卡（右）

資料來源：非常婚禮（2014）；相信一切都是最好的安排部落格（2014）

結婚週年紀念照（左）；生子慶祝照（右）

資料來源：艾薇❤廚房是我的遊樂園部落格（2014）；哈秀時尚網（2014）

依據經濟部商業司（2008）研究指出，台灣九成以上的新人會在喜餅、喜帖、婚紗攝影、結婚宴等項目消費，有近八成的新人會進行蜜月旅行，這些項目成為結婚時必要的基本消費項目。特殊需求中婚禮紀錄、新娘秘書的使用比率也已超過五成，逐漸成為婚禮中的重要項目。

在網路科技發達的年代，數位化需求相對提升。據經濟部商業司（2008）的資料顯示，新人主要使用的數位服務仍以瀏覽結婚社群網站為主，婚禮播放DVD及製作電子相簿的使用比率逐漸增加。隨著結婚市場的不斷擴大，消費需求延伸至婚後及其他需求。特殊需求及數位需求，未婚者想要的比率較已婚者高；其中19.7%的已婚者會送賓客婚禮小物，而未婚者中高達55.8%的消費者會想送賓客小禮物，顯示台灣婚禮小物的市場正逐漸醞釀中。

(三)婚禮產業面臨結構重整

因應市場需求與現代人觀念的改變，結婚模式已逐漸產生變化，消費者愈來愈重視特殊性；業者亦愈來愈注重品牌及服務品質，精緻化、客製化、奢華化、專業化、數位化、主題化，以及多元化的服務日益增多。此外，海外婚禮、跨國婚姻及初婚年齡的延後，改變婚禮產業消費結構與特性。

初婚年齡

男性之初婚平均年齡在1995年已超過30歲，2002年更超過31歲。女性初婚平均年齡在2007年已升至28.1歲，顯見國人除了不婚外，晚婚的狀況亦逐年增高。

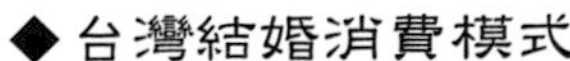

◆台灣結婚消費模式

1.國際化已為必然趨勢，婚禮產業受文化、習俗及宗教信仰影響極深，需因應不同的風俗民情，調整消費者商業模式。

2.國際交流頻繁，消費模式彼此影響；而國內內需市場小，競爭激烈，婚禮產業業者應尋求市場的擴展，並維持競爭力；建立品牌形象與國際化市場拓展，為婚禮產業發展趨勢。

有別於傳統結婚儀式下的種種消費活動，目前的結婚需求隨著國際化、數位化與個人化潮流，發展許多特殊服務需求，如婚禮顧問、婚禮紀錄（當天拍照、攝影）、回客禮（婚禮小物）發放、珠寶租借、新娘秘書、婚禮樂團或婚禮主持等。隨著結婚市場的不斷擴大，消費需求延伸至婚後及其他需求，如結婚週年慶（含金婚、銀婚）、生子、全家福或慶生、拍攝結婚紀念照，以及婚前進行健康檢查等。目前台灣新人主要使用的數位服務，仍以瀏覽結婚社群網站為主，而婚禮播放DVD及製作電子相簿的比率已日漸增高；顯見結婚服務的範圍不斷地擴大。

婚禮產業市場之發展趨勢

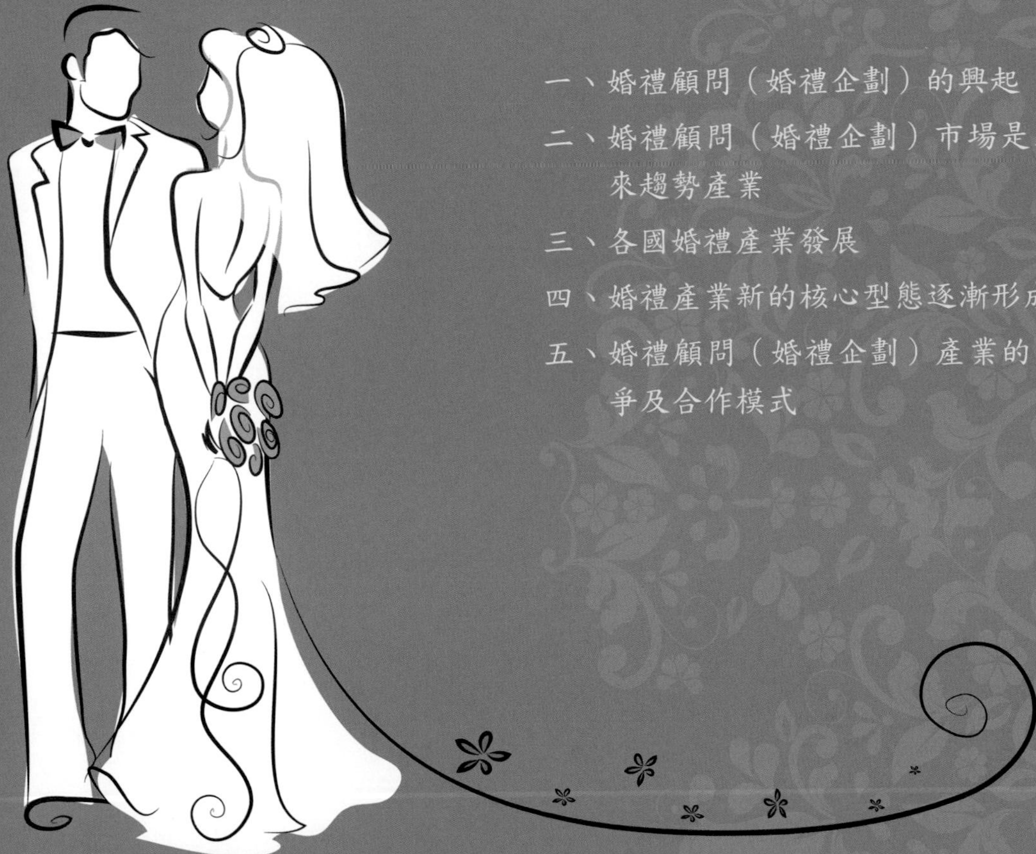

一、婚禮顧問（婚禮企劃）的興起

二、婚禮顧問（婚禮企劃）市場是未來趨勢產業

三、各國婚禮產業發展

四、婚禮產業新的核心型態逐漸形成

五、婚禮顧問（婚禮企劃）產業的競爭及合作模式

過去，結婚僅重視結婚攝影；1970年代起，結婚拍照與新娘禮服行業結合。1990年代起，隨著時空變化，包套產品服務成形，婚禮產業發展一整套的系列活動，不侷限結婚當天應景拍幾張照片，尚包括拍照前的一對一溝通，以及安排一整天拍照服務，甚至安排至風景區外拍。2000年代起，結婚過程與內容，因應新人的愛情故事、成長過程與興趣、星座等故事，發展出具主題式的特色婚禮，為一種「敘事性」的婚禮產業。

由於新人婚禮產業市場的需求，婚紗街逐漸群聚成形；婚禮產業成為跨域的多元產業整合，逐漸成為產業研究的課題，成為政府產業輔導政策的重點產業，例如地產基金會之「98年度高雄市政府地方產業（糕餅婚紗及海洋食品）發展計畫」，以及台北市商業管理處90-94年間推動三年三階段軟體面的「台北市商店街區輔導計畫」中「愛國東路婚紗街」輔導計畫等。

台北市愛國東路婚紗街

一、婚禮顧問（婚禮企劃）的興起

婚禮顧問在歐美行之多年，近十年來，台灣新人決定結婚，除了透過親友建議，或上網搜尋相關參考資料，最後仍希望能藉由婚顧公司之專業企劃與執行，協助婚禮完美完成。

(一)商機無限的婚禮顧問（婚禮企劃）市場

1990年代婚禮市場已經提供髮型與化妝「一對一」的貼心服務，稱為「新娘秘書」；後因應婚禮市場跨域整合與多元化的創新發展趨勢，而產生「婚禮顧問」與「婚禮企劃」的專業服務。

婚禮顧問師亦可稱為婚禮企劃師。婚禮企劃師行業在歐美、日本等國家，早已行之多年；是有經驗的專業顧問，依照新人們的需求與預算，協助新人們打理各項事宜，負責婚禮的規劃與婚宴相關活動的設計安排，如婚禮流程、花藝設計、會場佈置、主持人與樂團的安排、蛋糕、燈光音響、攝影等；是婚禮統籌與聯繫的窗口；簡稱「婚顧」或「婚企」。在台灣因應婚禮籌劃階段與舉辦階段的工作項目需求，將「婚禮顧問」與「婚禮企劃」在工作執行與合區隔，而有不同的詮釋。

◆選擇婚禮顧問（婚禮企劃）的好處

結婚過程費時費力，若能透過專業婚禮顧問諮詢，則能為新人節省更多的時間與成本，完成新人理想的婚禮；由於事前充分的溝通與專業經驗協助，更能貼近新人的預算與需求。

選擇婚禮顧問（婚禮企劃）的好處

客製獨家	專業婚顧能整合新人的意見需求，客製化新人獨有的主題婚禮，並在貼近新人預算與需求之下，幫助新人完成整體的婚禮主題規劃設計。
省時省力	1.專業的婚顧公司熟悉大小婚禮習俗，可即時給予新人最佳建議，同時依據新人預算與需求協助，找尋適合廠商。 2.專業的婚禮顧問公司，不僅對婚禮大小事熟悉，同時也能在最短時間內根據新人的預算與需求，在每個項目中找到最合適的廠商。 3.相較於傳統新人需一家家詢價、一家家比價再做最後內容確定（還不一定挑到滿意的！），透過專業的婚顧公司單一窗口服務，新人現在只需要在一個地方就能將婚顧公司所提供的所有服務一次搞定。 4.由於婚顧公司已事前過濾與挑選可配合廠商，新人因此可以節省大量的尋找與溝通的時間成本，幫助規劃適合新人條件的完滿婚禮。
單一窗口	新人不需親自向各種婚禮服務廠商一一洽詢比價，交由婚顧公司幫忙挑選過濾合適廠商，新人直接向婚顧確認進度即可。
節省成本	1.婚顧清楚各項商品服務的市場價格，具備眾多長期合作廠商，可以提供比新人自行詢價更優惠的價格。 2.專業的婚顧公司，不僅清楚各項商品服務的市場價格，也因為長期與眾多廠商合作，所以能拿到比客戶自行詢價更優惠的價格。 3.專業婚顧公司因為需將婚禮做整體性的規劃，所以很多費用（比如行銷、管銷、廠商交往、客戶溝通）都可以透過單一窗口服務，節省成本。 4.如果計算這些有形無形節省的費用，再比較支付的少許的規劃費用，選擇專業的婚禮顧問公司，可謂「花小錢、省大錢」，可以把顧客的銀子效益發揮到最大值。 5.婚顧公司通常都會提供優惠套裝方案，或合購優惠，如果服務品項簡單，挑選婚顧公司的套裝方案，通常價格優惠，品質更有保障。
優惠包套	新人若無特別指定服務廠商，可選擇婚顧提供的優惠包套。
品質一致	由於婚顧配合的特約廠商有長期的合作關係，默契表現較佳，品質也較容易掌控。
獨特與整體	1.專業的婚禮顧問可以整合新人的意見，挖掘新人獨特故事主題，並在貼近新人預算與需求之下，幫助新人做整體性的婚禮主題規劃設計（例如主題：同學、同好、旅遊、職業、相遇、色系）。 2.從最初的，故事婚紗拍照、故事MV剪接、愛情MV製作、喜帖謝卡設計、婚禮當天的紀錄、婚禮流程的規劃、婚禮小物挑選、主題婚禮佈置……專業的婚顧公司都可以規劃環繞在同一設計的主題上。 3.有別於新人自己尋找挑選多家廠商的拼湊服務內容，專業婚顧公司所屬的特約廠商，由於彼此長期配合，所以彼此協同默契較佳，較能接受控管，將婚顧公司要求的整體婚禮品質表現出來。

資料來源：發現婚禮（2014）

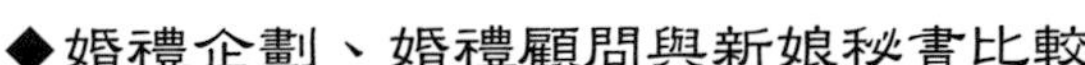

1990年代婚禮市場之「新娘秘書」，已經提供髮型與化妝「一對一」的貼心服務；爾後因應結婚新人的需求，發展服務多元與精緻貼心服務的「婚禮顧問」（婚禮企劃）。

婚禮企劃、婚禮顧問與新娘秘書之比較

	婚禮企劃	婚禮顧問	新娘秘書
簡單區分	可選擇針對婚禮的單一環節規劃。	負責婚禮的整體設計。	新娘的貼身秘書。
工作有哪些	協助策劃流程，舉凡婚禮活動、主題、介紹廠商等，讓婚禮當天能順利進行。	婚顧包含婚企的工作，並負責執行人力，協助與各廠商工作人員敲定時程，在婚禮當天須派人力至會場幫忙指揮。	採取一對一的服務；在婚禮當天到府服務的整體造型師；針對不同款式和顏色的禮服，設計搭配適合準新娘的彩妝、髮型及飾品；在新娘更換禮服時，同時提供不同造型的貼心服務。
服務費用	與新人溝通和接洽的時間較少，服務費用較低。	負責整體婚禮所有細節，與新人溝通和接洽的時間較多，服務費較高。	針對當天新人的造型服務；服務費用以天數、工時或次數計算。
哪種新人適用	希望規劃出特色婚禮與順暢流程，執行部分可委由企劃師或由新人自己或由親友協助完成。	忙碌、分隔兩地遠距離籌辦婚禮，並要求省時省力兼具完美特色婚禮的新人。	不想花費過多費用，卻在意新娘當天整體造型的新人。
小結	協助新人完成具有個人特色的婚禮。	協助忙碌的新人也能擁有一場完美的婚禮。	讓每一套禮服皆可襯托出新娘的個人氣質與特色，展現獨特出色的美麗新娘。

資料來源：筆者彙整；參考自發現婚禮（2014）、行政院勞工委員會（2008）

(二)婚禮顧問（婚禮企劃）的專業服務

婚禮顧問（婚禮企劃）就像是婚禮管家，提供婚禮諮詢、溝通協調、籌備、時程掌控、設計規劃等多元服務；從新人決定結婚的那一刻開始，至婚禮籌備結束，依據新人需求而提供全面性婚禮服務；只要新人想到與婚禮相關的項目，都可以獲得滿意的服務。而整個婚禮籌備期間，長至一年，或短至兩三個月必須完成。

1.預算規劃：婚禮費用依新人需求，建議最適合的應用方式。

2.婚禮諮詢：禮俗及婚禮相關細項，委託專業婚禮顧問（婚禮企劃）為新人解答。

3.溝通協調：婚禮籌備細節的說明與溝通，協調處理過程遇到的相關問題。

4.單一聯絡窗口：相關廠商委由婚禮顧問（婚禮企劃），負責聯絡及統籌相關工作細項。

5.活動設計：婚禮活動節目安排，燈光音樂、入場動線等全程規劃與執行。

6.時間流程掌控：籌備時程進度提醒，婚禮流程安排與掌握。

7.服務品質管控：服務團隊默契確保，避免品質良萎不齊。（預見幸福，2013）

◆選擇婚禮顧問（婚禮企劃）的目的

新人在欠缺經驗及工作忙碌的壓力下，將婚姻大事交由專業的婚禮顧問（婚禮企劃）企劃與執行，目的在協助新人完成理想的婚禮。

1.量身訂做新人想要的婚禮。

2.省錢省力、輕鬆擁有夢幻婚禮。

3.負責提醒新人婚禮細節，掌控流程與處理瑣事。

4.提供專業的經驗與資源服務。

5.協調雙方親友對婚禮舉辦的意見，降低摩擦。

6.婚禮顧問從頭包到尾，讓新人結婚輕輕鬆鬆。

7.使新人的婚禮當天，是人生中最美好的記憶。

8.使每對客戶感受他們是唯一而貼心被服務的客戶。

9.由優秀的婚禮顧問，提供專業的服務。

10.盡全力提供顧客最好的服務。

11.使新人及其家屬可以從壓力中解脫，並享受他們特別的日子。

12.透過婚禮顧問的專業服務，拉近新人雙方家庭的關係，由兩家人變一家人。（參考自行政院勞工委員會，2008）

◆選擇婚禮顧問（婚禮企劃）的重點

婚禮顧問（婚禮企劃），簡稱「婚顧」（或「婚企」）。婚顧的主要工作是從新人開始有結婚打算，便可諮詢自己的婚禮該怎麼籌辦才能達到新人的理想。婚禮顧問主要負責擔任婚禮的全程或部分的設

瀏覽企劃	瀏覽婚禮網站或雜誌搜尋相關婚禮顧問的訪談報導，可以初步認識婚顧公司的企劃，建議同時多加比較。
服務案例	請婚顧公司提供作品參考，新人可以從中瞭解婚顧公司的服務流程與資源。
專業信譽	婚禮顧問師是專業的行業，專業的婚禮企劃人員不僅須熟悉各式婚禮的習俗，也需具備耐心傾聽新人的需求，盡力滿足新人需求並給予專業的建議。因為婚禮的細節很多，專業的企劃人員需整合各項資源，為新人節省費用，同時婚顧公司也應擁有良好的信譽。
信任溝通	新人需先確認自己的婚禮預算與婚顧服務的項目，瞭解需求後才選擇服務方案內容，並簽訂合約載明服務細項內容，保障雙方權益。
婚禮當天	婚禮舉辦之前與婚顧將所有工作項目流程與人員確認過，當天放鬆心情好好享受專屬婚禮。

選擇婚禮顧問（婚禮企劃）的重點彙整圖

資料來源：筆者繪製；參考自迦拿婚禮（2014）

計工作，當新人決定聘請婚禮顧問時，則透過簽訂契約的方式以確保雙方權益，使婚禮顧問師針對新人的需求，且依據契約內容進行婚禮之程序。婚禮顧問師之薪酬約為婚禮顧問公司所收取費用當中10-15%之間。新人在選擇婚禮顧問時，最好先參考他們近期的服務案例，而不是單看照片，因為婚禮是動態的活動，照片是無法看出婚禮顧問工作的內容（行政院勞工委員會，2008）。

◆新人與婚禮顧問（婚禮企劃）的溝通重點

婚禮顧問（婚禮企劃）的工作，基本上分成三個階段，分別是：婚禮規劃期、婚禮籌備期和婚禮舉辦期等。

1.第一階段之「婚禮規劃期」：婚禮顧問（婚禮企劃）除了先安撫新人不安的心情外，且須開始與雙方家人進行溝通協調，協助兩家人的設定目標變成一個共同目標。

2.第二階段之「婚禮籌備期」：婚禮顧問（婚禮企劃）的工作涉及許多繁複的溝通（包括新人雙方、雙方家庭及廠商等）與選擇工作，舉凡喜餅、喜帖、戒指、婚紗拍攝、訂宴、場地佈置、送客禮等。如果這些工作都由新人自己負責，在聯繫及執行以上事項將令新人疲於奔命。這時婚禮顧問（婚禮企劃）對新人而言，便是一位幫忙安排所有事項，回報大小事的得力助手、管家和貼心秘書。

3.第三階段之「婚禮舉辦期」：婚禮顧問（婚禮企劃）在此時扮演導演的角色；婚禮當天負責打理所有現場瑣碎事務；從結婚當天的節目安排和執行，以及與其他廠商溝通事項，甚或負責和雙方家長的溝通等細節。

慎重選擇	婚禮顧問免去新人許多瑣事，既然選擇婚顧服務，所有婚禮大小事，需多花點工夫選擇專業有信譽的婚顧公司。
提出喜好	新人提出喜好、個性、風格與婚顧公司討論，使其可設計具有兩人風格的特色婚禮。
確認服務	先與另一半或家人討論，確認所需要協助的範圍，再請優秀且專業的婚顧公司提供意見，選擇自己所需要的服務。
信任溝通	一旦決定將婚禮交給婚顧公司辦理，新人便應信任婚顧公司，若有疑問或不符需求的部分，事前多溝通與討論。
婚禮當天	婚禮舉辦之前與婚顧將所有工作項目流程與人員確認過，當天放鬆心情，好好享受專屬婚禮。

新人與婚禮顧問（婚禮企劃）的溝通重點圖

資料來源：筆者繪製；參考自發現婚禮（2014）

二、婚禮顧問（婚禮企劃）市場是未來趨勢產業

婚禮需要處理的事項繁雜，許多怕麻煩的年輕夫妻考慮結婚時，便委由婚禮顧問（婚禮企劃）公司執行全程的規劃，開啟「婚禮顧問」（婚禮企劃）市場的需求。婚禮企劃師這個行業在歐美、日本等國家，早已行之多年；在台灣，則是於1996年時，由中國信託董事長辜濂松的女兒辜仲玉，因為承辦三位哥哥的婚禮，將婚禮企劃觀念引進，創辦了玉盟婚禮顧問公司，打破當時國人婚禮「一切自己來」的土法煉鋼方式，將婚禮籌劃提升為一種專業服務。

目前台灣的專業婚禮顧問（婚禮企劃）服務，主要以四種型態經營於婚禮產業；分別為：(1)婚宴業者附設婚禮企劃部門；(2)專業婚禮顧問公司；(3)婚紗業旗下顧問；(4)兼職婚禮企劃師（Soho族個人工作室）等四大類。

中山北路婚紗街

(一)如何進入婚禮顧問（婚禮企劃）市場

婚禮顧問（企劃師）需針對新人的背景、特質、預算與需求等，籌劃一場屬於新人的婚禮，創造新人的幸福感及經驗。對新人而言，婚禮顧問（企劃師）如同管家、貼身秘書，以及對外溝通的窗口，替新人籌備婚禮的程序和聯繫所有相關的廠商。因此，婚禮顧問（婚禮企劃）從業人員，必須具備婚禮產業專業知識、企劃能力、執行能力、應變能力、抗壓能力、溝通能力、耐心與創意不斷等特質。

另外，婚禮顧問（婚禮企劃）在職場上，經常面臨工作的挑戰。

1.婚禮顧問人員工作時間長、工作時間不固定。朋友們放假的時間，往往是婚顧人員最忙碌的時刻，而休假的時候，原來的好朋友們卻仍得上班；假以時日，婚顧人員的社交活動或接觸的朋友，便侷限在婚禮產業的「圈內人」了。

2.婚禮顧問服務在籌備過程，無法給予顧客真實感；因此，婚禮顧問的溝通與行銷能力，需要工作經驗的累積；成為顧客對於婚禮顧問（婚禮企劃）建立信任感的重要依據。婚禮顧問人員需要耐心與用心學習，累積職場經驗。

3.對於顧客的不同需求，婚禮顧問人員必須具備足夠的應變能力與抗壓性，以面對職場上的種種情況。

4.婚禮顧問人員的專業能力及創新能力須不斷提升。

5.對於重複性高與講求實效性的工作，婚禮顧問人員容易產生職業倦怠，需學習保持工作的熱誠與喜愛。

婚禮企劃師

資料來源：史蒂芬婚禮企劃（2014）；愛上愛婚禮企劃（2014）

◆婚禮顧問從業人員所需的專業能力

1.熟稔婚禮流程與各種禮俗：如婚禮流程規劃、活動內容設計、場地佈置、燈光、花藝配合主題等，以及訂婚與結婚的習俗等。

2.具備企劃提案能力：與顧客洽談時須提出方案讓顧客選擇；包括婚禮主題、喜帖、伴手禮設計、掌控時間等細節。

3.與新人溝通並瞭解顧客想法與預算，篩選適合之婚禮所需用品的廠商。

4.對於美學、時尚潮流與當代社會流行風格的掌握。

5.具備設計感、創造力與執行能力。

◆婚禮顧問（婚禮企劃）從業人員須具備的特質

1.每場婚禮都是每對新人終身的珍貴經驗，每場婚禮都是為使新人獲得豐富的祝福和最美的記憶。因此，瞭解各個階段繁瑣的婚禮細節後，想投入的人可以開始問自己，是否真的喜愛這份工作？

婚禮顧問（婚禮企劃師）所應具備的條件

基本要素	主動積極	凡是有什麼事情更改或者意見，應該主動積極地向新人報告。
	同理心	新人的婚禮想像成自己的婚禮一般，以負責認真的態度去籌備。
	耐心	一場婚禮一定有許多瑣碎的事情需要執行或修正，所以需有耐心與新人溝通和安撫新人情緒。
	熱心	無時無刻地提醒新人重要的事項，熱心地提供自己的經驗讓新人參考，以及該注意哪些細節。
	語言能力	具備許多語言能力，在婚禮籌備的過程中，能與新人、長輩、廠商等以不同語言溝通。
	臨場反應	無論是在籌備過程或者婚禮舉行中，一定會有些突發狀況，運用快速的臨場反應來化解尷尬或爭執。
專業能力	各種禮俗	北、中、南部的習俗大不相同，也有可能是國外習俗，應瞭解每個地區的習俗特色。
	婚禮流程	婚禮的流暢度很重要，每個細節都不能出任何差錯，應具掌握全場的狀況和執行力。
	企劃提案	與新人們討論時應提出整個企劃的架構，詳細地向新人報告企劃案的內容。
	設計感	掌握美感和時尚潮流，讓婚禮整體擺設看起來有質感與風格。
	創意度	每對新人都想擁有屬於自己的婚禮，因此需不斷提出創意與新點子。

資料來源：柯亭安、陳奕雯、鄭凱心（2010）；行政院勞工委員會（2008）

2.從婚禮規劃到婚禮舉辦之三階段，婚禮顧問需細心企劃才能順利執行。如果沒有對這份工作的熱情和喜愛，繁瑣的婚禮細節將令人很快地打退堂鼓。

3.考量自己是否擁有「高EQ整合業界資源」、「高EQ處理人際溝通」，以及「創意不斷」的特質。

4.運用高EQ整合相關的人際資源，運用創意展現各種婚禮風格，才能為新人打造無與倫比的夢幻婚禮，完成婚禮顧問（婚禮企劃）的職業使命。

◆婚禮顧問（婚禮企劃師）之職能／次職能與工作之配合

依據行政院勞工委員會（2008）的資料顯示，婚顧人員須具備之職能與次職能，以及其工作與職能配合關係，綜理如下各表。

婚禮顧問（婚禮企劃師）須具備之職能

知識	技能	態度
1.結婚心理學	1.溝通能力	1.衝擊與影響力
2.消費行為認知	2.表達能力	2.成就傾向
3.空間設計的概念	3.銷售技巧手法	3.主動積極
4.美學藝術的概念	4.成本分析	4.人際EQ
5.禮俗禮儀程序的認知	5.規劃能力	5.顧客服務傾向
	6.創意設計能力	6.自信心
	7.主題發想技巧	7.關係建立
	8.佈置的能力	8.分析式思考
	9.拍攝技巧	9.概念性思考
	10.彩妝美感概念	10.尋求資訊
		11.關於組織的意識
		12.熱心、耐心、同理心

資料來源：行政院勞工委員會（2008）

婚禮顧問（婚禮企劃師）須具備之次職能

類別	職能	次職能
知識	結婚心理學	• 婚前的心理建設　• 新婚醫學常識　• 觀念的溝通 • 瞭解婚姻階段與障礙　• 壓力調適
	消費行為認知	• 瞭解消費者行為與行銷策略之能力 • 瞭解影響消費者行為的外部因素（文化與社會階層、團體與家計單位）之能力 • 瞭解影響消費者行為的內部因素（價值觀與態度、知覺、動機）之能力 • 瞭解購買情境與決策之能力
	空間設計的概念	• 色彩與材質搭配的能力 • 光線與空間主題的營造之能力 • 空間造型　• 人群動線設計之能力
	美學藝術的概念	• 東西方審美思想　• 審美意識和價值觀 • 形而上現象與外在表現（文學、藝術、造型）
	禮俗禮儀程序的認知	• 瞭解不同習俗內涵的能力 • 瞭解迎娶儀式類型的能力 • 瞭解從訂婚、結婚到歸寧，各個禮節之流程與意涵
技能	溝通能力	• 傳遞清晰訊息　• 懂得傾聽 • 樂於溝通　• 專業回應
	表達能力	• 說話的能力與技巧 • 非語言的表達方式能力
	銷售技巧手法	• 符合顧客需求的溝通能力　• 善用話術之能力 • 判斷客戶的感官偏好之能力　• 建立良好顧客關係的能力
	成本分析	• 材料、人工、製造等費用之會計處理 • 為組織與客戶進行成本控制的能力
	規劃能力	• 目標的設定能力 • 實際執行步驟的能力 • 事後評估的能力
	創意設計能力	• 創意問題解決能力 • 設計表達能力 • 設計實作能力
	主題發想技巧	• 確定設計條件的能力 • 構思發想主題的能力
	佈置的能力	• 色彩與材質搭配的能力 • 結合其他媒材運用的能力
	拍攝技巧	• 瞭解基本的攝影技術 • 判斷合適的快門速度與光圈的能力 • 視覺訊息的處理模式之能力 • 各種光線與氣氛運用之能力 • 相關後製技巧 • 預知任何地點拍照所會碰到的特殊問題的陷阱之能力

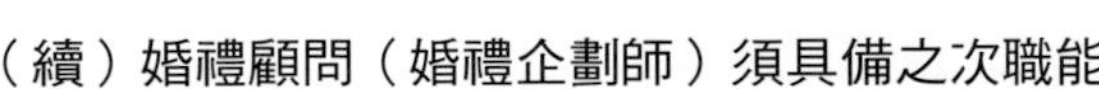

（續）婚禮顧問（婚禮企劃師）須具備之次職能

類別	職能	次職能
技能	彩妝美感概念	•造型設計能力 •色彩與造型搭配能力 •審美意識與表達能力
態度	衝擊與影響力	•讓客戶有信賴感之能力 •能注意到客戶注重的事項 •間接影響的能力 •能由對方的語言或行動猜出其結果之能力
	成就傾向	•能設定具有挑戰性且可達成的目標之能力 •能有效率的運用時間之能力 •能促使客戶購買之能力 •能運用潛在的有利機會之能力
	主動積極	•堅持到底，不輕易放棄 •抓緊機會之能力 •勇於面對挑戰之能力
	人際EQ	•能明瞭非語言行為之能力 •能瞭解他人的態度之能力 •能預期他人的反應之能力
	顧客服務傾向	•能提供額外的服務滿足客戶的需求之能力 •能滿足客戶潛在的抱怨之能力 •能處理客戶的抱怨之能力 •能成為客戶信賴的顧問之能力
	自信心	•相信自己的能力 •樂觀 •面對挑戰
	關係建立	•維持工作上的友誼關係之能力 •擁有並使用人際網路之能力
	分析式思考	•思考各項可能的原因之能力 •對於可能發生的困難先作好準備及處理之能力
	概念性思考	•應用經驗法則之能力 •能比較過去與現在相似之處的能力
	尋求資訊	能擁有許多資訊的來源之能力
	關於組織的意識	能知道客戶組織或廠商的功能之能力
	熱心、耐心、同理心	•傾聽的能力 •解決問題的能力 •溝通的能力 •整合資源的能力 •完成夢想的能力 •設身處地的能力

資料來源：行政院勞工委員會（2008）；筆者繪製。

婚禮顧問（婚禮企劃師）工作與職能配合彙整表

工作	職能
1.可提供適當的供應商名單	• 溝通能力 • 表達能力 • 成本分析 • 關於組織的意識
2.提供想法，以滿足顧客的需求	• 銷售技巧手法 • 成本分析 • 結婚心理學 • 消費行為認知
3.協助主題和風格	• 規劃能力 • 空建設計的概念 • 佈置的能力 • 美學藝術的概念 • 拍攝技巧
4.提供個性化的想法	• 創意設計能力 • 主題發想技巧
5.規劃結婚當天的行程	• 禮俗禮儀程序的認知 • 溝通能力 • 以表達能力
6.處理關於結婚當天可能的突發狀況	• 衝擊與影響力 • 成就傾向 • 主動積極 • 人際EQ • 顧客服務傾向 • 自信心 • 關係建立 • 分析式思考 • 概念性思考 • 尋求資訊 • 關於組織的意識

資料來源：行政院勞工委員會（2008）；筆者繪製。

(二)婚禮顧問（婚禮企劃師）之工作流程與職能

依據行政院勞工委員會（2008）的資料顯示，婚禮顧問（婚禮企劃師）之工作流程與職能，如下表所示。

婚禮顧問（婚禮企劃師）之工作流程與職能

工作流程	職能
提親	結婚心理學、禮俗禮儀程序的認知、溝通能力、表達能力、規劃能力、衝擊與影響力、主動積極、人際EQ、顧客服務傾向、自信心、關係建立、分析式思考、概念性思考
訂婚	主動積極、消費行為認知、人際EQ
婚禮前的婚禮形式溝通	消費行為認知、空間設計的概念、美學藝術的概念、溝通能力、表達能力、銷售技巧手法、成本分析、創意設計能力、主題發想技巧、衝擊與影響力、成就傾向、主動積極、人際EQ、顧客服務傾向、自信心、關係建立、分析式思考、概念性思考、尋求資訊、關於組織的意識
喜餅的選購及建議	禮俗禮儀程序的認知、溝通能力、表達能力、成本分析、衝擊與影響力、成就傾向、人際EQ、顧客服務傾向、自信心、關係建立、尋求資訊、關於組織的意識
喜帖（喜帖的挑選與印製）	禮俗禮儀程序的認知、溝通能力、表達能力、成本分析、衝擊與影響力、成就傾向、人際EQ、顧客服務傾向、自信心、關係建立、尋求資訊、關於組織的意識
打點喜帖寄送	禮俗禮儀程序的認知、溝通能力、表達能力、顧客服務傾向
婚紗禮服（婚紗的評估建議及訂製婚紗）	美學藝術的概念、溝通能力、表達能力、衝擊與影響力、成就傾向、人際EQ、顧客服務傾向、自信心、關係建立、尋求資訊、關於組織的意識
拍婚紗攝影	美學藝術的概念、拍攝技巧、衝擊與影響力、顧客服務傾向、自信心、關係建立、成就傾向、人際EQ、尋求資訊、關於組織的意識
蜜月旅行的建議與安排	消費行為認知、溝通能力、表達能力、銷售技巧手法、成本分析、規劃能力、衝擊與影響力、成就傾向、人際EQ、顧客服務傾向、自信心、關係建立、分析式思考、概念性思考、尋求資訊、關於組織的意識
喜宴事宜（餐廳的介紹、尋找、菜色、價位）	溝通能力、表達能力、成本分析、規劃能力、衝擊與影響力、成就傾向、人際EQ、主動積極、自信心、關係建立、分析式思考、概念性思考、尋求資訊、關於組織的意識

（續）婚禮顧問（婚禮企劃師）之工作流程與職能

工作流程	職能
確認出席（賓客的確認）	溝通能力、表達能力、成本分析、規劃能力、衝擊與影響力、人際EQ、顧客服務傾向、關係建立
婚禮小物及賓客禮品的選購及建議	溝通能力、表達能力、成本分析、衝擊與影響力、顧客服務傾向
婚禮各項習俗介紹及準備	禮俗禮儀程序的認知、溝通能力、表達能力、規劃能力、衝擊與影響力、成就傾向、主動積極、顧客服務傾向、分析式思考、概念性思考
婚禮會場佈置	空間設計的概念、美學藝術的概念、佈置的能力、顧客服務傾向、分析式思考、概念性思考
婚禮的節目安排、MV製作或是主持人的安排	美學藝術的概念、溝通能力、表達能力、創意設計能力、拍攝技巧、顧客服務傾向、關係建立、尋求資訊、關於組織的意識
婚禮彩排	溝通能力、表達能力、規劃能力、主動積極、顧客服務傾向
婚禮流程	禮俗禮儀程序的認知、溝通能力、表達能力、規劃能力、主動積極、人際EQ、顧客服務傾向、自信心、分析式思考、概念性思考
婚禮當天的到場服務	禮俗禮儀程序的認知、溝通能力、表達能力、衝擊與影響力、成就傾向、主動積極、人際EQ、顧客服務傾向、自信心、關係建立、分析式思考、概念性思考、尋求資訊、關於組織的意識

資料來源：行政院勞工委員會（2008）

(三)婚禮顧問（婚禮企劃）公司SWOT分析

SWOT分析方法，即優勢（Strengths）、劣勢（Weakness）、機會（Opportunities）和威脅（Threats）分析，係將企業內外部條件等各方面內容進行綜合和概括，進而分析企業的優劣勢、面臨的機會和威脅的一種方法。茲將婚禮顧問（婚禮企劃）公司之SWOT分析，表列如下。

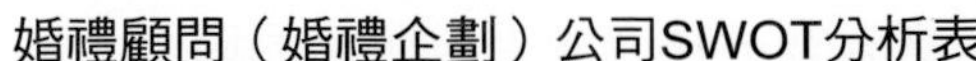

婚禮顧問（婚禮企劃）公司SWOT分析表

優勢（Strengths）	劣勢（Weakness）
1.可以滿足不同客人的需求 2.能提供許多的服務項目 3.婚禮流程規劃較流暢 4.可以依個人的預算打造婚禮 5.更多的溝通協調，發揮更多的創意婚禮	1.工作壓力大、工作時間較長 2.淡旺季之分（如農曆7月屬淡季，旺季也多集中於6月或10月後，一直到農曆過年前）
機會（Opportunities）	**威脅（Threats）**
1.現代人較為忙碌 2.年輕人對於台灣文化習俗觀念越來越薄弱 3.現代人追求效率與品質 4.可拓展國外市場 5.結合觀光產業，吸引國外新人至台灣拍攝婚紗照	1.台灣市場小，競爭者眾多 2.不婚主義者越來越多 3.市場低價惡性競爭 4.容易受到同業抄襲複製 5.台灣採登記制，婚禮的舉辦非必要

資料來源：筆者彙整；參考柯亭安、陳奕雯、鄭凱心（2010）

三、各國婚禮產業發展

結合婚紗攝影、婚宴會館、跨國婚姻與文化創意產業等發展趨勢，各國的婚禮產業以跨文化及跨域整合方式，並結合國家政策，發展具特色的婚禮產業。

(一)日本婚禮產業

日本從明治維新之後，接受全盤西化，西方世界的文化，對日本產生深厚的影響。於是傳統的婚禮與西式的婚禮同時並存，甚至相互影響，婚禮產業形成新的風貌。

行政院在「婚禮產業研究暨整合拓展計畫」中指出，日本婚禮顧問服務業界中，華德培（WATABE Wedding）即以綜合婚禮服務方式於1964年成立，是日本婚禮服務公司的領航者，其中海外婚禮也已推行三十多年。華德培提供一站式的服務，從婚禮企劃、婚紗、攝影、

婚宴到所有與婚禮有關的服務一應俱全，整合成完全服務的模式，影響著產業發展。其後Dears Brain婚禮顧問公司，以新式婚禮、極緻的服務在業界中異軍突起，以創新服務模式與新式主題婚禮深獲好評，成為日本婚禮顧問服務業界中的領導品牌之一。

另外，在深受古禮形式影響的日本婚禮產業界裡，婚禮事業已成為成熟型市場，但婚禮業界仍有許多變革的空間，RAVIS（ラヴィス）株式会社為一家婚宴禮堂及婚宴會場的營運公司，已在日本各地建置婚禮村（Wedding Village）（張金印，2010）。

日本東京婚禮村
資料來源：daddydear（2008）

日本女性的初婚年齡從1990年的25.9歲，已提高到28歲，有許多女性希望在經濟寬裕時結婚。因此晚婚新人的財力較雄厚，對於婚禮的服裝及婚宴的料理等都顯得比以往講究，使得婚禮產業不得不迎合現代新人求新求變的需求。為了替忙碌的現代人處理繁雜的結婚事宜，近來「結婚企劃公司」在日本如雨後春筍般地出現，從訂婚、結婚、度蜜月提供全套的服務。

◆結婚紀念商品

日本現在還流行製作兩人專屬的結婚紀念商品，如用「結婚紀念時空膠囊」，將兩人最美好的記憶與承諾鎖上，待十年後一起開封回味；將捧花做成裝飾用的乾燥花；用結婚照製作郵票、明信片、海報、寫真集、DVD，以及製造結婚紀念酒保存等。

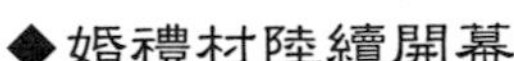

◆婚禮村陸續開幕

「婚禮村」是主題式的婚禮場地。RAVIS（ラヴィス）株式会社是婚宴禮堂及婚宴會場的營運公司，已在日本各地建置婚禮村。目前在東京台場、橫濱、立川、神戶、江坂等地皆有「婚禮村」，2008年夏天，福岡及大宮的婚禮村開幕。以東京台場的婚禮村為例，村內的街道、園林景緻和建築物等均充滿歐陸風情，主要有一個婚禮教堂和三幢宴會館，分為「法國館」、「英國館」和「義大利館」，後園可作為露天宴客的場所；此外有餐廳、咖啡店、糖果及餅店、花店、婚紗禮服店、精品店和美容院等，為籌備婚禮的準新人提供一站式服務。

日本東京婚禮村婚禮
資料來源：サイクリングと居合道そして都心散歩（2007）

◆海外婚禮

在日本舉行婚禮，對現在的年輕人而言，花費大。近年來，日本年輕情侶流行和兩三名親友到海外舉行婚禮，如夏威夷、拉斯維加斯、紐西蘭、塞班、關島，都是日本人喜愛的婚禮聖地。以關島為例，World Bridal婚禮集團於2004年11月正式啟用的水晶教堂即是以「婚禮村」的方式呈現，圍繞教堂旁設有美髮沙龍，以及三間不同風格的接待室，接待室分為峇里島式、曼哈頓美國風，以及歐洲風三種不同風格。每年平均有8,000-10,000對新人在關島的婚禮教堂許下終身承諾，絕大部分為日本人，韓國人比例增加很快；至於台灣人，每年大約有50對（經濟部商業司，2006）。

關島水晶教堂
資料來源：愛戀海外婚禮有限公司（2014）

(二)中國婚禮產業

依據中國民政部2010年公佈的最新數據顯示，2000-2009年，平均有912萬對新人結婚。2009年更高達1,145萬對新人登記結婚，連續第二年突破1,000萬對。從中國婚禮產業調查統計中心在「2010春季中國婚博會」上公布的數據顯示，2009年全國因結婚產生的直接消費（包括婚紗照、婚飾、婚紗禮服、婚宴、婚慶、蜜月旅遊等）總額已超過6,000億人民幣，並持續成長，約佔國民生產總值的2.5%。

在北京、上海、廣州等城市，婚慶公司如雨後春筍般湧現。僅在北京一地，具備規模與影響力的婚慶公司便超過200家，在上海有300家婚禮企劃公司。大陸婚禮服務公司多使用「婚禮策劃人員」、「婚禮策劃師」之名稱，有別於台灣多數使用婚禮企劃師（婚禮顧問）。

為迎合現代年輕人的個性化追求，現在已有酒店增設「婚宴管家服務」，由資深的宴會業務部門與服務人員組成「婚宴管家」團隊，從宴會司儀、婚慶樂隊，到菜式選擇、流程設計，再到場地佈置、蜜月套房等，「婚宴管家」都全程陪同，並依據客人需求，提供專業意見與個性化的服務，全力讓婚宴盡善盡美（張金印，2010）。

(三)香港婚禮產業

在香港，不同於台灣結婚入口網站，香港的結婚入口網站功能已不止於結婚資訊的提供，在對婚禮產業的推廣上，亦在政府部門的協助下扮演輔導的角色，透過定期舉辦各式的評鑑與選拔活動，讓消費者更瞭解業者的動態與品質。

◆新婚生活易大賞

新婚生活易網站每年約在7月及8月份舉辦「新婚生活易大賞」，由準婚及已婚人士於網上進行投票；獎項類別包括公司組別的婚紗攝影、酒店及酒樓婚宴、花藝設計、婚禮攝錄、結婚首飾、化妝髮型服務、美容纖體服務、美甲服務、旅遊服務、證婚場地等項目。

◆優質婚禮商戶計畫

新婚生活易網站除了每年進行「新婚生活易大賞」選拔外，為提升香港婚禮服務的水平，為新人提供可靠及優質的婚禮服務資訊，「生活易」亦與香港生產力促進局推出的「優質婚禮商戶」計畫，從商舖環境、員工待客態度、商品或服務素質，以及日常營運等多方面，嚴格評核每家參與計畫的商戶，確保商戶符合計畫指定的服務水平。「優質婚禮商戶」計畫會宣布17家於行內舉足輕重的商戶，成為「優質婚禮商戶」計畫創立會員：包括青樺婚紗名店、周生生、羅浮宮婚紗影城、四季酒店、法國婚紗攝影、香港黃金海岸酒店、大舞台、海逸酒店、聘珍樓、香港迪士尼樂園酒店、香港洲際酒店、非常作、美心皇宮、Nail Nail、俏佳人、浪漫一生及鴻星海鮮酒家等。

◆推行婚姻監禮人制度

婚姻監禮人條例於2006年實施，香港推出婚姻監禮人計畫後，至2007年底已有近2,700對新人經該計畫結婚，佔總申請結婚人數30%，獲委任為婚姻監禮人的人數亦達1,260人。2008年已有超過半數受訪

者選擇使用婚姻監禮人服務，只有26%的受訪者仍選擇於政府婚姻註冊署註冊。不少新人都願意額外花費數千元僱用婚姻監禮人進行具法律效力的註冊儀式，新人可自由選擇適合的禮堂、私營場地及婚宴地點，同時舉行註冊儀式，更靈活地安排註冊時間（經濟部商業司，2006）。

(四)韓國婚禮產業

◆推行國內蜜月旅行不遺餘力

濟州島位於朝鮮半島西南海域，總面積1,845平方公里，2002年5月起，實行濟州國際自由城市特別法，濟州島成為韓國唯一的自治區政府。濟州島目前觀光賭場林立，已與新加坡、香港、美國等國簽定合作投資備忘錄，發展資訊科技、生醫科技、環境科技、主題遊樂園等建設；進入濟州投資的企業亦可享有租稅優惠。除了南韓政府對濟州島的大力打造之外，韓劇對推行濟州島旅遊更是不遺餘力，「真情賭注」（ALL IN）、「我的女孩」、「太王四神記」和「大長今」等，受到歡迎的韓劇，亦選擇濟州島作為外景地；即使未選其作為拍攝地點，劇情中亦安排蜜月旅行至濟州島。因此近幾年，不僅是韓國國內的新婚夫婦、亞洲其他國家和地區的戀人，開始將濟州島作為蜜月的首選地，濟州島因此享有「蜜月之島」及「韓國的夏威夷」的美稱。其中ALL IN中的修道院，其精緻的布景成為拍攝婚紗照的時尚場

ALL IN修道院

資料來源，Chris Leung-flickr相簿（2014）

所，設置小化妝間及與劇中宋慧喬完全一樣的白色婚紗，專業的化妝師、攝影攝像師等，並即時將婚禮照片裝裱在雅緻的鏡框裡，連同錄影帶交至新人手中。

◆協助外籍新娘

2006年韓國男性與外國女性結婚的有29,660對，在韓國男性娶的外國新娘中，以中國女性最多，其次為越南女性。為引導越南姑娘正確對待涉外婚姻，越南政府近期批准由韓國非政府組織「越南婦女文化中心」，向越南婦女聯合會提供「國際婚姻援助計畫」，總援助金額23.92億韓元，在五年時間內完成。根據該援助計畫，越南婦女聯合會在越南開設40個資訊和法律援助中心，對外嫁新娘進行必要的風險意識教育和生活技能培訓，同時對外嫁新娘遇到的實際問題，提供資訊支援和法律援助（經濟部商業司，2006）。

(五)美國婚禮產業

婚禮顧問師協會創始人Gerard J. Monaghan表示，在美國約有10,000名婚禮企劃師，而他所屬的協會就擁有2,000名會員。美國婚禮協會（Bridal Association of America）的報告顯示，2009年有15%的新人聘請婚禮企劃師協助完成終身大事；一場婚禮的費用，2006年平均花費約27,470美元，到2009年已達到30,860美元，總產值2009年為718億美元（張金印，2010）。

◆禮物清單代替紅包

西方婚禮以禮物代替紅包，透過所謂「禮物清單」（Registry）的方式告訴親友該送什麼禮物，新婚夫婦在婚禮前的幾個月，找到一家或數個百貨公司，選好新人婚禮或是婚後需要的東西，並列明禮物清單，親友們可直接到這些公司的連鎖店，從禮品清單挑選符合購買能力的禮物送給新人。此項習俗，使得「結婚商機」在美國網上蓬勃發

展，梅西百貨（Macy's）、大賣場（Target）、寢浴用品傢俱店（Bed Bath & Beyond）、精品傢俱店（Crate & Barrel）都提供線上訂購服務，全球最大B2C線上商店Amazon亦提供此項服務。

◆購買婚紗

歐美新娘習慣買婚紗，而非租借婚紗，因此美國的婚紗市場，估計一年約有10億美元的商機。只要有婚紗拍賣會，必造成搶購，甚至是二手婚紗也不例外。在紐約最大的婚紗店克蘭菲爾（Kleinfeld），一件婚紗售價約從1,200美元（約4萬元台幣）起跳，最貴到8萬、10萬美元（約250萬至350萬元台幣）。館內陳列的婚紗樣品超過千件，新娘必須在電腦選擇樣式和號碼後，按下按鈕，禮服便透過輸送帶送到新娘面前（經濟部商業司，2006）。

四、婚禮產業新的核心型態逐漸形成

台灣地區的結婚型態已從過去由長輩主導的傳統方式，轉變為年輕人自主，加上資訊傳播快速與效率至上等因素考量，婚禮消費市場呈現新的發展趨勢。

(一)東西文化的融合

1.台灣的傳統結婚文化受到西方文化的衝擊，婚禮產業發展東西文化融合的服務模式與內容。

2.在西方文化的影響，產生婚禮顏色喜好的變革；白色取代紅色，成為婚禮的主色，禮服由鳳冠霞帔轉變為白色婚紗及西裝禮服；西式餅乾禮盒亦成為新人的另一種選擇。

3.現代的新人許多選擇舉辦「西式婚宴」宴客，以及嚮往舉辦花園婚禮、戶外婚禮及教堂婚禮的比率增高。

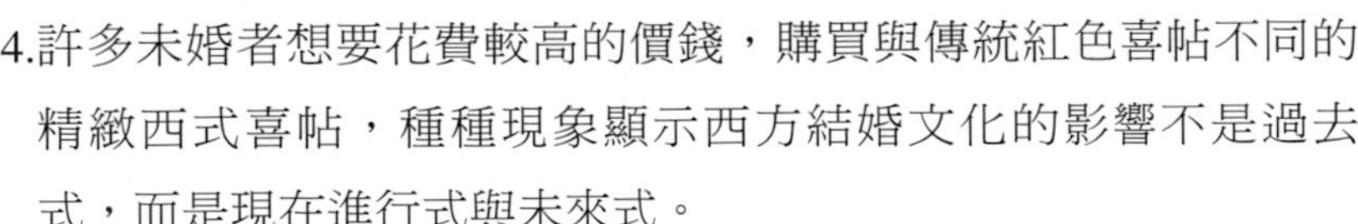

4.許多未婚者想要花費較高的價錢，購買與傳統紅色喜帖不同的精緻西式喜帖，種種現象顯示西方結婚文化的影響不是過去式，而是現在進行式與未來式。

(二)互動分享的經驗

1.台灣的婚禮產業，搭上web2.0的風潮，重視賓客間的彼此互動與共享。

2.許多新人在網路電子相簿放置婚紗照、製作部落格等讓親友或有興趣的網友一起分享與討論。

3.新人要求婚禮的DVD製作，呈現婚紗照外，並將與親友共同的生活歷程一併呈現。

4.在婚禮的進行則請專業的攝影師記錄婚禮的互動過程，以及請專業婚禮主持人，帶動婚宴氣氛。

5.「互動與分享」模式逐漸取代過去被動式的祝福，成為婚禮產業發展的核心概念。

(三)祝福與感謝的價值

1.為了讓出席婚宴的親友賓主盡歡，在整個結婚的過程重視互動分享，新人並精心挑選多功能與精緻的喜餅禮盒；婚宴會場中鮮花、汽球讓賓客帶走，送客時精心準備婚禮小物，表達謝意。

2.結婚模式為一可塑性極高的產業，消費需求多變與市場競爭，加上國內結婚人口下降現象，婚禮產業業者的行銷策略需勇於創新。

3.婚禮產業之行銷策略需創意不斷與產業創新外，亦須重視結婚本身的內涵與意義，營造幸福產業，將幸福產業昇華為感動產業，如此才是婚禮產業的核心價值與致勝關鍵。

五、婚禮顧問（婚禮企劃）產業的競爭及合作模式

現代的婚禮產業為整合性的產業，需要多元化的跨域產業共同合作；婚禮顧問因應現代婚禮產業的市場需求與發展趨勢，提供婚禮產業服務型態的競爭與合作模式。

(一)婚禮顧問（婚禮企劃）服務的型態

「婚禮顧問」（婚禮企劃）的市場需求非常龐大，無論是簡單的婚禮或豪華的婚禮，皆可能需要專業的諮詢人員。目前台灣的婚禮市場當中，提供婚禮顧問服務的業者主要有四個型態：

1.婚禮企劃（婚禮顧問）公司。
2.婚紗業旗下顧問。
3.飯店業旗下顧問。
4.Soho族個人工作室（兼職婚禮顧問）。

Angels Brought Me Here! 宛如天使降臨人間　純白極緻浪漫婚禮

個性堅毅的Andy提到這次婚禮主題的初衷，以充滿感性的口吻提到：「對我而言，Becky就像是我生命中的天使，一路上支持我，成為我的動力，我的目標，是未來要和我一起分享生活中喜怒哀樂的天使！」因為這樣的一段話，敏銳的Stacey立刻聯想到天使的主題，於是一場彷彿天使般純淨的婚禮，就在喜來登飯店浪漫舉行。

愛情長跑　一路相互扶持

婚禮企劃公司（左）；Soho族個人工作室（右）

資料來源：永恆婚禮顧問（2014）；Tiffany婚禮企劃主持（2014）

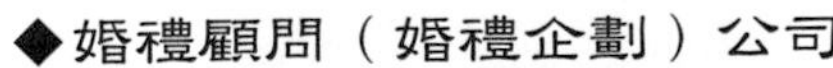

◆婚禮顧問（婚禮企劃）公司

1.主要的業務是提供整個婚禮流程的企劃書，並且擔任仲介角色，幫助新人聯絡其他合作的廠商。

2.婚禮顧問（婚禮企劃）公司，通常會有專業的企劃師、主持人、場佈人員等。

3.由於婚紗、攝影的成本較為龐大，因此婚禮顧問（婚禮企劃）公司內通常不會附設婚紗禮服部，而需與婚紗業者合作。

4.通常與飯店業長期合作，提供婚禮地點。

5.近年來由於婚禮產業競爭激烈，因此婚禮顧問（婚禮企劃）公司也可能有兼職的造型師，因應各種市場需求。

婚禮顧問公司講解流程

資料來源：愛戀海外婚禮有限金司（2014）

◆婚紗業旗下顧問

1.為節省成本，通常是婚紗禮服部門的業務兼任婚禮顧問（婚禮企劃），整合原有上游婚顧（婚企）業者代找婚紗的流程，並創造更多價值。

2.由於婚紗禮服公司旗下原本具備專業的造型師、攝影師、攝影棚等，因此只要和飯店業者合作，找到適合的場地，訓練旗下業務擔任企劃和仲介者的角色。

婚紗業旗下婚禮顧問

資料來源：嫁日婚紗攝影。彩妝（新娘秘書、婚禮顧問）（2013）

◆**飯店業旗下顧問**

1.由於飯店業已有專屬的結婚場地，近年來飯店業者成立婚禮顧問（婚禮企劃）部門。

2.飯店業招募或培養婚禮企劃人員，增加服務項目，達到整合上游廠商與提升服務品質。

3.在婚紗攝影部分，飯店業者向外尋求婚紗業者的合作。

耐斯王子大飯店婚禮顧問

資料來源：耐斯王子大飯店（2014）

1.因應婚禮顧問（婚禮企劃）產業市場需求，存在價格及運作都較為彈性的兼職企劃人員，或個人工作室。

2.由個人兼職而非企業專任的方式，擔任主持人、表演團、造型師、攝影師的工作。

3.這類型業者的優勢是有彈性以及機動性。

4.缺點是服務規模無法擴大。

喜苑婚禮顧問工作室

資料來源：喜苑婚禮顧問工作室DGwedding（2012）

(二)結婚專案

結婚專案指在新人的預算前提，依照新人的想法而設計主題婚禮規劃與執行。在規劃階段必須與新人及雙方家長溝通，包含婚禮主題企劃、流程規劃、擬定宴客名單、預訂宴客地點，並規劃專案時程表與婚禮人力資源的安排；在執行階段必須依照結婚所需要之物品的購買與發放喜餅、喜帖及拍攝婚紗照，以及飯店或餐廳的細節敲定。婚禮前必須協助確認出席宴會的賓客名單；婚禮當天依照事前之企劃內容與程序進行婚禮流程；婚禮結束後，需進行婚禮影片的後製、蜜月旅行的規劃等事項。

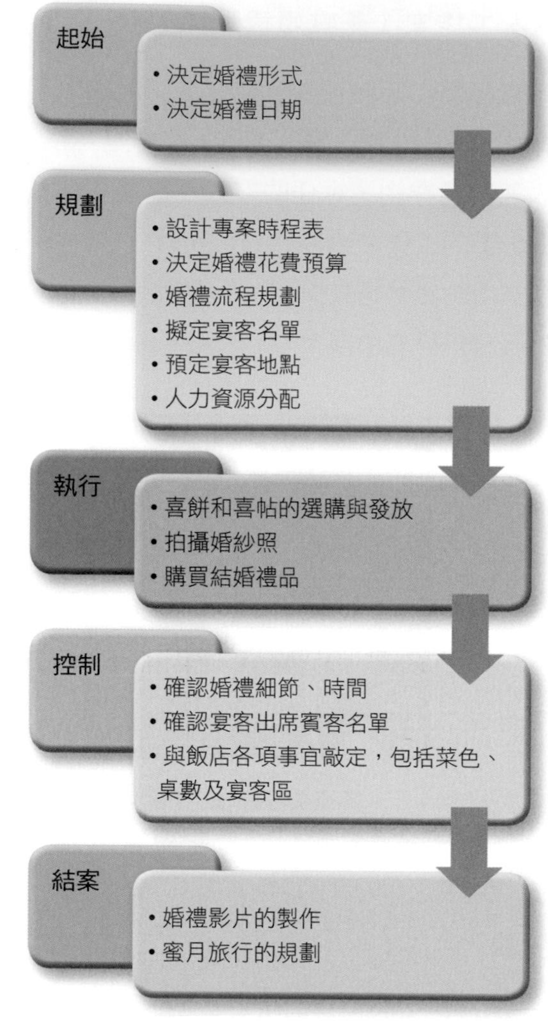

結婚專案五個階段的流程圖

資料來源：筆者繪製

近年來，許多新人諮詢婚禮顧問，以半自助方式，完成新人夢想中的主題婚禮。婚禮無論是由婚顧公司企劃與執行，或以半自助方式舉行婚禮，新人若能以專案管理方式檢視婚禮企劃內容，利用專案管理觀念辦理終身大事，可以達成事半功倍的效果。成功的專案管理需在專案範圍及品質要求下，在資源、成本、時間三者間取得平衡，達

成設定目標。事先花些時間將專案之工作項目、預算、資源及時程等項目有系統地規劃，按照計畫內容執行，並瞭解項目間的關聯性與整合性，婚禮便能成功順利進行。

婚禮專案企劃內容

項目	內容
1.專案整合管理	將各管理面有效整合與資源調整規劃，並提出相關文件；包含結婚初步範疇說明書、結婚專案管理計畫等。
2.專案範疇管理	即結婚工作說明書（Statement of Work, SOW）與工作分析架構（Work Breakdown Structure, WBS），包含人力的責任分工圖（Responsibility Assignment Matrix, RAM），以及婚禮流程規劃與時間控管表。
3.專案時間管理	針對結婚的各項工作規劃時間，估算完成結婚專案所需要的資源種類與數量，方便進行時間控制。例如：結婚喜餅的發放，由事前選擇喜餅到發放，將時間做有效的管理，喜餅能於預期的日期發放完畢。
4.專案成本管理	涉及結婚所需要花費開銷之預算，包含禮品、拍攝婚紗照、宴客地點租借等。
5.專案品質管理	專案成功，在於既定的時間與成本內達到目標，以及品質符合新人需求。結婚的品質管理包括喜餅、喜宴必須注意衛生安全，婚宴流程規劃必須順暢、動線安全與接待禮儀等。
6.專案人力資源管理	專案團隊執行，包括招待、伴郎、伴娘、迎娶及結婚各事項負責人員的工作分配。
7.專案溝通管理	專案執行前，需與團隊人員完善溝通、周全傳播與訊息管理，以確保訊息傳遞正確。結婚溝通管理包含結婚禮俗、婚禮舉辦地點與形式、菜色等細節。
8.專案風險管理	結婚風險包含當天天候的應變措施、賓客人數的預備桌數等，事前需預設所有可能發生之風險，規劃應對措施，避免風險。
9.專案採購管理	結婚採購管理，包含所有結婚所需要的物品，如禮品、喜餅、喜宴、婚禮小物等，以及聘請婚禮樂團、婚禮攝影、主持人等。

(三)婚禮顧問（婚禮企劃）服務對婚禮市場之影響

現代新人對於婚禮的內容與舉行方式，有更多的自主性與想法，因此婚顧人員需不斷提供新的創意與專業化服務內容。

◆創意不斷的婚禮

1.婚禮顧問（婚禮企劃）服務因應流行趨勢與社會需求，以及婚禮觀念、習俗的改變，其服務走向專業化，整合婚禮市場資源。

2.婚禮顧問（婚禮企劃）業者所提供的服務配套更豐富，相對地影響消費者的需求慾望，消費需求逐漸增多。

3.在供需交替影響下，婚禮顧問（婚禮企劃）服務追求創新與創意，婚禮產業市場逐漸出現客製化與多元化婚禮。

4.婚禮顧問（婚禮企劃）協助無法親自籌辦婚禮的新人，進而使婚禮習俗、儀式由繁轉簡，更符合現代人生活需求。

5.藉由婚禮顧問（婚禮企劃）協助新人與雙方父母的溝通協調，婚禮舉辦主導權漸由父母轉向兒女，加上現代人對婚禮觀念的改變，婚禮形式更新穎化與時尚化。

創意婚紗攝影

資料來源：邱子柔sosi JC（2014）；sosi BLAKE（2014）；紅刺蝟風格婚紗（2014）；樂樂花園工作室（2014）

婚禮顧問（婚禮企劃）

一、基礎定義篇

二、服務流程篇

三、籌備準備篇

四、廠商整合篇

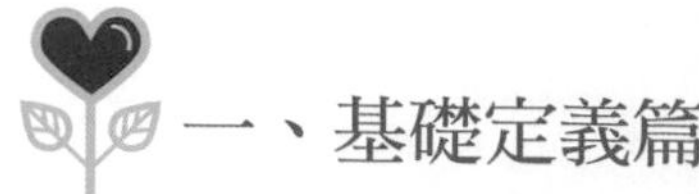

一、基礎定義篇

(一)當代台灣婚禮產業之特性

當代台灣婚禮產業之特性包括：(1)顧客需求之資訊內涵高；(2)服務邁向精緻化；(3)從業人員背景及專業能力提升；(4)海外市場拓展等。

◆顧客需求之資訊內涵高

1.攝影本身屬於視覺藝術，將想法及創意透過鏡頭、燈光的應用及沖洗印相的技術加以表達，雖近年來數位化盛行，但攝影充滿著技術、理想和思考，追求不斷地創新，同時滿足顧客之品味需求，是成功之基本要件。

2.婚紗照是傳統婚禮儀式中唯一讓新人可以不再具有儀式性的空間。業者須不斷地創造新商機、新的消費需求，不但需要將之美化也需要商品化。婚紗攝影的消費不單是婚紗業者所包裝的種種商業利益，並象徵新人進入人生另外階段的美好啟程，使得婚紗攝影成為消費者主動投入的行為。

3.選擇婚紗攝影公司的考量因素有：價格、照片品質、服務態度、婚紗攝影公司的品牌等。

4.創新能力是婚紗攝影業者維持競爭的優勢，需經常創新者包括：經營策略、銷售方式、店面規劃設計、禮服款式設計、攝影技術及內涵、造型美容及產品包裝設計等。創意的提升依賴產業鏈者之間相互學習與經驗交流。

◆服務邁向精緻化

1.攝影師：得上山下海，不斷地找到獨家拍照景點，因此攝影師本身就成為產品品牌之一。

2.影像數位化投資：婚紗攝影業轉型精緻化的關鍵，包括打燈、色彩、修片、相本編排技術等，都必須重新調整。

3.店內服務：門市服務人員的位置、顧客進門打招呼、座位安排、第一句話該怎麼說、如何抓住消費者的需求等服務細節，都必須清楚解說與演練。如果服務不能標準化，就變成傳統產業，將缺乏競爭力。

◆從業人員背景及專業能力提升

婚禮產業屬於創意、服務性產業，工作時間長、面對顧客群廣、進入門檻低；從業人員多為廣告設計、服裝設計及攝影師等專業背景者，從業人員的學歷未必很高，但需有高度專業知識之吸收能力及學習之動力。

◆海外市場拓展

1.台灣的婚紗攝影甚具國際知名度，除了追求精緻化，為了突破結婚人數下降的危機，走向海外求取外國市場，為發展趨勢及契機。

2.結合觀光業擴大商機：韓國、大陸、新加坡、馬來西亞、日本等國家的專業人士，常舉團到台灣觀摩學習，諸如造型設計、產品配套服務、主題婚禮舉辦過程及攝影技術的成果等。

3.目前台灣婚紗業全球化的兩大發展方向：

(1)異業整合：包括結合飯店、喜餅、蜜月、金飾、婚紗攝影等全套整合行銷，正是過去將攝影、婚紗、造型、禮品等整合發展的翻版。

(2)數位革命：結合台灣的電子高科技優勢，將數位攝影運用到婚禮產業，在拍攝及後製處理上充分發揮迅速、多元、精緻的特性。

海外婚紗照
資料來源：Donfer Photography（2014）

(二)婚禮顧問（婚禮企劃）產業緣起

婚禮顧問（婚禮企劃）服務從簡單的婚禮諮詢、擔任司儀、聯絡廠商，到帶領新人進場的安排、出菜秀的設計與執行等，以及引進西式專業的婚禮顧問（婚禮企劃師）「Wedding Planner」服務制度，說明服務業求新求變的歷程。

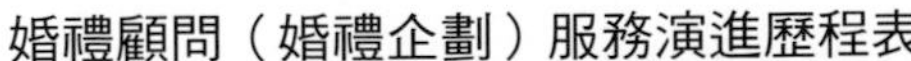

婚禮顧問（婚禮企劃）服務演進歷程表

時間	演進歷程	備註
1980	國內飯店與大型婚宴餐廳，因顧客的需求，提供簡易的司儀、婚禮諮詢、佈置等服務，其餘皆為新人自行處理。	飯店除了本身喜宴專案之外，未主動提供其他相關服務。
1982	來來喜來登飯店首創「宮廷出菜秀」。	為台灣出菜秀的濫觴。
1996	玉盟婚禮顧問公司成立，引進國外專業之Wedding Planner做法，為國內啟開專業婚禮規劃的先河。惟初期服務對象，以政商名流為主，屬金字塔頂端消費市場。	婚宴產業開始發展產業資源的整合。
1995	婚紗攝影業利用異業結盟，將部分婚禮產業結合成配套（Package）服務，其中包括美容化妝與美髮。	婚紗攝影產業的延伸與異業整合。
1996	新娘秘書崛起，除了提供整體造型化妝工作外，還充當新娘的幫手，打理所有瑣碎事情。甚至有些新娘秘書需提供婚禮諮詢，兼職擔任婚禮規劃顧問。	新娘秘書的崛起，擔任婚禮規劃顧問。
2001	因著潮流改變，與市場新的需求，大飯店與大型婚宴廣場（會館），提供新人更多的婚禮服務項目。	新人的需求增加，婚禮內容更多樣化。
2003	台北豪園首開提供「婚禮企劃」服務的風氣，整合更多產業資源（包括專業司儀、燈光音響、舞台、出場秀等），設計套裝婚禮流程，幫新人打造一場更有看頭的喜宴。	婚宴業者提供包套「婚禮企劃」服務的起始。
2005	由於婚宴市場高度競爭的關係，許多大飯店及大型婚宴廣場（會館），紛紛競相提升宴會廳的硬體設備，如影音工程設備等，婚禮企劃的服務也更趨於周全，除了有固定婚企套裝服務外，也樂於幫助新人安排額外服務。	由於市場競爭，各婚宴業者相繼投入提供婚禮企劃的服務。
2008	原來婚宴業者所提供的婚禮服務，除了自身專職的婚禮企劃人員外，好日子也有一部分委託給專業的婚禮顧問（企劃）公司執行。相對地，婚禮顧問（企劃）公司也幫忙介紹婚宴給合作的婚宴業者，於是進入專業與專業之間的合作模式。	專業與專業之間的合作模式。
2013	為提升婚禮顧問（婚禮企劃）服務品質，由中華民國應用商業管理協會舉辦「時尚婚禮企劃師乙級證照」考試。並透過與技職學校的合作，培養更多的專業婚禮顧問（婚禮企劃），因應市場需求。	透過專業證照考試，提升婚禮顧問（婚禮企劃）服務專業與素質，並培養專業婚顧人才。

資料來源：筆者彙整；參考張金印（2010）。

(三)婚禮顧問（婚禮企劃）的工作內容

在新人的預算與需求條件下，婚禮顧問（婚禮企劃）多儘量滿足並完成新人的要求。除了已被設定的固定婚禮配套，提供新人的基本選項外，專業的婚禮顧問（婚禮企劃）所提供的服務五花八門。

目前台灣婚禮顧問主要的工作與能夠提供新人的服務，包含：(1)重視溝通規劃的服務；(2)提供專業專職的服務；(3)嚴謹的婚禮統籌服務；(4)化繁為簡的單一窗口；(5)機動性的宴會現場服務等（行政院勞工委員會，2008）。

婚禮顧問工作內容如下：

1.婚禮前的婚禮形式溝通。

2.婚禮主題企劃與婚禮流程安排。

3.婚紗和婚宴場地推薦與溝通。

4.協助喜帖設計與寄送。

5.婚宴會場空間設計與佈置，預算規劃。

6.籌備進度安排，擔任結婚新人與婚禮服務廠商之間的溝通橋樑。

7.婚宴流程企劃。

8.婚禮彩排。

9.喜帖與婚禮小物挑選。

10.傳統婚禮諮詢與執行；從提親、訂婚、結婚都一手包辦。

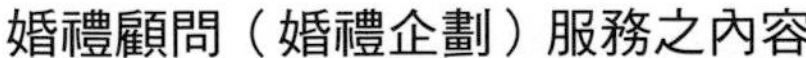

婚禮顧問（婚禮企劃）服務之內容

服務項目	婚企諮詢	服務目的
求婚計畫	與新人討論求婚的形式	依照新人的想法與婚企人員的創意，設計一場獨特的求婚活動，讓每對新人都有不一樣的求婚回憶。
婚期行事曆	與新人討論制訂每一個細節的時間	把每個細節時間訂好，讓婚企與新人有充裕的時間準備。
禮俗諮詢	詢問新人的宗教信仰、當地的文化風情	各地禮俗習慣有些許差異，透過事前把訂（結）婚所需用品、婚禮儀式模擬準備好，讓婚宴當天順利完成。
挑選婚紗、婚紗（婚禮）攝影	推薦與自己公司合作關係良好、長久的婚紗公司	婚紗公司提供與平日穿著不同的正式禮服，讓新人感受到自己在婚宴當天是最特別的主角，並協助婚紗、婚禮之拍攝。
新娘秘書	提供妝髮造型給新人和新人的家人	婚禮當天新娘秘書打理新人和家人的造型，讓新娘，也讓家人都可以美美一整天。
挑選喜餅	推薦與自己公司合作關係良好、長久的喜餅店	提供新人多樣式的選擇，不論是中、西式、客製喜餅等。透過分送親朋好友喜餅，除了昭告新人互訂終身外，也藉此分享結婚的喜悅。
挑選喜帖	推薦與自己公司合作關係良好、長久的印刷業者	有別以往大紅單調的喜帖，新人可以設計屬於自己獨一無二的喜帖，藉由發送喜帖邀請賓客一起分享幸福的喜悅。
宴客地點、婚宴主題	提供新人婚禮主題和宴客地點之參考	婚企人員透過不斷地與新人溝通，瞭解新人的想法與所想要呈現的風格，設計一場屬於新人的婚禮，讓新人與賓客都擁有一場深刻難忘的婚禮。
賓客的確認	賓客的確認	賓客的確認，甚至幫忙新人打電話確認人數。
婚禮現場佈置	婚禮現場佈置	婚禮現場佈置。
婚禮主持	提供以往的範例給新人參考，選擇新人喜歡的風格主持人	一場好的婚禮需要一位稱職的主持人，提升整場婚禮更加的喜慶和樂趣。
MV製作	與新人討論影片呈現的形式	製作新人的成長、戀愛過程或者想感謝的人之影片，讓新人與賓客一起沉浸在幸福的成長與戀愛故事裡。
婚禮音樂	與新人討論、挑選適合的婚禮音樂	音樂演奏兩人的定情曲，訴說著兩人的愛情故事，讓氣氛更加地甜蜜。
婚禮小物、賓客禮品	提供廠商、樣式讓新人挑選	新人挑選一個精心特別的小禮物，答謝親朋好友的祝福，讓賓客感覺很窩心。
禮車、禮俗用品購買（租賃）	與新人討論需要哪些用品	不論是何種宗教信仰或種族，禮俗用品主要為感謝父母，並給予新人祝福之用意。
蜜月旅行	提供地點讓新人選擇	替新人規劃蜜月旅行，讓新人輕鬆甜蜜地出遊。

資料來源：許閔惠（2012）；行政院勞工委員會（2008）

二、服務流程篇

(一)婚禮顧問（婚禮企劃）服務流程

婚禮顧問（婚禮企劃）協助新人在舉辦婚禮的三個月至半年之前，便必須開始收集廠商資訊並進行接洽。新人有結婚的念頭或是展開求婚計畫時，便可請婚禮顧問（婚禮企劃）協助。婚禮顧問（婚禮企劃）公司，包含四項服務：(1)婚禮規劃；(2)婚紗攝影；(3)周邊服務；(4)新興服務。

婚禮規劃
1. 協助討論結婚、訂婚日期以及預訂飯店
2. 討論婚禮形式與規模及餐廳預算
3. 婚禮主題、會場佈置、婚禮主持
4. 典禮當天造型等

婚紗攝影
1. 協助安排拍照日期
2. 介紹婚紗業者

周邊服務
1. 代訂喜餅喜帖
2. 租用迎娶禮車
3. 婚禮紀實

新興服務
1. 愛情成長MV
2. 新娘秘書
3. 蜜月旅行

婚禮顧問（婚禮企劃）公司服務內容

婚禮顧問公司之服務流程，包括：(1)諮詢洽談；(2)選擇服務項目；(3)簽訂合約；(4)規劃設計；(5)婚禮前夕；(6)婚禮當天；(7)後續服務。

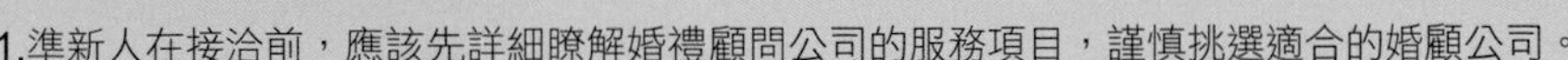

Step1 諮詢洽談

1.準新人在接洽前，應該先詳細瞭解婚禮顧問公司的服務項目，謹慎挑選適合的婚顧公司。
2.與婚顧人員洽談時，提出對婚禮的想法與需求，例如：婚禮主持人、新娘秘書、場地佈置等。
3.婚顧公司會先讓新人觀看婚禮作品、說明服務專案內容，準新人可透過專員解說及欣賞作品，瞭解婚顧公司的服務模式及風格走向。

Step2 選擇服務項目

1.由於婚禮顧問公司提供的服務項目眾多，準新人應衡量預算，選擇必要的包套內容。
2.同時考量婚顧公司推薦的廠商服務，是否符合自己的需求。

Step3 簽訂合約

1.確定合作關係後，婚禮顧問會針對新人提出婚禮企劃案、預算表，討論並擬定正式合約。
2.準新人審核內容及條款後，雙方簽署合約，保障準新人權益。

Step4 規劃設計

1.接受委託後，婚禮顧問會進一步與準新人溝通詳細的項目及細節，並分享過去的案例、做法。
2.在討論的過程中瞭解新人對婚禮的想法，協助與雙方家長溝通、協調對禮俗的想法。
3.為新人規劃出最佳婚禮方案及婚禮行程表。

Step5 婚禮前夕

1.與準新人再次確認迎娶流程、婚宴流程企劃書。
2.和相關服務人員順婚禮流程，確認工作人員的安排、物品清單、迎娶路線及時間表。
3.婚禮前一天進行彩排，如果有安排表演活動，也需提前演練一次。

Step6 婚禮當天

1.婚禮顧問負責統籌、控管婚禮，讓流程得以順利進行。
2.安排足夠的支援人力（如婚俗引導人、場控、音控）到婚宴現場，協助新人打理各項事宜，隨時因應突發狀況。

Step7 後續服務

若婚禮顧問提供婚禮攝影服務，婚禮結束後，會依約完成進度，並通知新人領取成品及結婚紀念作品。

婚禮顧問服務流程

婚禮顧問（婚禮企劃）協助新人結婚之工作流程如下圖所示。

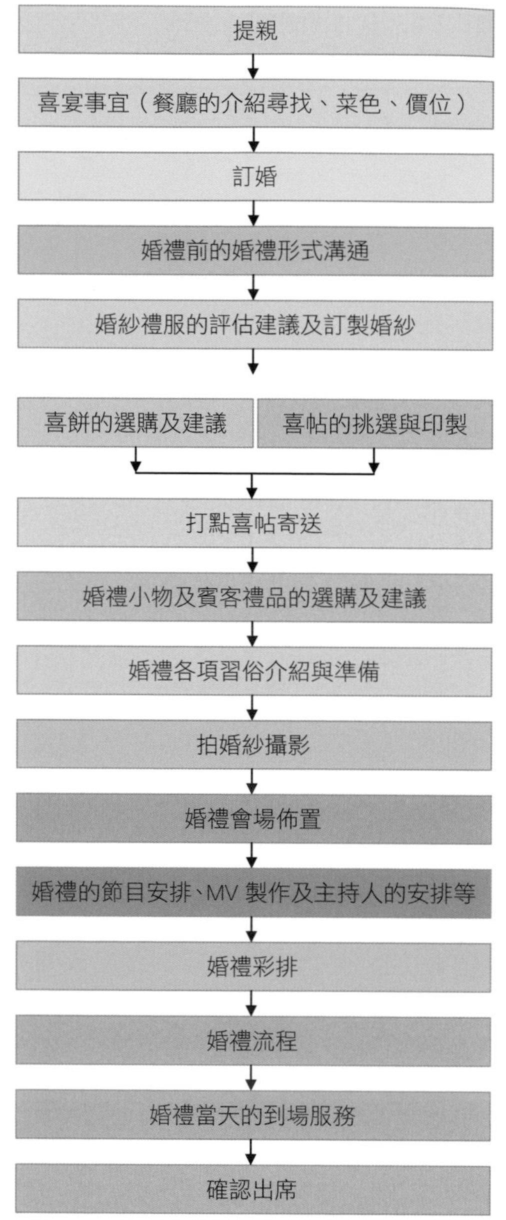

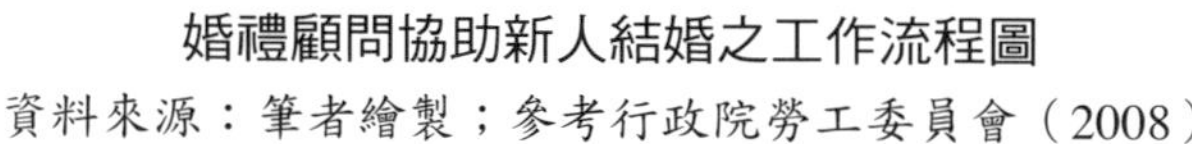
婚禮顧問協助新人結婚之工作流程圖

資料來源：筆者繪製；參考行政院勞工委員會（2008）

(二)婚紗攝影服務流程

◆婚紗攝影——台灣婚禮產業領頭羊

1.提供客製化及充滿知識內涵之服務為主。

2.充分瞭解顧客需求，需與顧客共同努力進行新創意之開發。

3.提供消費者更完整之服務內涵，提升競爭力、開發新創意、擴大市場規模及樹立品牌形象，藉此吸引更多消費者與持續進行異業整合。

4.創意發想之壓力來自於顧客要求及市場壓力，需要較大型廠商帶領，並引進外來之創意與流行時尚概念。

婚紗攝影服務流程，包括：(1)門市簽約；(2)確定服務內容；(3)禮服試穿；(4)造型溝通；(5)攝影；(6)挑選照片；(7)交件等。

禮服試穿

資料來源：WeddingDay小花。禮服控狂想曲（2014）

婚紗攝影

資料來源：MOR婚紗・攝影工坊（2014）

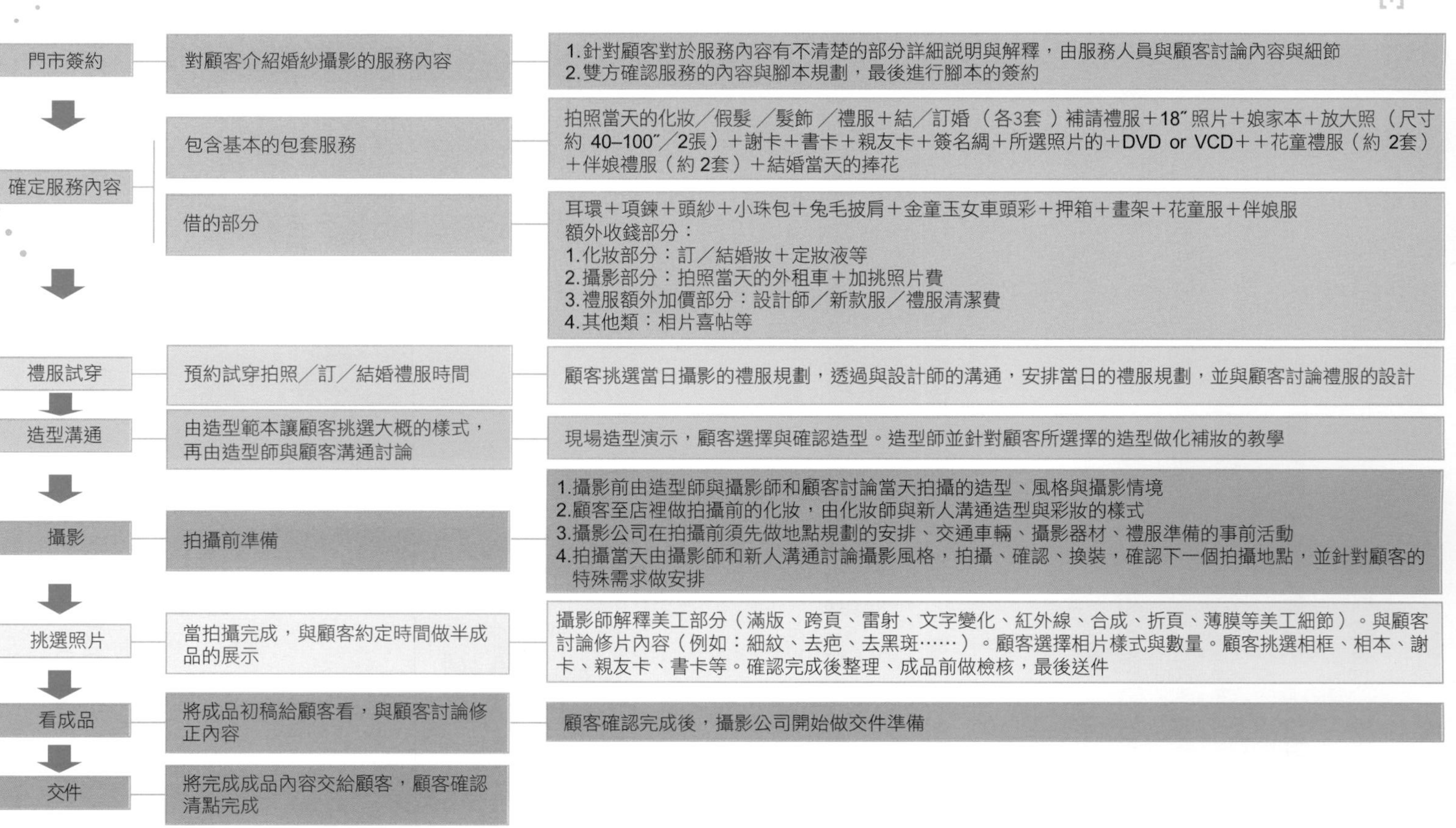

門市簽約
對顧客介紹婚紗攝影的服務內容
1. 針對顧客對於服務內容有不清楚的部分詳細說明與解釋，由服務人員與顧客討論內容與細節
2. 雙方確認服務的內容與腳本規劃，最後進行腳本的簽約
確定服務內容
包含基本的包套服務
拍照當天的化妝／假髮／髮飾／禮服＋結／訂婚（各3套）補請禮服＋18″照片＋娘家本＋放大照（尺寸約 40–100″／2張）＋謝卡＋書卡＋親友卡＋簽名綢＋所選照片的＋DVD or VCD＋＋花童禮服（約 2套）＋伴娘禮服（約 2套）＋結婚當天的捧花
借的部分
耳環＋項鍊＋頭紗＋小珠包＋兔毛披肩＋金童玉女車頭彩＋押箱＋畫架＋花童服＋伴娘服
額外收錢部分：
1. 化妝部分：訂／結婚妝＋定妝液等
2. 攝影部分：拍照當天的外租車＋加挑照片費
3. 禮服額外加價部分：設計師／新款服／禮服清潔費
4. 其他類：相片喜帖等
禮服試穿
預約試穿拍照／訂／結婚禮服時間
顧客挑選當日攝影的禮服規劃，透過與設計師的溝通，安排當日的禮服規劃，並與顧客討論禮服的設計
造型溝通
由造型範本讓顧客挑選大概的樣式，再由造型師與顧客溝通討論
現場造型演示，顧客選擇與確認造型。造型師並針對顧客所選擇的造型做化補妝的教學
攝影
拍攝前準備
1. 攝影前由造型師與攝影師和顧客討論當天拍攝的造型、風格與攝影情境
2. 顧客至店裡做拍攝前的化妝，由化妝師與新人溝通造型與彩妝的樣式
3. 攝影公司在拍攝前須先做地點規劃的安排、交通車輛、攝影器材、禮服準備的事前活動
4. 拍攝當天由攝影師和新人溝通討論攝影風格，拍攝、確認、換裝，確認下一個拍攝地點，並針對顧客的特殊需求做安排
挑選照片
當拍攝完成，與顧客約定時間做半成品的展示
攝影師解釋美工部分（滿版、跨頁、雷射、文字變化、紅外線、合成、折頁、薄膜等美工細節）。與顧客討論修片內容（例如：細紋、去疤、去黑斑……）。顧客選擇相片樣式與數量。顧客挑選相框、相本、謝卡、親友卡、書卡等。確認完成後整理、成品前做檢核，最後送件
看成品
將成品初稿給顧客看，與顧客討論修正內容
顧客確認完成後，攝影公司開始做交件準備
交件
將完成成品內容交給顧客，顧客確認清點完成

婚紗攝影服務流程圖

三、籌備準備篇

婚禮的籌備階段，新人決定選擇的那一位，多數是女方；包括挑選婚紗禮服、婚宴佈置、新房佈置、婚戒、婚鞋等事項。

(一)婚禮顧問服務

◆婚禮企劃

1.協助討論結／訂婚日期及訂飯店。

2.討論婚禮形式與規模及餐廳預算。

3.婚禮主題、會場佈置、婚禮主持。

4.典禮當天造型。

婚禮佈置

資料來源：婚禮工房（2014）

◆婚紗攝影

1.協助安排拍照日期。

2.介紹婚紗業者。

婚紗攝影

資料來源：Only You唯你自主婚紗攝影工作室（2014）

◆周邊服務

1.代訂喜餅喜帖。

2.租用迎娶禮車。

3.婚禮紀錄。

婚禮紀錄

資料來源：詹囍氣婚禮紀錄（2014）

◆**新興服務**

1.愛情成長MV。
2.新娘秘書。
3.蜜月旅行。

愛情成長MV
資料來源：好事婚禮顧問Our Wedding（2014）

(二)訂婚禮儀

◆**訂婚禮儀**

1.古代婚禮——男婚女嫁，多憑媒妁之言。
2.傳統的六禮之俗：納采、問名、納吉、納徵、請期、親迎。
3.婚禮又稱「成家之禮」，意即新婦入門為「成婦之禮」；歸寧後則為新郎「成婿之禮」。

◆**訂婚意義**

1.訂婚又稱「文定」，昔稱「納吉」及「納徵」。係男女雙方表達求婚的意念，並經雙方家長同意後的行為。
2.訂婚是結婚禮俗過程之一，男女雙方準備攜手共組家庭以前的一種意思。在法律上，婚姻雖不以訂婚為形式條件，但傳統習

俗仍非常重視；就現代社會而言，亦須藉此表示對婚姻的敬慎，仍屬重要儀節。

3.訂婚行為係由雙方家長、男女訂婚人、介紹人及親友代表等，於約定日期，在女家或約定之地點，舉行訂婚之禮。男女訂婚人相互交換信物，如有需要，得訂立訂婚證書一式兩份。

4.訂婚宜簡約，如須分送喜糖，以發給至親為宜。

◆禮俗

1.男女雙方已同意並經報告家長後，約定時間在女家或約定地點舉行。訂婚之細節，在訂婚前即由介紹人負責溝通連繫。

2.男方應準備之物品

(1)女訂婚人之衣服、鞋子、襪子、項鍊、手鐲、戒指、耳環等金飾，取偶數，亦可折合現金。

(2)聘金：雙方約定。台灣北部地區及客家習俗分大聘、小聘兩種，女方收小聘不收大聘；新竹地區有部分不收聘金；南部地區不分大小聘，大部分皆收聘金。但現在經濟結構改變，

聘金

資料來源：郭元益糕餅博物館提供

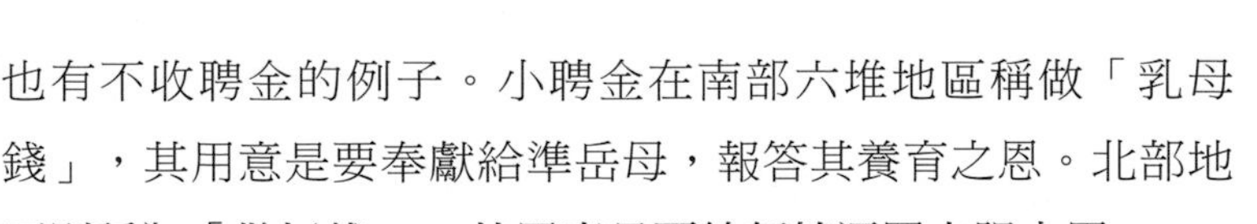

也有不收聘金的例子。小聘金在南部六堆地區稱做「乳母錢」，其用意是要奉獻給準岳母，報答其養育之恩。北部地區則稱為「做衫錢」，其用意是要給新娘添置衣服之用。

(3)禮品：可分禮盒、禮餅、大餅（一盒數斤重，為台灣南部地區所流行），冬瓜糖與戒指餅（台灣北部地區所流行），檳榔與冰糖（台灣南部地區所流行）以及其他各式糖果餅乾總共與禮餅等合為十二樣或六樣均可，但各樣應取偶數。禮盒、禮餅或大餅之數量，事先已透過介紹人與女方議妥，若男女雙方住所相距遙遠，亦可經雙方同意並折合現金，由女方代訂。

(4)金、香、燭、炮四樣各兩份，將蓮招芋、五穀子、生鐵、炭等（象徵子孫繁衍）包成一包。

金、香、燭、炮

資料來源：郭元益糕餅博物館提供

(5)訂婚宴席通常是由女方請客，男方出席人數包括男訂婚人在內取偶數出席，並贈送女方「謝宴禮」席儀一份。從前尚包括廚師禮（廚儀）、端菜服務禮（端儀）、端臉盆水禮（盥

洗儀）、迎送接待禮（攜儀）、化妝禮（簪儀）及捧茶儀等所謂六禮，現在只有比較保存古風的地區才分得這麼清楚（客家習俗至今仍保有「六禮」）。

(6)贈送介紹人的喜餅及司機等的紅包小費。

3.女方應準備之物品

(1)男訂婚人的衣服、鞋子、皮帶、皮包、戒指（信物）等物品取偶數，訂婚日送予男方，亦可折合現金。

女方應準備之物品

資料來源：郭元益糕餅博物館提供

(2)如果不收聘金，應將男方送來之聘金交由介紹人璧還男方。也有人言明：結婚時嫁妝或所需之用品，由男方備辦的例子。

(3)經戴戒指儀式後，將男方所送來喜餅與「金香燭炮」等祭拜祖先，並收取所需部分，餘取偶數（六盒或十二盒）退回。

4.準備訂婚宴席。

◆儀式

1.在公共場所舉行的訂婚儀式

(1)訂婚典禮開始——奏樂（不用樂者略）。

(2)來賓親友就位。

(3)主婚人、證明人、介紹人就位。

(4)男女訂婚人就位。

(5)證明人宣讀訂婚證書。

(6)訂婚人、證明人、介紹人、主婚人用印。

(7)訂婚人交換信物（戴戒指——中指、戴項鍊等）。

(8)訂婚人相互行三鞠躬禮。

(9)證明人、介紹人及親友致祝詞（宜簡單莊重）。

(10)主婚人致謝詞（宜簡要）。

(11)訂婚人向證明人、介紹人、主婚人行一鞠躬禮。

(12)訂婚人向來賓及親屬行一鞠躬禮。

(13)禮成——奏樂（不用樂者略）。

2.訂婚禮後，訂婚人宜祭祖及拜見尊親。

(1)奉茶昔稱「受茶」，又稱「呷茶」，舊日指「女子受聘」之謂。因為聘婦多用茶。

(2)據《天中記》云：「凡種茶樹必下子，移植則不生。故聘婦必以茶為禮。」由此可知，奉茶用來表示「女子一經受聘，不再受旁人家之聘」的意思。

男訂婚人於約定時間與父母及親友（人數取偶數），到達女方家，女方應禮貌迎接。

習慣上，女訂婚人由介紹人或長輩引導下，出廳端茶，一一敬奉男方親屬，並予以個別介紹。茶畢，男方親屬均將紅包放在茶杯內，俗稱「壓茶甌」，客家話則稱「扛茶磧茶盤」。

1954年新娘奉茶照片
資料來源：李楨英女士提供

奉茶

資料來源：郭元益糕餅博物館提供

3.戴戒指儀式

(1)男女訂婚人在雙方家長面前（面向家長），雙方親友環繞廳堂四周坐著觀禮。

(2)交換信物時，男女訂婚人面對面在雙方家長面前舉行。

(3)男訂婚人通常先為女訂婚人戴耳環，將戒指戴在女訂婚人的右手中指，然後再由女訂婚人為男訂婚人戴戒指，戴在左手中指。

(4)男女訂婚人相互行三鞠躬禮。

(5)雙方親友祝福並合影留念。

余凱琳夫婦訂婚戴戒指（左）；訂婚全家合影照片（右）

資料來源：余凱琳夫婦提供

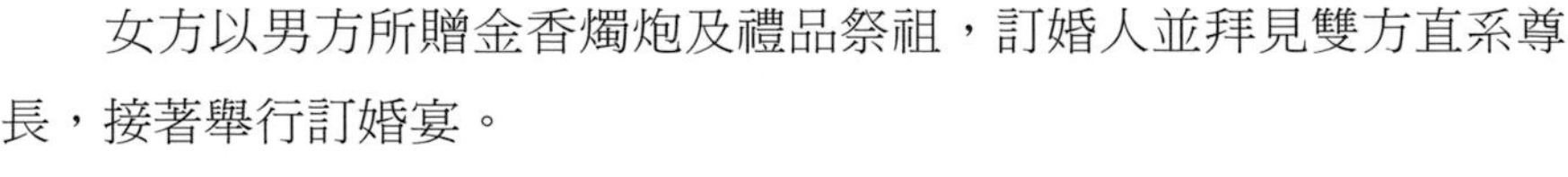

女方以男方所贈金香燭炮及禮品祭祖，訂婚人並拜見雙方直系尊長，接著舉行訂婚宴。

奉茶訂婚儀式流程

男方赴女方家下聘→奉茶→雙方交換信物（戴戒指）→祭祖→訂婚宴

(三)訂婚流程

◆迎親前之準備

1.安床

(1)通常「日課表」上即列有「安床」的日時。

(2)依時將床移置於正位即可。

(3)安床後，要請生肖屬龍的孩童在床上翻轉，俗稱「翻床、翻舖」，為「早生貴子」的象徵。

(4)並於晚間祭拜「床母」。安床後不能空房，亦忌單人獨睡，所以大喜之前，準新郎睡覺時，需由一少男陪伴。

(5)「安床日」起至「親迎」前，嫁娶之家通常會剪貼紅雙喜，中堂、門上要貼，棉被、枕頭上也要繡「囍」，以兆吉祥。

2.拜天公

(1)在台灣中南部，男方迎親前日，會在家門前搭棚設壇叩謝「天公」（酬神、謝神）。

(2)感謝眾仙佛保佑新郎順利長大成人，如今即將娶妻，所以特於「結婚日」前「拜天公」以「酬神」。

3.食姊妹桌

(1)新娘結婚前數日，由至親者（伯、叔、舅、姑、姨及姊夫等）款待，謂之「餞別」。

(2)新娘子在出嫁當天辭祖前（或前一夜），由兄弟姊妹（取奇數人），請新娘入座成偶數，新娘腳墊小椅（象徵婚後幸福美滿），一起吃飯。

(3)由長輩以筷子夾數樣菜入新娘口，邊說吉祥話，每位分一份紅包，表示離別，俗稱「食姊妹桌」。

4.吃上轎

(1)迎親出發前，男方廳堂的八仙桌上擺有代表吉祥的十二道菜餚，由新郎坐首席，儐相、小叔陪坐，邀請舅父或姨丈等湊足人數才開動，每道菜餚都要挾吃一下，俗稱「吃上轎」。

(2)「吃上轎」之後，新郎才出發迎親。

5.男方應備辦物品（因各地風俗不同，以下物品種類僅供參考）

(1)八卦米篩或黑色雨傘：為「避邪」之用，供新郎新娘上轎、下轎時遮於頭頂（新娘若有身孕宜改用黑色雨傘以免「流產」）。

(2)轎斗圓或蘋果：以糯米磨成之大糰的「湯圓」十二粒（每粒約一台斤），或蘋果十二粒（女方只能收六粒）。

轎斗圓

資料來源：郭元益糕餅博物館提供

(3)豬腿：半豬或後腿，供女方祭祀用（女方只收骨頭以外部分，取其吃肉不啃骨頭的「厚道」之意）。

(4)全雞：一隻，供女方祭祀用。

(5)鮮魚：一條，供女方祭祀用。

(6)六項紅包禮：開門禮、舅仔禮、食佬禮、挽面禮、梳頭禮、給裙禮。另外準備金額不同之紅包數包，以備不時之需。

(7)豬腳麵線：又稱「打盤禮」，為新郎感謝丈母娘替他養育老婆之恩。

(8)紅蛋：若干顆，取偶數。女方收下後，須將紅蛋每二顆以紅紙包成一包，分送給男方接嫁人員各一包。

(9)喜花

- 頭花（春仔花）：供女方女性長輩插於頭上。
- 胸花：鮮花或海綿花、緞帶花均可，插於胸前或腰部，男左女右，男方戴紅色，女方戴粉紅色。

(10)捧花：宜搭配禮服及髮型、色系，以襯托整體美。

春仔花

資料來源：郭元益糕餅博物館提供

(11)瓦片、烘爐、木炭或檀香、茉草：為「傳宗接代」之意，新娘下轎後入門前須跨過烘爐（內燃木炭或檀香、茉草），再踩破瓦片，叫做「生炭」、「破瓦」。

(12)蜜柑橘：二粒，用紅紙圈起來，拜轎用。

(13)湯圓：男方祭祀時；新郎新娘進房後須吃「圓仔湯」（新娘圓仔）及分請親友、鄰居沾享喜氣。

(14)八仙綵或紅布：掛於大廳正門上。

(15)喜幛：掛於洞房門上。

(16)食新娘茶禮品：回贈「食新娘茶」親友之禮品，如手帕、香皂、皮包、內衣等。公公為戒指，婆婆為金簪。

(17)結婚證書及印章：觀禮用，備妥結婚證書兩份及印章（男方主婚人、女方主婚人、證婚人、介紹人、新郎、新娘）。

(18)鞭炮：四串，分別於出發迎親、迎娶回門、宴客開始和送客時各燃一串。

(19)排炮：前導車於出發時、到達女方家前、從女方出發時、到達男方家前及沿路各路口、橋頭均須燃放。

(20)十二版帖（丈人帖、母舅帖）：新郎對未來的岳父母及舅父母不可用一般喜帖，依禮須親自呈送「十二版帖」邀請，以示尊重。

(21)拉炮及噴彩：新郎、新娘進入宴客會場時，可增加現場氣氛。

(22)喜糖、香菸：宴客完畢送客用。

(23)金炮燭香：新郎新娘拜堂祭祀用。

(24)紅紙：洞房內所有的鏡子，須用紅紙蒙住，滿四個月始可拆卸。

(25)車綵及綵帶。

(26)禮金簿、簽名綢、禮條、謝帖。

聘禮

資料來源：郭元益糕餅博物館提供

6.男方應備辦物品（簡化版）

(1)盒餅。

(2)漢餅。

(3)禮香、炮燭。

(4)四色糖（桔糖、冬瓜糖、冰糖、龍眼）。

(5)聘金：首飾。

(6)女方衣物（頭尾）：衣服、皮鞋、首飾、襪子、皮包、手錶。

(7)酒：兩打。

(8)麵線。

(9)米、糖。

(10)豬肉或火腿。

(11)醃雞或母鴨。

(12)喜花、罐頭。

7.女方應備辦物品（因各地風俗不同，以下物品種類僅供參考）

(1)雞蛋茶：新娘上轎前，請新郎及接嫁人員食用，只能喝茶（雞蛋用筷子攪動即可）。

(2)豬心：在洞房花燭夜食用，兩人吃「豬心」會「同心」。

(3)鉛錢、鉛粉、烏糖、雞蛋、蜜柑、五穀。

(4)扇子：兩把，一把扇尾繫一紅包和手帕，於起轎時丟出車外讓弟妹（晚輩）拾回，俗稱「放性地」，即放下「性子」，不會把任性的脾氣帶到夫家。

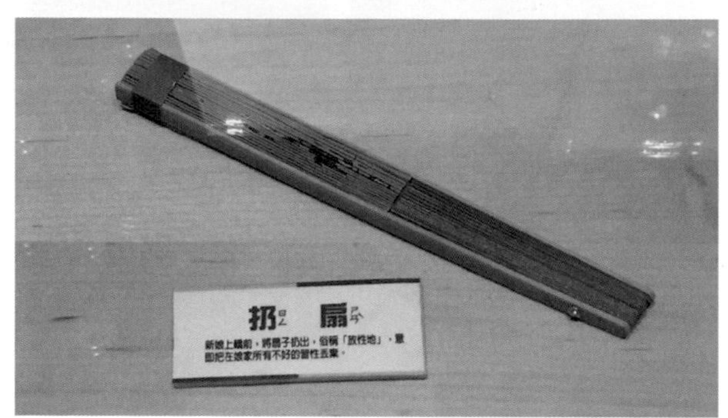

扇子

資料來源：郭元益糕餅博物館提供

(5)手帕。

(6)青竹掃：青竹一枝，連根帶葉代表「透腳青」，表示翁姑夫婦子孫都有福氣健在的吉兆。青竹有「節」表示新娘有「節」，亦可表示新娘為「初嫁」。

(7)甘蔗：兩根，連根帶葉的甘蔗表示「有頭有尾」、「生生不息」之意（歸寧回禮，現為結婚日帶回）。

(8)木炭：「炭」與「湠」同，「繁衍」之意，帶有「多生子女」之意。

(9)火籠：一個。

火盆

資料來源：郭元益糕餅博物館提供

(10)芋頭：「落地生根」之意。

(11)蓮蕉花：「連招生子」之意。

(12)石榴：石榴因種子繁多，有「多子多孫」之意。

(13)桂花：「早生貴子」之意。

(14)帶路雞：二、三個月大的公雞、母雞各一隻（或各一對），為頭轉客（歸寧）回禮，現代婚俗則於結婚日帶回，亦可以塑膠雞代替。

帶路雞

資料來源：郭元益糕餅博物館提供

(15)子孫桶：又稱「尾擔」（因排在迎娶隊伍最後面），為三種紅色桶子（蛟桶、溲桶、育桶），加上新娘的盥洗用具、紅包一個，用紅花布包起來。挑子孫桶的人必須是「富、貴、才、子、壽」五福俱全，謂之具有「全福」之人，喪偶者不得擔任，否則新人不吉。

(16)舅仔燈：一對，紅色宮燈又稱「新娘燈」。

(17)紅圓：偶數（歸寧回禮，現為結婚日帶回）。

(18)米糕：歸寧回禮，現為結婚日帶回。

(19)麵桃：偶數（歸寧回禮，現為結婚日帶回）。

8.女方應備辦物品（簡化版）

(1)盒餅：以六盒或十二盒回禮較佳。

(2)漢餅：以六盒或十二盒回禮較佳。

(3)禮香、炮燭：回一盒。

(4)四色糖（桔糖、冬瓜糖、冰糖、龍眼）：回一盒。

(5)男方衣物（頭尾）：衣服、領帶、皮鞋、皮夾、手錶。

(6)首飾。

(7)木炭。

(8)麥和穀。

◆六禮／十二禮

訂婚禮俗六禮、十二禮，其實就像是古禮中說的「納徵」，在「過訂」的時候，男方通常都會準備六樣或十二樣的聘禮，用木籃盛裝到女方家，女方也準備相應的數字擺在木盤上回禮，就是所謂的六禮／十二禮。

傳統上的訂婚禮俗有紮紮實實的規定，每樣禮物都有特別的意涵，不過就像是其他習俗的現代化一樣，六禮的內容也可以很彈性地為各自的需求調整，有人的六禮是3C產品，也有些人選擇用紅包替代禮物，簡單行事。

訂婚禮俗

★男方準備的六禮

1.盒餅：六入漢餅或是西式喜餅。

2.日頭餅：就是現在的中式大餅（香菇滷肉、紅豆麻糬等各種大餅皆可），傳統上覺得男方扛越多餅到女方家就越有面子。

3.禮香炮燭：用來敬告祖先，互相祝福吉祥平安。

4.六色喜糖：桔糖、冬瓜糖、冰糖、龍眼、花生等象徵甜甜蜜蜜，圓滿興旺。

5.聘金首飾：男方準備女方的金項鍊、手鍊、耳環、戒指。

6.頭尾禮：女方衣物六件或十二件，象徵錦衣玉食、富貴吉祥。

◎十二禮升級版

7.兩打好酒：表示一年二十四個節氣都平安，愛情濃郁香醇。

8.麵線：象徵兩姓聯姻，美滿姻緣一線牽。

9.糯米和砂糖：讓女方做湯圓，象徵團圓美滿。

10.火腿：表示豐碩誠懇。

11.醃雞：表示起家興業。

12.喜花、罐頭：表示吉祥如意。

★女方回禮的六禮

1.盒餅：以六盒或十二盒回禮較佳。

2.日頭餅：以六盒或十二盒回禮較佳。

3.禮香炮燭：用來敬告祖先，互相祝福吉祥平安。

4.六色喜糖：桔糖、冬瓜糖、冰糖、龍眼、花生等象徵甜甜蜜蜜，早生貴子。

5.聘金手飾：女方需準備男方的金項鍊及戒指。

6.頭尾禮：男方衣物六件或十二件，象徵錦衣玉食、富貴吉祥。

◎十二禮升級版

7.木炭：代表愛情如火。

8.麥和穀：表示衣食無缺。

9.黑砂糖：糖甜甜，討人愛。

10.緣錢、鉛線：與婆家結緣。

11.肚圍：有鴻圖大展之意。

12.蓮蕉花、芋葉：表示多子多孫。

資料來源：C'EST BON金紗夢婚禮（2013）

男女方六禮
資料來源：郭元益糕餅博物館提供

十二禮
資料來源：史丹利樂福（2013）

男女方頭尾禮彙整表

男方頭尾禮		女方頭尾禮	
帽子	西裝	帽子	髮飾
襯衫	領帶	耳環	絲巾或圍巾
領帶夾	袖扣	洋裝	大衣
手錶	皮帶	手錶	腰帶
公事包	皮夾	皮夾	皮包
襪子	皮鞋	絲襪	包鞋（意喻不漏財）

資料來源：veryWed非常婚禮（2014）

過去訂婚，認為黃金為最有價值的貴重金屬，因此，以金戒加上銅戒，用紅線綁在一起戴，有「永結同（銅）心」的意涵；銅戒大多在結婚幾個月後取下收藏。

另外，也有些男方家長會加上一只銀戒，並在戒內刻上祝福或紀念的字給新婚子女作為紀念，女方可選擇是否回禮。現代幾乎沒有人帶銅戒，而改用白金、白K金或鑽戒取代銅戒，取諧音「銀」，表示形影不離。

頭尾禮

1. 為男女雙方互贈對方從頭到尾六件或十二件禮品。
2. 一定要有頭（帽子或頭飾）有尾（鞋子），若覺得帽子不實用，可用紅包代替，在紅包寫上該物品的名稱，紅包內的金額需為雙數，金額雙方說定即可。
3. 口袋為財庫，所有有口袋的禮品（西裝、襯衫、皮夾、皮包等）每個口袋皆需要放置紅包（每個紅包金額至少200元）。
4. 每份禮品上方或外盒皆要貼上囍字。

(四)婚禮籌備階段

婚禮籌備階段之準備項目，包括：(1)與婚禮的所有項目相關人溝通；(2)結婚物品採購；(3)新郎新娘形象準備；(4)拍婚紗照；(5)佈置新房；(6)確定婚禮主持人；(7)婚宴預約；(8)婚禮化妝預約；(9)婚慶車輛預約；(10)婚慶攝影拍照預約；(11)其他事項。另外，婚禮籌備流程之結婚前一天準備工作，如下圖所示。

- 1.婚禮籌備流程之婚禮前準備
  - 1.1與婚禮的所有項目相關人溝通
    - 1.1.1就婚禮籌備計畫和進展與父母溝通
    - 1.1.2發喜貼給親友
    - 1.1.3電話通知外地親友
    - 1.1.4網上發佈結婚通知
    - 1.1.5再次確認主、證婚人
    - 1.1.6及時回饋親友受邀資訊
    - 1.1.7對於重要親友再次確認
  - 1.2結婚物品採購
    - 1.2.1新家佈置用品
      - 1.2.1.1家電、傢俱
      - 1.2.1.2床上用品
      - 1.2.1.3彩色氣球
      - 1.2.1.4彩燈（冷光）
      - 1.2.1.5紗
      - 1.2.1.6蠟燭
      - 1.2.1.7膠布
      - 1.2.1.8延長線
      - 1.2.1.9其他物品
    - 1.2.2 婚禮用品訂購
      - 1.2.2.1 新郎新娘婚紗禮服
      - 1.2.2.2 結婚戒指
      - 1.2.2.3 新娘化妝品
      - 1.2.2.4 喜帖、紅包、喜字
      - 1.2.2.5 彩帶、拉炮
      - 1.2.2.6 菸、酒、飲料
      - 1.2.2.7 糖、花生、瓜子、茶葉
      - 1.2.2.8 攝錄影儲存器材
      - 1.2.2.9 預訂鮮花
      - 1.2.2.10 預訂蛋糕
      - 1.2.2.11 水果
  - 1.3 新郎新娘形象準備
    - 1.3.1 新娘開始皮膚保養
    - 1.3.2 新郎剪頭髮
  - 1.4 拍婚紗照
    - 1.4.1 挑選婚紗影像
    - 1.4.2 預約拍攝日期
    - 1.4.3 拍照
    - 1.4.4 選片
    - 1.4.5 沖印或噴繪
  - 1.5 佈置新房
    - 1.5.1 請清潔公司徹底打掃新房
    - 1.5.2 佈置新房
  - 1.6 確定婚禮主持人
    - 1.6.1 就婚禮當天計畫和設想與之溝通

- 1.7 婚宴預約
  - 1.7.1 估計來賓人數
  - 1.7.2 估計酒席數量
  - 1.7.3 選擇婚宴地點
  - 1.7.4 確認酒席菜單、價格
  - 1.7.5 確認婚宴現場的音響效果
  - 1.7.6 與飯店協調婚宴佈置等細節
  - 1.7.7 預訂酒席
- 1.8 婚禮化妝預約
  - 1.8.1 選擇化妝地點
  - 1.8.2 與髮型師、化妝師溝通
  - 1.8.3 確認婚禮當天的造型
  - 1.8.4 預約化妝具體時間
- 1.9 婚慶車輛預約
  - 1.9.1 確訂婚車數量
  - 1.9.2 選訂婚車司機
  - 1.9.3 預約紮彩車時間地點
  - 1.9.4 確定婚禮當天婚車行進路線及所需時間
  - 1.9.5 預約婚車
- 1.10 婚慶攝影拍照預約
  - 1.10.1 確定攝影拍照數量
  - 1.10.2 選定婚禮當天攝影拍照人員
  - 1.10.3 安排攝影拍照分工
  - 1.10.4 準備攝影拍照器材
  - 1.10.5 預約攝影拍照時間
- 1.11 其他事項
  - 1.11.1 兌換嶄新鈔票
  - 1.11.2 確定滾床兒童（其他習俗等）
  - 1.11.3 為遠道而來的親友準備客房

- 2.婚禮籌備流程之結婚前一天準備
  - 2.1 與婚禮的所有項目相關人溝通
    - 2.1.1 就婚禮準備工作完成情況與父母溝通
    - 2.1.2 就準備情況和婚禮當天分工與籌備組作最後溝通
    - 2.1.3 就婚禮當天儀式進程與主持人作最後溝通
    - 2.1.4 與伴郎伴娘再次溝通
    - 2.1.5 最後確認幫忙的親友
    - 2.1.6 最後確認婚宴、車輛、攝影拍照、化妝等細節準備情況
  - 2.2 確認婚禮當天所有發言人的準備情況
    - 2.2.1 主證婚人發言準備情況
    - 2.2.2 父母代表發言準備情況
    - 2.2.3 來賓代表發言準備情況
    - 2.2.4 搶親時新娘提問準備
    - 2.2.5 新郎新娘在儀式上或鬧洞房可能會遇到的問題
  - 2.3 最後確認婚禮當天所有物品準備情況
    - 2.3.1 最後試穿所有禮服
    - 2.3.2 將婚禮當天要穿的所有服裝裝袋
    - 2.3.3 準備兩瓶偽裝酒
    - 2.3.4 準備婚禮當天新郎新娘的速食乾糧
    - 2.3.5 最後檢查所有物品並交於專人保管
      - 2.3.5.1 新娘的新鞋
      - 2.3.5.2 結婚證書
      - 2.3.5.3 戒指
      - 2.3.5.4 紅包
      - 2.3.5.5 要配戴的首飾
      - 2.3.5.6 新娘補妝盒
      - 2.3.5.7 糖、菸、酒、茶、飲料
      - 2.3.5.8 彩帶、拉炮等道具
  - 2.4 新郎新娘特別準備
    - 2.4.1 新郎新娘反覆熟悉婚禮程序
    - 2.4.2 預演背新娘動作（萬一被要求……）
    - 2.4.3 預演婚禮進行台步
    - 2.4.4 預演交杯酒動作
    - 2.4.5 放鬆心情，互相鼓勵
    - 2.4.6 注意睡眠，早點休息
  - 2.5 準備鬧鐘
    - 2.5.1 確認一只正常工作的鬧鐘
    - 2.5.2 將鬧鐘調到7點

婚禮籌備階段流程圖

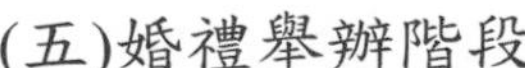

(五)婚禮舉辦階段

婚禮當天流程如下表所示。

婚禮當天流程參考表

序號	程序	內容
1	祭祖	男方在出門迎娶新娘之前，男方主婚人或長輩陪同新郎撚香祭祖，告知即將出門迎親並保佑平安順利。
2	出發	接嫁人員將喜花（紅色）及名條別於左胸前（男左女右）。貼喜字在喜車前擋風玻璃右上方，車外門把繫上同色系彩帶，以資識別。新娘禮車外加二條大紅帶及車綵或將鮮花置於引擎蓋上。將轎斗圓、豬腿、雞魚等應備辦物品，用紅木盒裝盛上車。新郎分發紅包給接嫁人員。新郎應持捧花上車。迎親車隊以雙數為佳，2、6或12輛（視女方陪嫁人數而定），每輛車均坐偶數人。接嫁人員（連同新郎）取偶數為佳（6、10、12人）。出發前編整車隊，第一輛為前導車，坐前座者負責帶路及沿途燃放鞭炮。新娘禮車不可編在第四輛（通常在第二輛），媒人坐前座，新郎及花童坐後座。出發前應召集各車司機，詳細告知時間、流程、行經路線、集結點、連絡電話、女方地址、電話，並儘可能不超車、不插隊，以保持車隊完整（可事先繪路線圖分送各司機或準備無線電手機連絡）。
3	鳴炮	準備就緒，擇吉時出發，前導車燃排炮，門前燃鞭炮，車隊依序出發（在迎親途中，若遇到過橋或其他迎親車隊亦須燃炮，以驅凶避邪及喜沖喜）。前導車於接近女方家門附近，即應燃炮告知即將抵達，待女方燃炮表示歡迎後緩駛進入。
4	姊妹桌	新娘打扮完畢，在男方未到前先行吃姊妹桌。
5	請新郎	禮車至女方家時，應有一男童（晚輩）持茶盤（放蘋果）恭候新郎，新郎下車給予男孩紅包答禮後再進入女方家。新郎由媒人陪同一起進門。接嫁人員將車上物品搬下車交給女方親友。女方長輩將接嫁人員引進客廳入座。男方親友將禮服交給新娘著裝打扮，並將胸花及名條別於右胸前或腰間。媒人偕同女方主婚人清點禮品、紅包，並討論婚禮進程。女方陪嫁人員應將喜花（粉紅色）及名條別於胸前（男左女右）。女方親友將祭祀物品擺於神案前準備祭祖。女方請男方吃湯圓（不可吃完）及雞蛋茶（只可喝茶）。
6	過五關	新郎與女方家人見面問候之後，應持捧花給房中待嫁之新娘，此時新娘之姐妹或女性好友要攔住新郎故意阻撓，不准其見到新娘，需經過新娘姐妹們之考驗，方可以入內迎娶新娘。再由媒人及福婆（好命長輩）扶出廳堂。

序號	程序	內容
7	拜別父母	新郎新娘並立，面向仙佛祖先神案（男右女左），由新娘母舅點燭及點香，向仙佛、祖先各行上香禮。新郎新娘左右轉，成面對面，新郎將捧花交給新娘，兩人相互行三鞠躬禮（若接下來不行父母跪拜禮，則此時新郎應將新娘的頭紗蓋下）。女方主婚人坐於廳前，新郎新娘跪於面前，由女方主婚人面誡兩人要恩愛相處，新郎新娘齊口向女方主婚人祝曰：「身體健康、長命百歲」後行三叩禮，女方主婚人將新娘頭紗蓋下，給新郎新娘各一個紅包並將兩人扶起。
8	出門	新娘由新郎、福婆攙扶（男左女右），一起走出大廳（不可踩到門檻），媒人在門外，手拿八卦米篩或黑色雨傘（懷孕者），遮於新郎新娘頭上，因為新娘在當天的地位是最大的，頭不能頂天見陽光。新娘先上車，新郎再繞到另一車門上車（男左女右）。
9	禮車	禮車上方懸綁一棵由根至葉的竹子、甘蔗，並於根部掛豬肉一片及一個紅包，以示「有頭到尾」，象徵新娘「有節」（初嫁之意）；豬肉則為避凶。禮車後方則有朱墨畫的八卦竹飾，用以驅逐路上的不詳。將陪嫁物品及回禮交給男方裝載上車。男方安排女方陪嫁人員上車（每部車均需坐人，以偶數為佳）。前導車燃炮出發，女方亦應鳴炮以示吉避邪。
10	放扇	新娘上禮車前，由一名生肖吉祥的小男孩持綁有紅包的扇子給新娘（置於茶盤上），新娘須回贈紅包答禮。禮車開動之同時新娘將扇子丟出（扇尾繫一紅包及手帕），給弟妹（晚輩）撿，俗稱「放性地」（放下性子），或意謂留扇（善）給娘家，以及感情不散之意，新娘亦不可回頭看。
11	潑水	在新娘上禮車後，女方家長應將一碗清水、稻穗及白米撒向新娘，代表女兒已經是潑出去的水，並祝福女兒事有成，有吃有穿。
12	鳴炮	由女方家至男方家途中一路燃放禮炮，車抵男方家門時家人則燃放長炮，慶賀告喜（依古禮，前導車應於路口、橋頭燃炮以驅凶避邪，今配合環保可簡略）。
13	其他	有些習俗出發與回程須不同方向或不同路，亦即不願走回頭路。
		新郎本應完成婚禮後，於開席前，專車親駕至女方家送十二版帖，邀請女方主婚人赴宴，有時路遠或時間緊迫，故於車行一段後，新郎和媒人一同下車，回女方家送十二版帖給女方主婚人，並另外安排車輛載送。車隊將抵男方家時，前導車應燃炮告知。男方燃長炮表示歡迎，車隊循序駛進。

資料來源：水雲美容芳療學院（2011）

(六)婚宴流程

◆一般婚宴流程

一般婚宴制式流程及賓客觀禮流程如下表所示。

一般婚宴制式流程

節目項目	內容
迎賓影片	播放新人婚紗照片
婚宴開始	主持人開場白介紹
影片欣賞	新人成長MV
婚禮開始	進場順序 1.小花童進場　2.儐相進場　3.新人進場
新人入座	新人至主桌入座
上菜秀	飯店人員上菜秀
第三道菜，邀請雙方主婚人及新人上台	
貴賓&主婚人致詞	
舉杯答謝	新人及雙方主婚人一同舉杯
主婚人入席	請雙方主婚人入席
新娘更換第二套禮服	
第二次進場	
香檳禮秀	新人共開啟幸福香檳
蛋糕喝采	新人共切幸福結婚蛋糕
鞠躬答謝	新人鞠躬答謝貴賓蒞臨
逐桌敬酒	新人及雙方主婚人逐桌敬酒
鞠躬答謝	新人鞠躬答謝貴賓蒞臨
敬完酒，新娘更換第三套禮服	
門口送客	主持人宣布婚宴圓滿告一段落

舉杯答謝
資料來源：高捷中夫婦提供

切結婚蛋糕
資料來源：Wed114結婚網（2013）

一般婚禮觀禮流程表

序號	程序
1	結婚典禮開始（奏樂同時鳴炮）
2	男女來賓入席（就位）
3	主婚人入席
4	介紹人入席
5	證婚人入席
6	男女儐相引新郎、新娘入席（奏樂）
7	證婚人宣讀結婚證書
8	新郎、新娘行結婚禮相對立三鞠躬
9	新郎、新娘交換飾物（由儐相遞予證婚人轉交換之）
10	新郎用印
11	新娘用印
12	介紹人用印
13	主婚人用印
14	證婚人用印
15	奏樂
16	證婚人致訓詞
17	介紹人致訓詞
18	來賓致賀詞
19	主婚人致謝詞
20	新郎、新娘致謝詞
21	新郎、新娘謝證婚人一鞠躬
22	證婚人退
23	新郎、新娘謝介紹人一鞠躬
24	介紹人退
25	新郎、新娘謝主婚人一鞠躬
26	主婚人退
27	新郎、新娘謝來賓一鞠躬
28	男女儐相引新郎、新娘入洞房
29	禮成（奏樂同時鳴炮）

◆佛化婚禮流程

台灣之佛教信眾所舉辦之佛化婚禮流程如下表所示。

佛化婚禮流程表

序號	程序	備註
1	○○○先生、○○○小姐佛化婚禮	
2	婚禮開始	
3	奏樂	
4	介紹人禮佛入席	
5	主婚人禮佛入席	
6	證婚人禮佛入席	擊鼓
7	新郎、新娘禮佛入席	結婚進行曲
8	請起立	
9	唱香讚	請合掌
10	請坐下	
11	證婚人為新郎、新娘宣誓	
12	新郎、新娘行結婚禮	請對面站，揭面紗，行三鞠躬，請復位
13	證婚人宣讀結婚證書	
14	新郎、新娘用印	
15	主婚人用印	
16	介紹人用印	
17	新郎、新娘用印	
18	主婚人用印	
19	介紹人用印	
20	證婚人用印	
21	證婚人為新郎、新娘交換禮物	
22	新郎、新娘向主婚人行敘見禮	向男方主婚人一鞠躬，向女方主婚人一鞠躬
23	新郎、新娘向親屬行敘見禮	向後轉行禮
24	恭請　○○大師開示	
25	介紹人致詞	
26	來賓致詞	
27	主婚人致謝詞	
28	新郎、新娘向證婚人禮謝	一鞠躬
29	新郎、新娘向介紹人禮謝	一鞠躬
30	新郎、新娘向來賓禮謝	一鞠躬
31	新郎、新娘向主婚人禮謝	一鞠躬
32	唱佛化婚禮祝福歌	美滿姻緣
33	禮成	

◆教堂婚禮流程

台灣之天主教與基督教教徒所舉辦之教堂婚禮流程如下表所示。

教堂婚禮流程表

序號	程序	內容	備註
1	序樂	新郎入席	司琴
2	結婚進行曲	新娘入席	會眾起立
3	唱詩	愛的真諦	會眾
4	禱告		神父、牧師
5	獻詩	婚禮頌	詩班
6	獻詩	一首情歌	詩班
7	婚姻頌詞		伉儷
8	獻詩	每當我想起你	詩班
9	勉勵		神父、牧師
10	證婚	誓約、交換信物、用印、宣告、揭紗	神父、牧師
11	獻詩	詩篇二十三篇	團契
12	獻詩	快樂的婚禮	團契
13	祝禱		神父、牧師
14	答謝		新郎、新娘
15	唱詩	願主賜福看顧你	詩班、會眾
16	禮成	殿樂	司琴

獻詩

結婚證書用印

資料來源：半生不熟蘋果誌（2010）

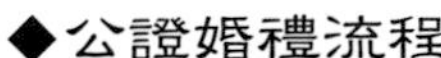

◆公證婚禮流程

許多年輕人乾脆選擇公證結婚，台灣之公證婚禮流程如下表所示。

公證結婚流程表

序號	程序	內容	備註
1	公證結婚典禮開始		
2	奏樂		
3	來賓及親屬就位		
4	主婚人就位		結婚人未成年者，其法定代理人必須到場主婚
5	證人就位		
6	公證人就位		
7	新郎、新娘就位		有男女儐相時，由男女儐相陪同就位
8	公證人詢問新郎、新娘之真意	公證人問：請問○○○先生你願在本公證人前與○○○女士結為夫妻嗎？公證人問：請問○○○女士妳願在本公證人前與○○○先生結為夫妻嗎？	新郎、新娘應答：願意
9	新郎、新娘在結婚公證書上簽名、蓋章		應當場簽名、蓋章
10	主婚人在結婚公證書上簽名、蓋章		應當場簽名、蓋章
11	證人在結婚公證書上簽名、蓋章		應當場簽名、蓋章
12	新郎、新娘行結婚禮	新郎、新娘轉身相向行三鞠躬禮，鞠躬、再鞠躬、三鞠躬	
13	公證人宣讀結婚公證書		
14	公證人在結婚公證書上簽名、蓋章		
15	公證人致詞		
16	公證人交付結婚公證書予新郎、新娘		
17	新郎、新娘謝公證人一鞠躬		公證人退
18	新郎、新娘謝證人一鞠躬		證人退
19	新郎、新娘謝主婚人一鞠躬		主婚人退
20	新郎、新娘謝來賓一鞠躬		
21	禮成		

◆聯合婚禮（集團結婚）流程

新人因為職業關係，也會選擇參加聯合婚禮，聯合婚禮邀請行政首長或單位領袖等為證婚人，別具意義。台灣之聯合婚禮流程如下表所示。

聯合婚禮（集團結婚）流程表

序號	程序	內容	備註
1	公證結婚典禮開始		
2	奏樂		
3	來賓及親屬就位		
4	主婚人就位		結婚人未成年者，其法定代理人必須到場主婚
5	證婚人就位		
6	公證人就位		
7	新郎、新娘就位		由司儀點呼姓名依序排列
8	公證人詢問新郎、新娘之真意	公證人問：請問○○○先生你願在本公證人前與○○○女士結為夫妻嗎？公證人問：請問○○○女士妳願在本公證人前與○○○先生結為夫妻嗎？	新郎、新娘應答：願意
9	新郎、新娘在結婚公證書上簽名、蓋章		應當場簽名、蓋章
10	主婚人在結婚公證書上簽名、蓋章		應當場簽名、蓋章
11	證婚人在結婚公證書上簽名、蓋章		應當場簽名、蓋章
12	新郎、新娘行結婚禮	新郎、新娘轉身相向行三鞠躬禮，鞠躬、再鞠躬、三鞠躬	
13	公證人宣讀結婚公證書		
14	公證人在結婚公證書上簽名、蓋章		
15	公證人致詞		
16	公證人交付結婚公證書予新郎、新娘		
17	新郎、新娘謝公證人	鞠躬	公證人退
18	新郎、新娘謝證婚人	鞠躬	證婚人退
19	新郎、新娘謝主婚人	鞠躬	主婚人退
20	新郎、新娘謝來賓	鞠躬	
21	禮成		

聯合婚禮

資料來源：大紀元（2009）

(七)婚禮相關事項

茲將婚禮相關事項分為婚禮之前、婚禮當天與婚禮之後三階段，說明如次。

◆婚禮之前

在婚禮舉行前，消費者會碰觸到的相關消費，包含喜帖印製、婚紗拍攝、喜餅挑選等。

①喜帖

喜帖，是即將結婚的新人所印製的邀請函，又稱為喜柬，在英語中稱為Wedding Invitation。一般而言，喜帖上印有結婚日期、典禮或婚宴舉行時間，以及男女雙方家長的名字。有些喜帖亦為了遠道而來的賓客提供住宿資料、飛機時刻表等詳細貼心的指南，有時還會加上在地觀光的重要景點。

喜帖在中國由來已久，形式有直有橫，顏色多為大紅色和金色，內文撰寫的方式到今日依然大致相同，有一套俗成的禮儀用字。較特別的是，通常會印上兩種日期，一種是農曆日期，一種是西曆日期。西方的喜帖，則多為橫式，顏色以淺白色、淺粉紅色居多，鮮有大紅色的喜帖。在喜帖用字上，多為手寫字體。在寄送喜帖同時，許多新人基於西方結婚禮俗，會附上新人所需禮品清單，讓親朋好友選購。

此外，西式喜帖多會再附一個已寫好地址並貼好郵票的回郵信封和簡單回函，讓賓客利用郵寄的方式通知新人是否參加典禮或婚宴。在喜帖上亦註名請賓客在婚禮兩週前寄回回函。現代的喜帖也稱婚卡，已慢慢跳脫大紅色和金色的傳統做法，以新人相片印刷成彩色的相片喜帖為新趨勢。

中式喜帖
資料來源：勾勾婚禮（2014）

西式喜帖
資料來源：勾勾婚禮（2014）

②婚紗

1499年法國路易十二與安妮・布列塔尼得的婚禮上，新娘的結婚禮服，是第一次有文獻記載的婚紗。傳統婚紗一般為白色，採用白色的傳統可追溯至1840年，英國維多利亞女皇的婚禮。當時女皇穿著白色婚紗，拖尾長達18呎，官方照片被廣泛刊登，不少新娘希望穿著類似的婚紗，這傳統一直流傳至今。

英國維多利亞女皇婚禮
資料來源：喀報（2012）

在台灣，數十年前，結婚攝影只是結婚攝影；近數十年來，隨著時空移易，「婚紗攝影」成為整套的系列活動，不再只是結婚當天應景拍兩張照片。1970年代，農村生活水準普遍提高，當農家有錢時，父母便比較願意多花點錢辦理子女的婚禮。在經濟成長下，台灣照相館也由純粹提供攝影技術的行業轉變為裝扮新娘的服務業，提供婚禮的必備商品和豪華結婚照的服務。婚紗業為人們生活習俗下代代相傳的文化產業，結婚照因應新人結婚的新視野需求，形成婚紗照標準化之配套服務；不但裝扮台灣新娘，並決定當代台灣婚紗照的拍攝形式和內涵。婚紗店的特別之處在於它不但集生產和銷售於一體，同時影響大眾消費模式，一年高達1,000億元的產值。

③喜餅

回溯喜餅的由來是在三國時代，東吳的孫權為鞏固基業，欲拉攏西蜀的劉備聯合對抗曹操，孫權與周瑜偽稱擬招劉備為孫權之親妹妹尚香之駙馬。孔明洞悉其謀，傳令三軍製作各式禮餅及各項結婚禮品，分送東吳的民眾和士兵，並放風箏寫著「孫劉兩姓合」，藉著群眾壓力使孫權弄假成真，且使孫權不得反悔。此後，男女婚嫁前也送餅通知親友，藉此讓雙方不得毀婚，就變成日後訂婚的喜餅。

台灣傳統喜餅業者原本是以生產製造為主的民俗地方性店家，在

經過口耳相傳後，逐漸形成地方性品牌，轉變至今，部分企業已成為全國性連鎖經營的喜餅專賣店，並建立全國性品牌。在結婚過程中，喜餅存在著舉足輕重的地位；早期社會，喜餅的豐儉厚薄，成為衡量男方門第社交高低的象徵。隨著社會風氣改變、潮流的差異，現在新人則考量整體的包裝設計。

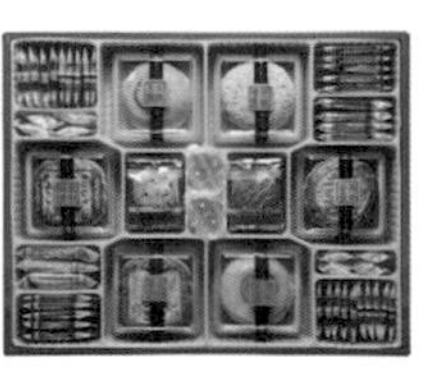

喜餅

資料來源：郭元益糕餅博物館提供

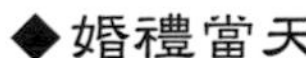

◆婚禮當天

婚禮當天，新人的消費項目，包含婚宴地點、新娘秘書、婚禮紀錄、會場佈置等。

①婚宴地點

婚宴是指為慶祝結婚而舉辦的宴會，在中國婚宴通常稱作喜酒。以往婚宴舉辦的場所，以外燴居多，因為那時的消費需求是以「便宜又大碗」能吃飽為主，且桌數愈多愈有面子，帶有濃濃的本土、親切、人情味重的氣氛。「辦桌」是早期農業社會所形成的產業，伴隨著經濟發展，「辦桌」也隨著時代的趨勢創新發展。近年來於飯店或婚禮會館舉行婚宴頗受新人歡迎，尤其如果新人的父母、長輩思想較開放，且有一定經濟基礎，年輕一代較喜歡在飯店或婚禮會館舉行婚宴。

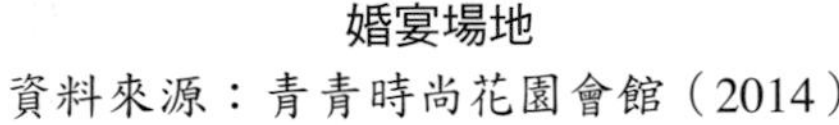

婚宴場地
資料來源：青青時尚花園會館（2014）

②新娘秘書

1995-1999年是新娘秘書的艱辛開創期，從2000年起發展漸趨成熟，2005年這個行業已經步入成熟期。新娘秘書是隨著市場消費力與生活品質提升所出現的行業。當社會的消費力逐漸提升，新娘開始願意多付些費用，讓結婚當天展現新娘各種不同造型。

新娘秘書之服務內容，包括髮型、彩妝、服飾、飾品彩繪以及整體造型等；為配合新娘造型，由私人美容師而提升到新娘秘書，新娘秘書源自台灣婚紗公司彩妝造型師的個體化服務升級。早期結婚新娘大部分必須到婚紗公司或美容院接受化妝造型，但是華人社會傳統上要擇吉日、吉時，新娘子須配合時辰，一大早或凌晨便趕去化妝做造型。一個妝髮需應付一整天的結婚觀禮、迎娶、宴客等婚禮全天的活動，新娘子的造型以及裝扮，到了下午往往會走樣。有鑑於此，結婚新人對婚禮的精緻化與個人化的需求，在2000年左右，開始產生「半日新秘」或「一日新秘」，為專屬新娘化妝、髮藝造型服務，一開始整個市場新娘秘書的從業人數不到百人，到2007年據估計約近萬人。結婚新人也從1%的接受度到目前90%的接受度。

「半日新秘」泛指新秘服務從早上化妝到中午婚宴結束，這段時間都在現場配合新娘補妝或造型禮服變換，大多包含二至三個造型。另外回門或補請通常屬於「半日新秘」；「一日新秘」則指早上迎娶

新娘秘書

資料來源：高捷中夫婦提供

前到晚上婚宴結束，都在現場配合新娘補妝或造型禮服變換，包含早上婚紗迎娶妝與造型，以及婚宴進場、敬酒、送客等造型變換服務。

③婚禮紀錄

婚禮紀錄包含動態紀錄與靜態紀錄。動態紀錄指攝影師以攝影機拍攝婚禮進行中的新人與其親友、訪客，除了一般面對鏡頭擺出姿態的拍照形式，也包括報導式的攝影，如跳舞中的新娘或是正在唱歌的親友。靜態紀錄則指攝影師以相機拍攝婚禮進行中的新人與親友、訪客，捕捉瞬間的永恆。

婚禮紀錄

資料來源：高捷中夫婦提供

④會場佈置

會場佈置係指婚宴當天對於婚宴地點現場的佈置，包含舞台、主桌、走道、賓客桌、入口、收禮台、相片區，甚至直接在婚宴會場外佈置主題區，呈現獨有風格，婚宴結束後，作為親友拍照的場景。

會場佈置

資料來源：Danny’s Flower（2014）

戶外婚宴會場佈置
資料來源：我要結婚了WeddingDay（2013）

◆婚禮之後

婚禮之後，消費者最重要的婚禮產品即是蜜月旅行，蜜月旅行形態可概分為團體旅遊與個別旅遊，前者有領隊全程陪伴，後者為自行前往旅遊地後，由當地導遊陪伴導覽，或自由行。

蜜月旅行，傳說為愛爾蘭克爾特部落的一種民族風俗，按該習俗，男女在新婚喜慶之夜，部落族內的首領為新人舉行賜酒儀式，酒是以蜂蜜為主要原料釀製，新人在新婚之夜喝這種蜂蜜酒之後，必須喝一種由蜂蜜製成的飲料，連續喝滿一個月，因而叫做「蜜月」。後來「蜜月」逐漸演變成新婚度假的代稱，以示夫妻恩愛，白頭偕老。

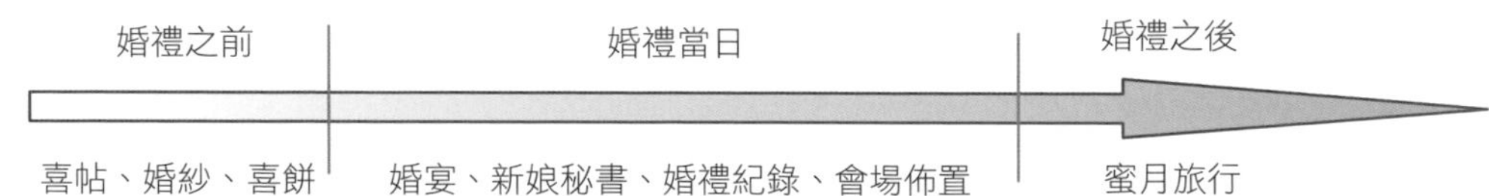

婚禮相關事項時間軸

(八)婚禮籌備流程彙整

訂婚籌備流程、結婚籌備流程，以及訂婚與結婚一起辦的流程，如下各表所示。

◆訂婚

訂婚籌備流程表

訂婚	前6-12個月	前3-4個月	前1-2個月	前2週	前3天
提親	男方前往女方家中提親並決定婚期、宴客日期及聘金事宜				
訂席	1.決定宴客場地 2.決定婚禮佈置	擬定賓客名單	1.確認婚禮佈置主題及色系 2.繪製婚禮場地動線地圖	1.電話確認賓客人數與座位安排 2.桌數與菜色的確認 3.確認婚禮佈置細節	再次確認桌數、菜色與水酒
喜餅喜帖		1.決定喜餅款式並計算餅量 2.決定喜帖樣式並計算數量	1.訂購喜餅及確認運送地點 2.喜帖印製及寄送	喜餅、喜帖寄送完成	
婚紗	1.決定婚紗公司並預約拍照日 2.收集喜愛的婚紗照、禮服造型照片	預約與攝影師、造型師溝通的日期	1.婚紗照拍攝完成挑選放大照、謝卡等 2.挑選試穿訂婚當天禮服		前往婚紗公司拿取禮服飾品
化妝攝影	決定造型師、攝影師	收集喜愛的訂／結婚造型照片	與造型師、攝影師溝通以及確認當日抵達時間		與造型師、攝影師做最後確認
禮俗用品		選購訂婚戒、首飾	1.確認禮車數量及迎娶時間 2.採買六禮／十二禮 3.準備聘金、嫁妝		1.準備各項紅包禮 2.清點各項禮俗用品
其他	決定婚禮形式及預算規劃	1.新郎西服準備 2.當日流程細節與節目內容規劃	1.確定收禮、招待等當日工作人員安排 2.準備現場婚禮音樂 3.準備送客禮、喜糖籃等婚禮小物	1.確認當日的流程細節與節目內容 2.全身美容保養及頭髮修剪	與當日工作人員、主持人做節目流程的最後確認與說明

◆結婚

結婚籌備流程表

結婚	前6-12個月	前3-4個月	前1-2個月	前2週	前3天
訂席	1.挑選宴客場地 2.挑擇婚禮佈置	擬定賓客名單	1.確認婚禮佈置主題及色系 2.繪製婚禮場地動線地圖	1.電話確認賓客人數與座位安排 2.桌數與菜色的確認 3.確認婚禮佈置細節	再次確認桌數、菜色與水酒
喜帖		決定喜帖樣式並計算數量	喜帖印製完成	喜帖寄送	
婚紗			挑選試穿結婚當天白紗、禮服		前往婚紗公司拿取婚紗飾品
化妝攝影	決定造型師、攝影師	收集喜愛的訂／結婚造型照片	與造型師、攝影師溝通以及確認當日抵達時間		與造型師、攝影師做最後確認
禮俗用品			1.確認禮車數量及迎娶時間 2.選購婚戒		1.準備各項紅包禮 2.清點各項禮俗用品
居家裝潢	尋找新居	新居整理裝潢	採購居家用品	處理搬家事宜	新居佈置完成
蜜月		挑選蜜月國家與景點行程	預訂蜜月行程及辦理護照簽證	行前資料收集	行李打包
其他	1.安排婚前健檢 2.決定婚禮形式及預算規劃	1.製作成長MV、婚紗MV 2.當日流程細節與節目內容規劃	1.確定伴郎、伴娘、收禮、招待等當日工作人員安排 2.準備現場婚禮音樂 3.準備送客禮、喜糖籃等婚禮小物 4.選購新娘鞋、新衣 5.請雙親準備致詞稿 6.新人準備誓詞稿 7.預訂結婚蛋糕 8.請婚假	1.確認當日的流程細節與節目內容 2.全身美容保養及頭髮修剪 3.預訂當日所需捧花、胸花、感恩花束	1.與當日工作人員、主持人做節目流程的最後確認與説明 2.準備結婚證書、對章並請證婚人準備印章 3.進行簡單婚禮彩排

◆訂婚、結婚一起辦

先舉行訂婚儀式後，新郎開車在附近繞一圈後，再回到女方家舉行迎娶儀式。

訂婚、結婚一起辦流程表

訂婚、結婚一起辦		
時間	人員	內容
05:00	女方	起床洗臉刷牙，家人開始準備。
06:00	女方	新秘到場開始替新娘、媽媽等人化粧。
	男方	起床洗臉刷牙，家人開始準備。
07:00	男方	確認聘禮數量及紅包數量；婚攝抵達女方家。
08:00	男方	將要下聘的物品清點上車（六禮或十二禮），準備到女方家；出門時先祭拜祖先，告知並希望順利，由父母親及新郎，再加上親友（三人或九人），三輛或六輛禮車，擇吉時出門。
08:40	男方	男方抵達女方家前100公尺處，預備鳴炮。
09:00	女方	準備甜茶及甜湯。甜茶通常以桂圓紅棗為基底，可在下聘奉茶時使用，也可在儀式結束時請在場賓客使用。甜湯以紅白小湯圓為主。
注意事項	雙方	1.男方在約定吉時前到達，不可直接開到門口。 2.男方到附近時需放鞭炮告知女方，已到附近，請準備迎接。而喜車到家門口，女方鳴放鞭炮表示歡迎，新郎的門由男童開門，此時新郎需給一個紅包，進門時切記請勿踩踏到門檻，以表示對女方家的尊重。 3.男方工作人員將聘禮放置女方家中，並協助媒人將大小聘、金飾、六禮等送交給女方家長，並介紹雙方父母認識（女方需要給工作人員「扛伕禮／車伕禮」）。 4.新娘與好命婆陪同，端茶給男方親友一行人，稱為「奉茶」。 5.新娘給完一輪之後，走回房間，再出來照原先順序收杯子及紅包。 6.雙方新人交換戒指，並互相為對方戴上（要不要戴到底，請新人事前先約定好）。 7.婆婆先為媳婦戴上金飾，再由岳母為女婿帶上金鍊子（習俗上此時新娘坐著時，要雙腳踩在矮椅上，不行落地）。 8.禮成之後，大家可以和新人拍照留念。 9.男方準備離開。 10.男方離開時，女方須將回禮之禮金放入木盒中，回給男方，請男方帶走。 11.新郎在離開之後，再進門將十二版帖送交給女方。

10:00	男方	結束訂婚儀式後，男方離開女方家。 接下來男方有以下兩種做法： 1.新郎一行人先開車回家，將父母親安置家中，再驅車前往女方家，於約定時間到達。 2.新郎派車先把父母親載回家，安置家中，新郎一行人再開車在女方家附近繞一圈，再驅車前往女方家，於約定時間到達。 前往人數為新郎、媒人、花童、伴郎（大多為偶數，非2即6），帶著新娘捧花及紅包數個。
	女方	趁男方離開後，可開始換穿白紗禮服準備迎娶儀式，記得要帶一兩個小紅包在身上，以備不時之需。
10:30	雙方	迎娶車隊到附近時鳴放鞭炮，女方也在之後回放鞭炮，以示歡迎。
注意事項	雙方	1.車子停於女方門口之後，女方會帶一男童前來，端著兩顆橘子的水果盤，替新郎開門，請他下車，此時新郎需給小男童一個紅包。 2.新娘由好命婆牽出房門，交給新郎，並在此時將捧花交到新娘手上。 3.新人跪別父母，新娘一定要哭出聲，才會旺娘家。 4.新娘的爸爸將新娘的頭紗蓋著，將新人扶起，準備上車。 5.由媒人扶著，出門口到車上之間，需用黑傘遮天，等新娘坐定位之後，新郎再上車（北部皆用黑傘，南部則是懷孕用黑傘；一般用米篩）。 6.禮車啟動後，新娘需從車窗丟扇子出去，並且不能回頭看娘家，新娘的弟妹在之後撿起地上的扇子，由女方的媽媽潑水，然後鳴放鞭炮。 7.女方家安排探房的親人則在稍後前往男方家（一般為新娘的哥哥或弟弟）。
11:00	雙方	到達男方家中
注意事項	男方	1.車到附近之後，車隊丟炮通知，男方家人也點放長串炮。 2.新郎先下車，男方會帶一男童，端著兩顆橘子的喜盤，前來踢轎門（一般會輕踢新娘這一側的門），並為新娘開門（這時新娘需給男童一個紅包），新娘再由男方這邊的好命婆扶著一起入家門，中間仍需用黑傘遮天。 3.男方由最長者主持拜禮，持排香稟報祖先，並請求平安順利，再向父母行禮，新人互相行禮之後，才可入洞房。 4.入新房後不可坐在床上，在高腳椅上坐定之後，新郎可將新娘的頭紗掀起。 5.男方請一男童去跳新人的床，表示早生貴子；女方安排探房親人前來探房。 6.由媒人婆端兩碗甜湯圓，一碗有六顆，每人各吃三顆之後，再交換吃，表示甜蜜圓滿，完成迎娶儀式。
11:30	雙方	迎娶儀式完成，可以稍作休息，準備前往飯店準備接下來的宴會。

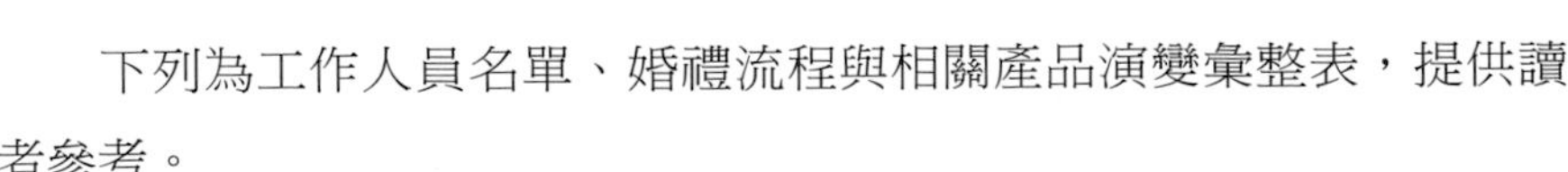

下列為工作人員名單、婚禮流程與相關產品演變彙整表，提供讀者參考。

文定儀式／宴客工作人員名單彙整表

文定儀式／宴客工作人員名單	
親友工作人員	總招待、招待、收禮人員、發餅人員、伴娘／伴郎、男童、花童、禮車人員、好命婆、媒人婆、奉茶長輩、娛興節目表演人員
廠商工作人員	主持人／婚企、音樂／場控、婚禮攝影／錄影、新娘秘書、婚禮佈置

婚禮流程與相關產品演變彙整表

喜事過程 時間	說媒、提親（議婚）	訂婚（小訂、大訂）	結婚（婚宴）	歸寧（回門）
1910	1.提親謝籃、伴手禮盒。 2.茶器木托盤工藝品及茶器瓷、陶杯壺。 3.台灣古代以媒婆促成婚事，備送雁鳥到女方家提親是代表信息。	1.傳統婚禮訂婚男女方家庭供桌上的金飾銅飾、雕塑工藝品皆豐富的呈現。 2.文定之喜送定男女方有六禮或十二禮盛裝的木藝品、紙藝品、禮餅盒裝、聘金謝籃裝盛及金飾、奉茶之茶器等工藝品。 3.鉛錢、木製禮品架。	1.傳統家庭兒女長大成年結婚拜天公答謝，其禮儀慎重，木雕刻提燈及銅飾工藝燭台。 2.演戲、傳統雕刻裝飾、搭帳篷辦桌、搭戲棚。 3.迎娶花轎、蓋印信文房之寶。 4.禮服，新郎著龍袍，新娘穿戴鳳冠霞披，以及金飾品、玉飾品。 5.八卦米篩其功用為遮蔽，避免見天日遇煞。 6.「擲扇」的禮俗象徵除去舊的不好的習慣。 7.會場巨大的霓虹工藝品。 8.媒婆手提的謝籃。 9.鬧洞房的奉菜儀式、茶器、茶盤工藝品。	1.伴手禮歸寧工藝品謝籃，以藤編為重要工藝品。 2.回門——帶路雞禮籃。 3.糕餅禮盒及相關禮俗禮盒、紙藝品。
1920	同上	同上	同上	同上
1930	同上	同上	同上	同上
1940	同上	同上	同上	同上

1950	在提親的謝籃，伴手禮、茶器仍扮演重要角色。	同上	同上	同上
1960	雁鳥之信息已廢除 。	同上	同上	同上
1970	同上	在民國60年代漸漸式微的禮俗較簡單的表現，但謝籃、金飾、茶器、喜餅盒仍扮演重要的角色。	1.木雕刻提燈及金屬燭台已不存在的風俗。 2.大多數的習俗已廢除，仍保存搭棚辦桌及戲棚。 3.花轎習俗極少部分仍保存——改為洋式的轎車迎娶。 4.改穿著西式禮服及白紗禮服。 5.八卦米篩及擲扇仍是保有的禮俗。 6.宴後鬧洞房奉茶儀式，茶器、茶盤仍扮演必要的角色。	同上
1980	民國70年代因社會風氣大開，盛行自由戀愛，所以漸漸以親友代替媒婆角色；但謝籃仍扮演重要角色。	同上（1970）	同上	
1990	同上	同上	同上	同上
2000-2009	同上	送定禮俗以謝籃內裝有金飾、鑽石、手錶、紅包、聘金（支票或現金等，伴手禮亦存在於百年來訂婚之禮俗）。	新人婚宴漸以婚紗照為主要訴求，講求西式田園飯店及餐廳辦酒席、教堂婚禮，廢除較複雜之儀式。	環境社會變化婚禮後歸寧的儀式提前在訂婚時舉行。百年來的歷史文化、習俗之婚姻工藝品仍扮演重要角色。

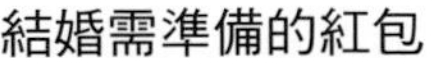

結婚需準備的紅包

序號	名稱	內容	金額	支付方
1	安床禮男童	安床時，翻床舖的小男童	$600～$1,800	男方
2	壓床男生	結婚前，新床不可單睡或空床，新郎需要一個陪睡的男生	$600～$1,800	男方
3	姊妹桌禮	結婚當天姊妹桌紅包	$600～$1,800	女方
4	迎娶人員	出發迎娶前，新郎贈予所有前往女家迎娶之人員	$600～$1,800	男方
5	恭迎男童	新郎贈予捧橘子及糖果恭迎的男童	$200～$1,200	男方
6	好命婦人	新郎贈予引導陪同新娘出嫁的好命婦人	$1,200～$3,600	男方
7	新娘女伴	在女方家討喜時，新郎給付新娘之女伴	$999或以上	男方
8	端扇男童	新娘出發時，端給扇子的男童	$600～$1,800	女方
9	持橘子男童	新娘到男家時，贈給端著兩個橘子的男童	$600～$1,800	女方
10	伴郎伴娘	通常是新郎新娘的好友擔任	$1,200～$1,800	男方
11	壓茶禮	新郎為親戚準備紅包，並於新娘奉茶完畢時放置在茶杯中給新娘	男方親友通常為6或10人以上，每個人通常是$1,000～$2,000以上，新郎和父母的紅包金額應多於親戚，總金額必須是雙數，這樣象徵吉利	男方
12	舅仔禮	新郎贈予準新娘未婚的弟、妹，已婚者免送	$600～$1,200	男方
13	點燭禮	送給舅舅點燭祭祖之禮金	$600～$1,200	男方
14	挽面禮	化妝造型師如是聘請的，依事前談妥的價錢以紅包給付，如是朋友擔任可以心意贈予紅包	$1,200～$3,600	男方
15	酒席禮	俗稱「壓桌禮」，禮金多寡應視女方準備酒席費用而定。若是女方只是單純的宴請雙方至親好友，男方只要準備主桌和男方親友桌的壓桌禮即可，禮金多寡就視酒席金額再加一些即可	$6,000～$12,000	男方

16	花童	花童一對或兩對，年齡為4、5歲至10歲的小童，紅包視花童當天所穿的衣服是由小童父母負責或是新人替其打理	$1,200～$3,600	男方
17	禮車司機	禮車如是租賃，可依事前談妥的價錢以紅包給付，如是朋友擔任可以心意贈予紅包，所有當天出動的車均須以紅包答謝	$1,200～$3,600	男方
18	謝禮	喜宴工作人員，包括招待、司儀、場地佈置等所有幫忙的親友	$600～$1,800	男方
		感謝招待人員之禮金	$600～$1,800	女方
19	媒人禮	酬謝媒人之禮金，男方應比女方之媒人禮稍多	可視媒人與新人的交情而定，一般是$2,000～$3,000；若真的是在交往過程中扮演重要角色，可以包$3,000～$6,000	男方、女方
20	頁官禮	給男方納采之壓箱先生	$600～$800	女方
21	扛伕禮	給男方扛聘禮先生	$600～$1,200	女方
22	車伕禮	送給載訂婚禮品者	$600～$1,200	女方
23	賞面禮	女方給準公公的禮金，可省略		女方

(九)國內婚宴類型

依照國內各地文化習俗及特色，每一縣市地區都有著不同的禮俗。台灣民間所沿用的婚禮，依類型可分為議婚、訂婚、送日子、迎娶與歸寧。以南部地區的婚宴而言，婚宴舉辦類型主要為訂婚宴、結婚宴與歸寧宴，女方多於歸寧日時宴客；北部舉辦的類型則為訂婚宴與結婚宴，並不包含歸寧宴，結婚宴為男方宴客，訂婚宴與歸寧宴現今大都是文定暨歸寧一併宴客。

◆訂婚宴

訂婚古禮中又稱訂盟、送定、過定、聘定、携定、文定。儀式圓滿完成後，由女方設宴招待至親好友與男方親友。女方家人會回贈小倆口帶有吉祥之意的物品給新人帶回去，像是米糕、蜜餞、柑橘（代表新人會甜甜蜜蜜、透頭透尾）（Ting&史黛菲，2008）。用餐講究一些的新人與主婚人亦會請樂團演唱助興；結束後，男方家長給「壓桌禮紅包」、「姊妹桌紅包」；女方則需準備紮紅紙雞腿並附上紅包一份給男方幼輩。女方幼輩需捧臉盆水（內放毛巾）給男方來客洗手（男方給「捧臉盆水禮」紅包），如在飯店或餐廳宴客大都省略這項習俗。男方需致協助幫忙的人紅包，以為謝禮。訂婚宴即將結束時（通常是吃到雞湯），新郎與男方家人依習俗安靜地離開宴會現場，且不可說再見，以免滋生枝節。送客時由新娘及女方家長將訂婚喜餅分贈親朋好友，感謝他們的參與分享。以現在的訂婚宴多數在飯店中舉行儀式之後即行用餐，用餐中也聘請樂團演奏演唱助興或是卡拉OK、各類表演等活動，與以往的文定宴稍有不同。

林依晨訂婚宴
資料來源：BuzzHand（2014）

高捷中、黃藍儀訂婚宴
資料來源：高捷中夫婦提供

◆結婚宴

結婚即是迎娶或稱正婚禮或是迎親。為男方帶著鬧熱陣（敲鑼打鼓及喇叭手吹奏喜慶音樂）前往女方家迎娶後，由男方準備筵席宴請親朋好友。宴客時間因迎娶時辰有所不同，或是中午或是晚上（迎娶時，依習俗有入門吉時，因此宴席的時間有所不同）。為討吉利，新娘於結婚迎娶日當時著婚紗，並於宴客時褪去婚紗換著宴客禮服。在筵席舉行之中，由男方家長與新郎邀請女方家長與新娘，逐桌一一向賓客敬酒，並介紹女方家長與新娘給男方親友認識，藉以拉近女方與新娘和男方親友的互動。筵席圓滿完成後，新郎與新娘需端著盛裝喜糖等之茶盤立於門口送客。新郎需準備媒人禮金向媒人致意。古禮中還另備廚師禮金給廚師、分菜禮金給服務人員與姊妹桌禮金，以示由衷感謝之意，現在大都省略。現在的結婚婚宴當天在飯店中舉行請客儀式，用餐可分為晚宴或午宴。

結婚宴
資料來源：NADIA LEE（2014）

◆歸寧宴

「歸寧」俗稱回門、轉門、做客、返厝、返外家。歸寧之日期，台灣光復以後多以結婚第二日、第三日或第六日回門。通常由娘家派遣弟妹各一，或兄弟二人前往請回。新女婿於歸寧時拜見岳父母，則有表示「感恩戴德」之意，藉以增厚姻親之誼。大多於上午時接受邀請，在中午聚餐，需於日落前回家為宜（新婚未滿四個月忌在外過夜，所以歸寧宴畢，新郎與新娘需相偕返回男方家）。也因此，歸寧宴通常在中午舉行，鮮少於晚餐時段宴客。而當天新娘的穿著因習俗需穿宴客禮服，不宜再著白紗（穿第二次白紗有再婚之意）。舉行歸寧宴，新郎家人一併接受邀請，一起用餐。早期依禮俗，女婿只吃幾道菜便須離席，表示客氣。但隨著社會風氣的變化，此部分已經免除，男方無須提早離席，可與女方於宴客結束後一併送客，一同感謝親友分享喜悅。其實婚宴的形式在時代變遷之下，也產生微妙變化，昔日的繁瑣禮節也化簡為訂婚宴、結婚宴以及歸寧宴，其中歸寧宴亦被省略為婚宴後補請的宴會趨勢。

婚宴場地的選擇，顯示主婚人的地位及經濟能力。一般而言，高價位的喜宴在飯店舉行，中價位的則選餐廳，自家辦桌則屬於庶民大眾。現代人不在乎是否吃得飽，但在乎宴客的地點，食物本身已是其次，吃得是否健康是重點，以及整個喜筵的氛圍也漸漸的受到重視（徐岳彤，2011）。

(十)海外婚禮籌備流程

◆出發前1年～前6個月

1.敲定舉行海外婚禮的日期及地點：為籌備一場完美夢幻的海外婚禮，首先須考慮婚禮舉行的季節、可停留的天數、預算及同行人數等事宜。

2.討論婚禮會場及婚宴會場：搶手的會場預約可能排到一年後，需提前預約，並邀請親朋好友分享幸福。

3.敲定婚紗禮服租借事宜：介紹婚紗禮服出租店，挑選夢寐以求的婚紗禮服。

4.敲定同行親友一同出國旅遊事宜：安排海外婚禮到旅遊的行程安排。

◆出發前3個月

敲定各種婚禮活動及套裝行程外的計畫，例如配合新人的要求，安排各種特別的婚禮形式，以及旅遊套裝行程。

◆出發前1個月

1.出發前的最後確認。

2.聯絡同行的親友團作行前準備。

出發前1年～前6個月	1.敲定舉行海外婚禮的日期及地點 2.討論婚禮會場及婚宴會場 3.敲定婚紗禮服租借事宜 4.敲定同行親友一同出國旅遊之事宜
出發前3個月	敲定各種婚禮活動及套裝行程外的計畫
出發前1個月	1.出發前的最後確認 2.聯絡同行的親友團作行前準備

海外婚禮流程圖

海外婚禮

資料來源：Watabe Wedding華德培婚禮有限公司（台灣分公司）（2014）

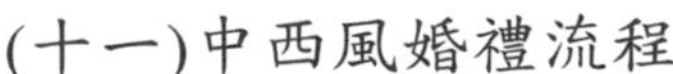

(十一)中西風婚禮流程

◆溫馨風傳統訂婚

中式婚禮為當前的主流婚禮形式，溫馨的傳統訂婚流程仍深得長輩親友們的喜愛，前人經驗累積的傳承與祝福，為小倆口預告幸福美滿。一般而言，訂婚多以女方為主，結婚則由男方為主。不過隨著時代演進，現代多由男女雙方合意取得共識即可；此外為簡化傳統婚禮流程，選擇訂婚與結婚同日的新人亦不在少數；若選擇傳統訂婚方式，雙方新人需預先準備六禮或十二禮，作為下聘納徵之禮。一般六禮包含大餅、米香餅、禮香炮燭、四色糖、聘金盒、頭尾禮；又因著南北習俗的不同，或是各家禮俗不一時有出入，建議新人還是與雙方家長確認後再決定，也是一種對長輩的尊重。而訂婚流程中男女雙方需準備之物品，可於傳統嫁妝店或上網選購，為數不少的新人會選擇以現代六禮取代古禮，如新娘新郎的頭尾禮、衣鞋、皮包、首飾等，既實用又不失傳統。男方需事先商請親友擔任媒人或好命婆的角色，以協助儀式順利進行。古禮雖繁瑣，卻是雙方家長對於小倆口未來寄予祝福的誠摯心意。

傳統訂婚流程
資料來源：高捷中夫婦提供

傳統訂婚流程表

傳統訂婚流程	
祭祖	男方下聘出發前先上香祭祖，並將納聘用的大餅、盒餅各取一盒陳列於祖先神桌前，請列祖列宗保佑這段婚姻幸福美滿。
出發	男方連同媒人親友攜帶六禮或十二禮，鳴炮出發前往女方家中，車隊人數及車數應均為雙數，且四與八的數目最好避免。
鳴炮	男方在到達女方家約100公尺處鳴炮，女方也鳴炮回應。
迎賓	抵達後，媒人先下車，新郎最後下車，由女方家的男童幫新郎開車門，新郎需準備紅包答謝之，接著將聘禮搬下車。
介紹	男方親友入女方家後，媒人介紹雙方親友認識，先介紹男方給女方，並講些吉祥話增添喜氣，雙方親友也可寒暄問候，女方男童（晚輩）奉上茶水給男方親友。
納徵	男方貢禮官將聘禮搬入女方客廳一一陳列，媒人再將大小聘和金飾交給新娘的父兄，女方接受聘禮並準備紅包給貢禮官。
奉甜茶	女方祭拜祖先後，請男方親友按長幼依序入座，新郎居末座，新娘由媒人或好命婆牽引出堂，奉甜茶給男方親友，媒人在一旁唸吉祥話祝福。
壓茶甌	男方親友喝完甜茶，新娘再由媒人或好命婆牽引捧茶盤出來收杯子，男方親友將紅包捲起置入杯中放回茶盤。
戴戒指	新娘由媒人或好命婆陪同坐在大廳的高腳椅上，雙腳則踩在小圓凳上面朝外，吉時一到，新郎取出繫有紅線的金、銅婚戒，戴在新娘右手中指，新娘可手指略彎不讓新郎套到底，再由新娘為新郎戴上金戒指，接著由準婆婆為新娘戴上項鍊、手鐲、耳環等見面禮。
祭祖	女方親友祭拜祖先稟告婚事，由新娘舅父點燭，媒人説吉祥話，香柱插進香爐後不可拔起重插，忌諱重婚。
回禮	女方將男方送來聘禮退回部分，包括禮香炮燭各一份，喜餅一般為6或12盒，另外再回贈新郎事先準備的相同件數的頭尾禮，若聘金退回或只收小訂，則由媒人從女方家長手中轉交給男方家長。
燃炮	禮成女方燃炮慶賀，雙方親友相互道賀，並將喜餅分給親朋好友共享。
訂婚	女方設宴款待參與訂婚禮的雙方親友及媒人，並準備雞腿紮紅紙和紅包送給男方的幼輩，男方需準備壓桌紅包給女方，支付喜宴費用；訂婚宴男方需提前離開不用向女方打招呼或説再見，因忌諱下聘之事再來一次。
告祖禮	男方返家行告祖禮，稟告祖先已完聘納徵，並將女方回敬之喜餅與親友分享。

資料來源：台中婚攝／女攝&地圖貓影像攝影團隊（2013）

◆典雅結婚迎娶

完成溫馨的訂婚儀式，通常間隔一至三個月便是結婚大喜之日，新人可選擇訂婚與結婚同日進行；早上訂婚，下午迎娶，晚上宴客。雖然行程較為緊湊，但同日完婚可省去不少麻煩，並可節省部分費用，一舉兩得。雖然傳統迎娶流程頗為繁複，但只要雙方事前溝通協調，儘量簡化非必要的儀式，便可讓結婚流程更為順暢精簡。迎娶部分很重要的一環便是禮車的安排，車隊和迎娶人員建議以雙數為主，尤以6或12輛為佳，但避免4輛數字不吉利；與訂婚一樣，需要採買禮俗用品；工作人員或答禮的紅包應該預先準備，以免婚禮當天手忙腳亂。如果宴客場地允許，可考慮將儀式在餐廳飯店舉行，如飯店贈送的新人房住宿，就是很好的選擇；如此一來，可以貼心地替家長省下家中張羅整理的時間，並將婚禮重點放在婚宴的巧思安排。

傳統迎娶流程

資料來源：I Love Pomeranjan（2014）。

傳統結婚迎娶流程表

傳統結婚迎娶流程	
祭祖	男方出門迎娶新娘之前，先祭拜神明祖先祈求過程平安順利。
迎娶	迎娶車隊與人數皆以雙數為宜，但避免4輛，尤以6或12輛為佳；第一部為前導車，新人禮車通常會安排在第二輛，出發前新人禮車車頭綁上車綵，一切就緒擇吉時出發。
鳴炮	到達新娘家前方約100公尺處，前導車鳴炮通知女方即將抵達，女方家亦應點燃鞭炮迎接男方車隊。
食姊妹桌	新娘出嫁前，與父母兄弟姊妹一同吃飯道別與祝福。
迎接新郎	禮車到達女方家，女方男童迎接新郎，並以紅包答謝男童，再進入女方家。
雞蛋茶	女方準備雞蛋茶或甜湯甜茶給賓客吃，雞蛋茶是指一碗甜湯放兩個水煮蛋，只可喝茶並用筷子攪動雞蛋即可。
討喜	新郎持捧花接新娘，此時新娘的閨房密友們可故意提出問題阻攔，通過考驗後新郎將捧花交給新娘。
拜別	祭拜神明祖先後，拜別父母答謝養育之恩，並由父親為新娘蓋上頭紗。
出門	吉時到，新娘由媒人或好命婆持米篩或黑傘攙扶，護送新娘坐上禮車，出門時留意不要踩到門檻；男方親友此時可將青竹及甘蔗繫於禮車車頂，並於根部掛上豬肉及紅包。
擲扇	新娘手持繫上紅包的兩把扇，禮車開動的同時，將其中一把扇丟到車窗外，再由新娘弟妹（晚輩）撿起，意謂丟掉不好的習慣，將好習慣帶到婆家。
潑水	新娘母親待禮車開動後，朝車後潑一碗水，用意是希望女兒出嫁後不要太想娘家，並祝福女兒豐衣足食。
燃炮	前導車燃炮出發，女方亦鳴炮以示趨吉避邪，每輛禮車人數以偶數為佳，出發與回程可走不同方向，亦即不走回頭路。
拜轎	車隊到達男方家前100公尺處應燃炮告知，此時男方家應燃炮相迎；男方小男童手捧兩個橘子或蘋果，新娘摸一下橘子並贈紅包答謝。
牽新娘	新郎及媒人先下車，由媒人或好命婆攙扶新娘下車，媒人放下米篩或黑傘，進門時邊撒鉛粉，邊唸「人未到緣先到，入大廳得人緣」，大廳門檻前需置火盆和瓦片，新娘右腳跨過再踩破瓦片，男方將青竹甘蔗卸下懸於大門框上，再將豬肉交給男方並取走紅包。
祭祖	新人合祭祖先，拜堂完畢，新郎雙手掀開新娘頭紗夫妻交拜。
敬茶	男方長輩將新娘介紹給家人認識，由新郎新娘手端茶盤，同家人敬茶，家人以紅包作為賀禮，新娘則回贈實用小禮。
進洞房	將米篩置於新床，新人坐在墊有新郎長褲的長椅，肖虎的親友不能進入新房或觀禮，再由男方女長輩盛甜湯進新房餵新人，再請一位男童在新房床上翻滾，俗稱翻舖。
喜宴	男方準備酒席宴請親朋好友，喜宴上，新郎新娘偕同家長至各桌敬酒，宴客尾聲新人端喜糖於餐廳門口送客。
歸寧	婚後第三天，新娘的親人應到新郎家，請新郎新娘相偕回娘家，大多中午聚餐，日落前回家為宜。

◆簡約風公證結婚

公證結婚只需事先提出預約申請，並於至少三個工作日之前，完成填寫公證請求書及預約，便可享有簡單卻不失莊嚴的結婚典禮。費用部分平日1,000元，假日收費為1,500元，但公證時段較為固定，最好事先詢問各法院公證處再決定。雖然公證結婚不如傳統婚禮隆重，對於不想拘泥於繁瑣婚禮流程的新人，絕對是最佳選擇。目前法規已改為結婚登記制，公證完婚後，尚須持結婚證書到戶政事務所登記；若結婚日與登記日相差太遠是有相關罰則的。新人們千萬別忘記，如果真的想拋棄麻煩的結婚儀式，甚至也可直接在戶政事務所登記結婚，也是另類時尚的做法。

公證結婚流程表

公證結婚流程	
1	先決定公證日期與時段，並確認各地區地方法院是否提供公證服務。
2	由網路下載公證請求書，填寫完成傳給法院公證處，或至少提前三個工作日，由新郎新娘其一前往法院登記預約，之後法院會通知公證結婚的時間地點。
3	公證當日新人連同兩位證人應攜帶身分證正本、印章和最近一個月戶籍謄本前往法院公證。
4	當日需提前十五至三十分鐘報到，不一定要穿著禮服，建議至少服裝整齊。
5	公證時間一到，進入禮堂開始公證儀式，現場會有主持人，進行到最後雙方交換戒指，禮畢會交付新人結婚公證書正本兩份。
6	持結婚證書到戶政事務所登記。

小S公證結婚

資料來源：大紀元（2005）

◆浪漫風西式婚禮

想擁有一場令人難忘的西式婚禮，不妨選擇花園、海邊、教堂、草地、渡假中心等，舉行自由感的西式戶外Party。西式婚禮一般分為儀式和宴會，儀式多於教堂舉行，新郎新娘個別前往教堂，儀式通常僅邀請至親好友，晚宴則輕鬆許多，新人邀請朋友們一同參與。

西式婚禮也有傳統禮俗，如新娘拋捧花或新郎拋新娘的襪帶，誰接到就象徵快要結婚。另外，還有Something Old、Something New、Something Borrowed、Something Blue的舊有習俗；Something Old代表由母親傳承下來的婚紗、頭紗或首飾，代表承接美好的一切；而Something New是指朋友贈禮如裙子飾品，象徵展開新生活；Something Borrowed可向親友借來金或銀放在鞋內，可為新人帶來財運；Something Blue則是新娘以藍色飾品或花束妝點造型，意味新娘的純潔與貞潔。無論選擇傳統、公證或是西式婚禮，只要能展現新人特色，符合預算，且賓主盡歡，便是最完美的婚禮形式（veryWed非常婚禮-心婚誌，2013）。

西式婚禮流程表

西式婚禮流程	
1	觀禮來賓入座。
2	牧師（神父）、唱詩班進場，伴郎、伴娘進場，花童進場，將戒指交給牧師（神父）。
3	新郎進場，新娘挽著父親進場，聖壇前，將新娘交給新郎。
4	牧師（神父）致詞後，雙方交換誓詞及戒指，新郎掀頭紗並親吻新娘。
5	儀式完畢，音樂響起新人退場，賓客向新人拋撒花瓣，親友與新人合影留念。
6	晚宴開始，賓客陸續進場入座，席間樂隊演奏，賓客可先享用點心飲料。
7	新人進場後上第一道開胃菜，接著伴郎、伴娘、親友們祝詞。
8	新人跳第一支舞，隨後伴郎、伴娘及賓客一同進入舞池跳舞。
9	新人與賓客重回座位等候主食，切結婚蛋糕。
10	晚宴最後，新娘拋出捧花或新郎拋襪帶，之後展開蜜月假期。

資料來源：veryWed非常婚禮-心婚誌（2013）

西式婚禮
資料來源：結婚百科（2011）

四、廠商整合篇

結婚過程需準備的工作細項十分繁瑣，完成一場別開生面的婚禮，需要許多廠商的服務配合；因此，由婚顧（婚企）公司提供完整的廠商服務，提供忙碌的新人更貼切的需求。

(一)婚禮顧問（婚禮企劃）服務整合

1.求婚規劃：會場租借與佈置、求婚影片拍攝、攝影紀錄。

2.愛情故事製作：故事性婚紗拍攝、愛情主題曲製作、愛情微電影拍攝、成長照片MV製作。

3.婚宴整合規劃：喜帖設計與代寄送、餐廳代訂與溝通協調、流程規劃、會場佈置、禮車出租、樂團表演、伴手禮訂購與設計、攝影紀錄、蜜月旅行等相關規劃及安排。

(二)「一條龍」服務

1.「一條龍」服務，讓新人結婚省時又省力。

2.例如：Lamigo微笑事業體旗下有健身房、SPA等，2011年位於汐

止婚宴廣場開幕，2012年業者以「婚禮全壘打」為主題，整合婚宴廣場、休閒會館與旅行社，讓新人從婚前保養、喜宴、蜜月旅行一站購足。

3.Lamigo Monkeys（前La New熊隊）也屬Lamigo集團，新人有機會邀請球星加入求婚應援團。

Lamigo Monkeys

資料來源：Lamigo Monkeys求婚應援團（2014）

婚宴場所

資料來源：那米哥宴會廣場（2014）

(三)喜餅業整合服務

百年喜餅老店郭元益結合自家喜餅推出整合服務，婚紗會館成立於2006年，與五星級飯店、花藝廠商等長期配合。郭元益婚紗業者表示，整合式服務替新人省去許多麻煩，若加上訂喜餅送婚紗優惠折扣，可達萬元價差。

喜餅

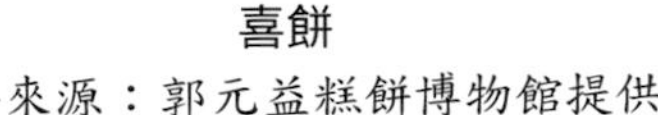

資料來源：郭元益糕餅博物館提供

(四)婚禮整合服務項目

婚禮整合服務項目，包括：(1)婚禮專業諮詢；(2)喜宴整體規劃；(3)婚事用品採購；(4)婚禮周邊服務；(5)創意派對設計；(6)EVENT（活動）舉辦等。

1.婚禮專業諮詢：包括婚禮顧問、婚事用品採購、結婚預算規劃、禮俗諮詢、婚禮籌備進度控制、廠商溝通聯繫、疑難雜症即時處理等。

2.喜宴整體規劃：包括主題婚宴設計、婚禮儀式流程安排、婚宴會場佈置、婚禮主持、婚禮活動企劃、婚禮音樂、婚禮當天控場服務等。

3.婚事用品採購：包括電子喜帖、喜帖設計印刷、禮俗用品、婚禮小物、結婚蛋糕、創意婚戒設計、結婚相關廠商協尋等。

4.婚禮周邊服務：包括各式影片製作、婚紗Slide Show、成長Slide Show、婚禮錄影、婚紗側拍、新娘秘書安排、喜餅代購、婚禮樂團等。

5.創意派對設計：包括驚喜求婚、告別單身派對、生日派對、紀念婚宴等。

6.EVENT（活動）舉辦：包括婚禮各種活動整體規劃執行、各型婚宴節目籌備企劃執行等。

CHAPTER 4

各國婚禮文化差異

一、文化差異

二、婚禮的文化差異

三、婚禮習俗緣由

四、中國古代婚禮

五、台式婚禮

六、閩台婚禮

七、客家婚禮

八、西方的婚禮習俗

九、中西合璧婚禮

十、各國婚禮介紹

十一、台灣原住民婚禮

十二、中國少數民族婚禮

十三、小結

文化差異可能由於宗教界別、種族群體、語言能力、政治立場、社會階級、性別、民族主義、年齡代溝、文學修養、藝術認知、教育程度等之不同，產生文化差異。文化差異是不同文化之間的差別，當他們相遇之時會產生衝擊、競爭及失落等反應。因此，瞭解與尊重彼此的文化差異，是生活藝術、人生哲學，也是修養。

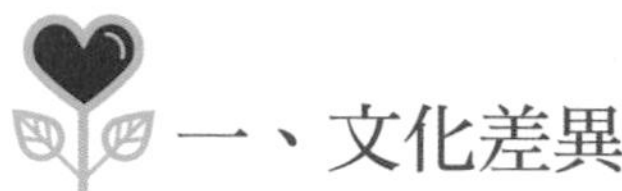

一、文化差異

2011年7月18日聯合國官方網站統計，世界上共有197個主權國家，其中193個聯合國會員國，2個聯合國觀察員國（巴勒斯坦、梵蒂岡），2個未加入聯合國（科克群島、紐埃）。因此，各個國家難免有自己獨特的習俗與文化，多瞭解彼此，並尊重與包容，便可避免誤解與衝突，而更能分享異國文化的菁粹與樂趣。

(一)有些習慣因地而異

1.在地中海國家，如果你和別人交談時沒有碰對方的手臂，或見面問候時沒和對方親吻擁抱，會認為你不熱情。

2.在韓國，拍別人的背會讓對方感覺不安，除非是你的家庭成員或好友。

3.在泰國，頭是很神聖的部位，就算是小孩子的頭也不要隨便亂拍。

4.在日本，吃飯就是吃飯，所以當其他人都在大快朵頤時，不要談論你當天的經歷，否則你可能會遭遇沉默對應——並非你的同伴不友好，而是就餐時間只應吃飯，無需交談。

5.避免在一些被認為是神聖或需要沉思的地方談話，比如歐洲的教堂、泰國的廟宇和芬蘭的桑拿浴室等。

(二)各國打招呼的習慣

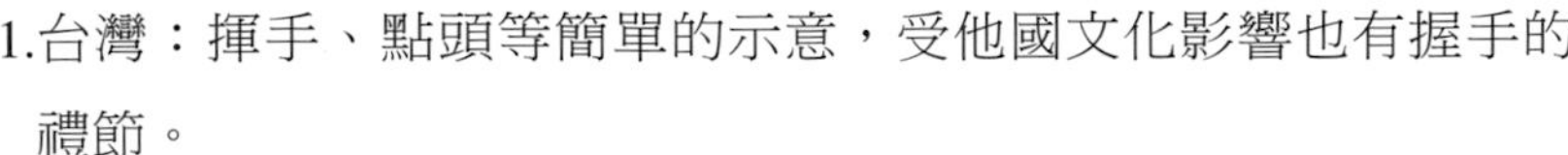

1.台灣：揮手、點頭等簡單的示意，受他國文化影響也有握手的禮節。

2.泰國：Wai禮，兩個手掌在胸前對合，手掌向外傾斜，頭略低，面帶微笑。

3.法國：熱情的法式親吻，左邊、右邊，貼臉親一下，這是在法國和好朋友打招呼的方式。

4.紐西蘭：紐西蘭的原住民——毛利人，他們打招呼的方式是口中說Kia Ora（你好），鼻子碰鼻子兩次，代表交換鼻息。

5.美國：握手時，雙目注視對方，面帶笑容，上身略微前傾，頭要微低。

6.日本：會90度鞠躬，並依照情況說「初次見面請多指教」、「好久不見」。

7.希臘：握手、擁抱、親吻，招手及擺手等手心朝向對方的動作，在希臘卻意味著下地獄。希臘人表示告別，是把手背朝向對方招手。（陳景雄、陳漢杰；飲食文化，2014；林宜蓁、李羚寧）

(三)各國飲食禁忌

◆日本

1.招待客人用膳時，不能把飯盛得過滿或帶尖。當著客人的面，不能一勺就將碗盛滿，否則被視為對客人不尊重。

2.用餐時，不能把筷子插在盛滿飯的碗上。因在死者靈前的供桌上，往往筷子擺成這種形式。

3.給客人盛飯時，禁忌把整鍋飯一下分成一碗碗的飯，因過去給囚犯盛飯時多用這種方法。

4.作為客人就餐時，忌諱只食用一碗就說夠了，第二碗飯即使是

象徵性的，也應要求添飯，因為只吃一碗則寓意無緣。

5.吃飯時禁忌敲飯碗，據說這是因為人們迷信敲碗聲會招來餓鬼。

6.忌諱在鍋蓋上切東西。

7.著過筷的飯菜和動過口的湯，不能吃到一半剩下。

8.攜帶食物外出郊遊時，禁忌把吃剩的東西丟在山裡，據說這是擔心吃剩的東西會招來鬼魂。

9.忌諱把紅豆飯澆上醬湯吃，迷信這樣做會在結婚時遭雨澆。

10.帶腥味的食品禁忌用作祭祀神佛的供品。

11.神靈的食品忌諱讓女孩子吃，認為這樣做會使女孩長大後姻緣不合。

12.作為客人就餐時，忌諱過分注意自己的服裝或用手撫摸頭髮。

13.在宴會上就餐時，忌諱與離得較遠的人大聲講話。講話時禁忌動手比劃和講令人悲傷或批評他人的話。

14.在有關紅白喜事的宴會上，禁忌談論政治、宗教等問題。

15.在較大型的宴會上因故要中途退場時，禁忌聲張，否則會使主人不歡，他人掃興。

16.就餐時禁忌口含或舌舔筷子，忌諱含著食物講話或口裡嚼著東西站起來，否則會被認為缺乏教養。（陳景雄、陳漢杰；飲食文化，2014；林宜蓁、李羚寧）

◆ **美國**

1.不允許進餐時發出聲響。

2.不允許替他人取菜。

3.不允許吸菸。

4.不允許向別人勸酒。

5.不允許當眾脫衣解帶。

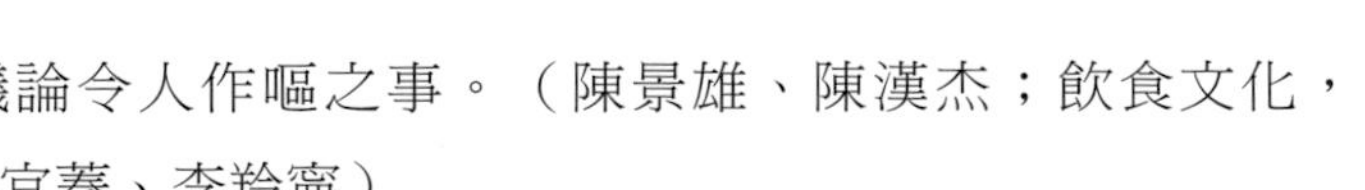

6.不允許議論令人作嘔之事。（陳景雄、陳漢杰；飲食文化，2014；林宜蓁、李羚寧）

◆**法國**

1.吃法國菜基本上是紅酒配紅肉，白酒配白肉，至於甜品多數會配甜餐酒。
2.吃完忌用餐巾大力擦嘴；用餐巾的一角輕輕印去嘴上或手指上的油漬便可。
3.就算凳子多舒服，坐姿都應該保持正直，不要靠在椅背上面。進食時身體可略向前靠，兩臂應緊貼身體，以免撞到隔鄰。
4.吃法國菜與吃西餐一樣，用刀叉時記住由最外邊的餐具開始，由外到內。
5.吃完每碟菜之後，將刀叉散放在四周，或者打交叉亂放，非常難看。正確方法是將刀叉並排放在碟上，叉齒朝上。（陳景雄、陳漢杰；飲食文化，2014；林宜蓁、李羚寧）

◆**泰國**

泰國人尊重右手，認為右手高貴，吃飯用右手；而左手用來拿一些不潔之物。因此給別人遞東西也得用右手，以表示敬意，在比較正式的場合還需用雙手奉上，用左手則被認為是鄙視他人，和別人握手更忌用左手（陳景雄、陳漢杰；飲食文化，2014；林宜蓁、李羚寧）。

◆**越南**

1.不要把菜從盤裡直接夾入口中，而是要先把菜夾入自己的飯碗裡，然後再夾入口中。
2.飯菜入口後，抿嘴而食，不要發出聲響。
3.小孩上學忌吃飯鍋巴，怕變得愚笨。

4.小孩上學忌吃雞爪，怕寫字時手抖。

5.經商的人忌諱吃燒焦了的飯，怕不吉利。

6.打牌的人忌諱吃燒焦了的飯，怕輸。

7.出門的人忌諱吃燒焦了的飯，怕遇到口舌是非。

8.學生考試忌諱吃蝦，因為蝦的形狀跟「劣」字第一個大寫字母「L」很相像。

9.喝酒忌諱把酒杯扣過來，或把酒瓶倒過來。

10.打牌忌諱吃鴨頭，怕輸。

11.打牌忌諱吃甘蔗，怕早散。

12.在廟裡忌諱吃狗肉。

13.孕婦不可用有缺口的碗及長短不一的筷子吃飯。

14.孕婦忌吃鴨肉，怕孩子將來像鴨子一樣笨拙呆傻。

15.孕婦忌吃鵝肉，怕孩子的脖子長得像鵝的脖子一樣長。

16.孕婦忌吃青蛙肉，怕孩子像青蛙一樣哭個不停。

17.孕婦忌吃蜂蛹，怕孩子將來心腸歹毒。

18.孕婦忌吃蔥，怕將來難產。

19.孕婦忌喝熱水，怕孩子禿頭。

20.孕婦忌吃螃蟹、柿子、兔肉、螺肉、山羊肉、雀肉與飲酒。

21.孕婦不能吃海產，因為怕日後會有陰部搔癢的症狀。

22.越南嘉菜人的孕婦忌用杓子吃飯而要手抓飯吃，抓飯時手不可直接伸入飯鍋，而要在碗中或者葉子裡抓飯。

23.女性坐月子期間不能吃酸的食物。（陳景雄、陳漢杰；飲食文化，2014；林宜蓁、李羚寧）

◆法國

不要把雙手放在餐桌下，也不要把雙肘放在餐桌上，進食時，左手需保持放在桌面。法國人切肉排時，左手持叉，右手操刀，且通常放下刀子後，也不會轉用右手持叉。對很多人來說，法國人的餐桌禮儀是難於學習的，但不用太過擔心使用餐具的方法，進食時保持整潔而優雅的儀容，比懂得使用餐具更重要（陳景雄、陳漢杰；飲食文化，2014；林宜蓁、李羚寧）。

◆猶太人

猶太人的飲食禁戒在《聖經》的《利未記》（第十一章）和《申命記》（第十四章）中有詳細而具體的規定。它所規定的不可以任何方式吃的禁戒食物包括：不反芻的動物和蹄沒有分兩瓣的動物（如豬和馬）及其加工產品、沒有鰭和鱗的魚、血、海裡的食物（如蛤、蠔、蝦、蟹）、其他一切爬行動物以及《聖經》裡所列的禽類（陳景雄、陳漢杰；飲食文化，2014；林宜蓁、李羚寧）。

◆伊斯蘭教

伊斯蘭教所規定的飲食禁戒很多取自猶太教的摩西律法。穆罕默德特別禁止穆斯林吃動物的肉、血、豬肉和奉獻給偶像的食物。《古蘭經》和摩西律法在飲食禁戒上的最大差別在於酒類飲料。猶太人雖然不喜愛含酒精的飲料，但是並不禁止飲酒；穆罕默德則不同，他絕對禁止任何這類飲料（陳景雄、陳漢杰；飲食文化，2014；林宜蓁、李羚寧）。

(四)各國祭拜儀式

1. 台灣：民間祭拜神佛的儀式，在寺廟中，以香燭、金銀紙祭拜。
2. 泰國：進入佛寺拜拜行跪拜禮三次，不可穿短褲、迷你裙，須脫鞋入內。（陳景雄、陳漢杰；飲食文化，2014；林宜蓁、李羚寧）

二、婚禮的文化差異

婚禮是一種法律公證儀式或宗教儀式，為慶祝一段婚姻的開始，代表結婚。所有的民族和國家有其傳統的婚禮儀式，可視為繼承民俗文化的途徑，也是該民族文化教育的儀式。

婚禮是人一生中重要的里程碑，屬於生命禮儀的一種。世界上最古老、延續時間最長，影響最廣的婚禮是儒教婚禮、印度教婚禮、猶太教婚禮、基督教婚禮及伊斯蘭教婚禮。

大部分的文化，通常都發展一些結婚的傳統與習俗，其中有許多在現代社會中已經失去原始所象徵的意義；例如在中國傳統婚禮中，女方的家長在迎娶新娘的禮車後方潑出一碗清水，象徵嫁出去的女兒已經是屬於另外一個家庭的成員，就像潑出去的水一般回不來。在講求性別平等的現代社會中，這層意義已經減小許多。

三、婚禮習俗緣由

(一)為什麼準新郎以鑽石訂婚戒指向心上人表示此情不渝？

這個傳統始於十五世紀，當時奧地利大公麥西米倫（MaximilianI）以鑽戒向法國勃根地（Burgundy）的瑪麗（Mary）許下海誓山盟。他的親信大臣呈文：「殿下，在訂婚時，您必須送一枚嵌有鑽石的戒指。」麥西米倫納言，於是這個儀式從此流傳至今，已有數世紀之久（八號甜蜜8 Sweet，2010；上海久久結婚網，2014）。

(二)為什麼新娘要戴手套？

在中古世紀時，準新郎提出象徵著愛的信物，以穩定心上人的心。當時許多紳士送手套給意中人表示求婚；如果對方在星期日上教

堂時戴著那副手套，就表示她已答應他的求婚（八號甜蜜8 Sweet，2010；上海久久結婚網，2014）。

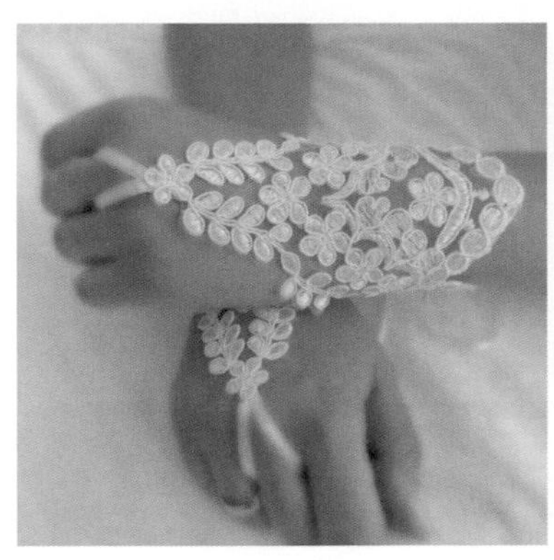
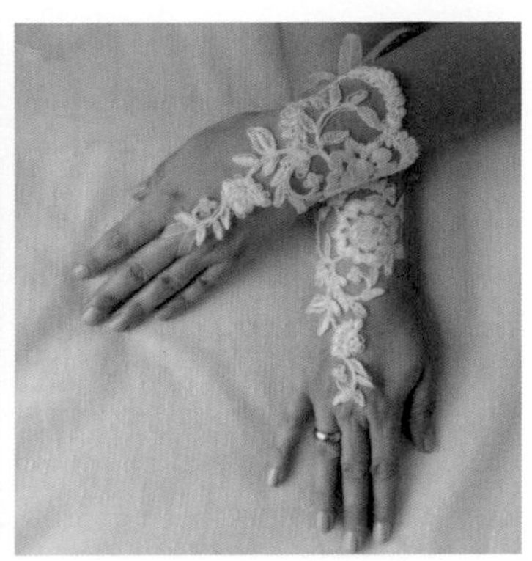

新娘手套
資料來源：婚禮情報（2012）

(三)為什麼鑽石訂婚戒指要戴在左手的無名指上？

古人認為左手無名指的血管直接通往心臟。中古世紀的新郎把婚戒輪流戴在新娘的三隻手指上，以象徵聖父、聖子和聖靈三位一體，最後就把戒指套在無名指上。於是左手的無名指就作為所有英語系國家傳統戴婚戒的手指（八號甜蜜8 Sweet，2010；上海久久結婚網，2014）。

戴結婚戒指
資料來源：麻吉大聲公（2014）

戒指配戴意義

序號	地區	手指	意義
1	古羅馬	大拇指	可助你達成心願，邁向成功之路
		食指	指示方向的手指；個性會變得開朗而獨立，最適合從事自由業的人戴
		中指	次於無名指最適合戴婚戒的手指；最能營造自由爽朗的氣氛，讓靈感湧現，變得更有魅力、有異性緣
		無名指	從古羅馬時代以來習慣將婚戒戴在其上，相傳此指與心臟相連，最適合發表神聖的誓言。而無名指上有重要穴道，戒指戴其上可以適度按壓肌肉，有安定情緒之效
		小指	小指傳達的是一種媚惑性感的訊息；將會有意想不到的事發生，特別適合直覺敏鋭、從事流行時尚相關工作者
2	台灣	左手大拇指	無特別意義 大拇指代表權勢，也可以表示自信
		左手食指	未婚
		左手中指	訂婚
		左手無名指	結婚
		左手小指	不婚族
		右手大拇指	無特別意義 大拇指代表權勢，也可以表示自信
		右手食指	單身貴族
		右手中指	名花有主
		右手無名指	熱戀中
		右手小指	不談戀愛
3	國際	大拇指	按西方的傳統習慣，左手表示上帝賜給你的運氣，因此，戒指通常戴在左手上 一般不戴戒指，如戴即表示正在尋覓對象
		食指	想結婚，表示未婚
		中指	已在戀愛中
		無名指	表示已經訂婚或結婚
		小指	表示獨身

資料來源：參考自盧室生白吉祥止止（2012）；求婚大作戰（2014）；筆者繪製。

有人用更簡單的追、求、訂、婚、離五個字說明將戒指分別戴在手指上的涵義與暗示。

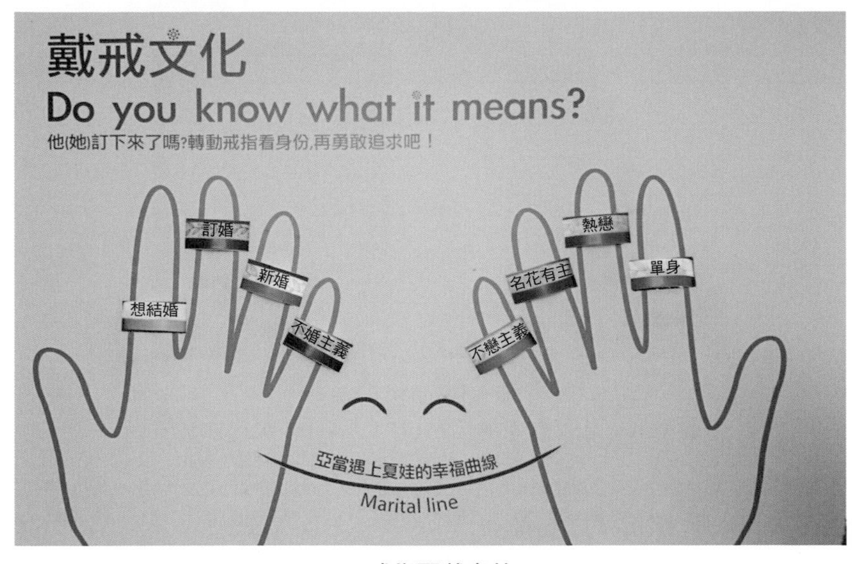

戒指配戴意義
資料來源：拍攝自光淙金工藝術館

(四)為什麼鑽石被視為愛情的最高象徵？

鑽石是人類目前所知硬度最高的物質。在古代，人們並沒有切割鑽石的工具和技術；鑽石因此自然成為永恆不渝的愛情象徵。而孕育鑽石的熱能就代表著熾熱的愛。

鑽石戒指
資料來源：MP de luxe（2014）

(五)為什麼新娘要戴面紗？

最初，新娘的面紗象徵著青春和純潔。早年，基督徒的新娘或戴著白色面紗以表示清純和歡慶；或戴藍色的面紗，以示如聖女瑪麗亞的純潔。據說，當年美國第一任總統夫人瑪莎・華盛頓（Martha Dandridge Custis Washington）的孫女妮莉・華樂斯在結婚時別出心裁地披著白色的圍巾，掀起一陣風尚。這也就是今天新娘戴白面紗的習俗由來。當年妮莉的未婚夫見她站在真絲窗簾後，驚為天人，讚歎不已。這給了她在婚禮時戴白紗的靈感。

新娘面紗
資料來源：結婚百事通（2014）；rayli新娘（2013）

(六)為什麼新娘穿白色禮服？

自羅馬時代開始，白色象徵著歡慶。在1850年到1900年間，白色是富裕的象徵。到本世紀初，白色代表純潔的意義就遠超過其他。

(七)為什麼新娘帶著一方白手帕？

白手帕象徵好運。根據民俗的說法，農夫認為在婚禮當天，新娘的眼淚帶來好運，使天降甘霖，滋潤作物。後來，新娘在婚禮當天流淚，預示新娘將有幸福的婚姻，意味新娘往後不必為她的婚姻傷心落淚。

新娘白色婚紗
資料來源：新娘秘書網（2014）

新娘白色手帕
資料來源：結婚百事通（2014）

(八)為什麼在結婚典禮時新娘總是站在新郎的左邊？

古時候，盎格魯撒克遜的新郎常常必須挺身而出，以保護新娘子避免被他人搶走。在結婚典禮時，新郎讓新娘子站在自己的左邊，一旦情敵出現，就可以立即拔出配劍，擊退敵人。

新娘站新郎左邊
資料來源：結婚百事通（2014）

(九)為什麼要特別訂製結婚蛋糕？

自羅馬時代開始，蛋糕就是節慶儀式中不可或缺的一部分。在那個時代，婚禮結束時，人們在新娘頭上折斷一條麵包。製造麵包的材料小麥象徵生育的能力；麵包屑則代表幸運，賓客無不爭著撿拾。依照中古時代的傳統習俗，新娘和新郎需隔著蛋糕接吻；後來，想像力豐富的烘焙師傅在蛋糕上飾以糖霜，便成了今天的美麗可口的結婚蛋糕。

結婚蛋糕
資料來源：結婚百事通（2014）

(十)為什麼有蜜月之旅？

「蜜月」（Honey Moon）一詞的由來起源自古歐洲的習俗。新婚夫婦在婚後的三十天內，或直到月缺時，每天都須喝由蜂蜜發酵製成的飲料，以增進性生活的和諧。古時候，蜂蜜是生命、健康和生育能力的象徵。「蜜月」是新婚夫婦在恢復日常生活前，單獨相處的甜蜜時光。

蜜月旅行
資料來源：結婚百事通（2014）

(十一)為什麼新郎要抱著新娘跨過門檻？

此習俗是從一些土著部落的婚俗演變而來；由於這些部落裡的單身女子太少，所以男子們須到鄰近的村落搶親，將她們扛走，免得她們一沾地便逃走。而古羅馬的新娘為表示捨不得離開娘家，必須由人拖著越過新居的門檻。此外，民間傳說門檻上有邪靈環繞；因此，為保護新娘，就必須把新娘抱起來，跨過去。

抱著新娘跨過門檻
資料來源：吉美臻品婚禮（2014）

(十二)為什麼婚禮上要喝交杯酒？

新郎、新娘在婚禮上喝「交杯酒」是婚禮上的重要儀式之一。這種習俗起源於周代。根據《禮記．昏義》記載，當時新郎、新娘各執一片一剖為二的瓢飲酒，其意是兩人自此合二為一，夫妻間有相同的地位，婚後相親相愛，百事和諧。到了唐代才將容器更換成酒杯。如今，交杯酒儀式已經和當初有很大變化；但是不論這個習俗的表現方式有何不同，寓意都是一致，象徵永結同心、永不分離，表示新娘新郎同甘共苦。

喝交杯酒
資料來源：男婚女嫁網（2014）

(十三)交杯酒？結髮夫妻？

新郎與新娘的「交杯酒」是每一位結過婚或參加過婚禮的人非常熟悉的。「合巹」指新婚夫妻在洞房內共飲合歡酒。「巹」是瓢之意，把一個匏瓜剖成兩個瓢；新郎新娘各拿一個，用以飲酒，就稱為

「合巹」。「合巹」始於周代，後代相巹用匏，而匏是苦不可食之物，用來盛酒必是苦酒。所以，夫妻共飲「合巹酒，不但象徵夫妻合二為一，並表示新娘新郎同甘共苦的深意。正如《禮記》所載：「所以合體，同尊卑，以親之也。」

宋代以後，「合巹」之禮演變為新婚夫妻共飲「交杯酒」。

《東京夢華錄・娶婦》記載：新人「用兩盞以彩結連之，互飲一盞，謂之交杯。飲訖，擲盞並花冠子于床下，盞一仰一合，谷雲大吉，則眾喜賀，然後掩帳訖。」

用彩綢或彩紙把兩個酒杯連接起來，男女相互換名，各飲一杯，象徵此後夫妻便連成一體，合體為一。當然很多情況下，「惟新婦羞澀，不肯染指一嘗」。

飲過之後把杯子擲於床下，以卜和諧與否，如果酒杯恰好一仰一合，象徵男俯女仰，美滿交歡，天覆地載，這陰陽合諧之事，顯然是大吉大利。民國時期，山西民間結婚，拜天地之後，「導入洞房，婿先進，上床踏四角，新娘繼入，坐床後隅，飲交杯酒，是日『合巹』，『合巹』之後，尚有謁祖日見舅姑等禮，大抵於結婚之翌日行之」。

依婚禮習俗，在交杯酒過後，常常還要舉行結髮之禮。結髮在古代稱「合髻」，取新婚男女之髮而結之，新婚夫妻同坐於床，男左女右。不過，此禮只限於新人首次結婚，再婚者不用。人們常說的結髮夫妻，也就是指原配夫妻，娶妾與續弦等都不能得到「結髮」的尊稱。

古代婚俗中，「結髮」含有非常莊重的意義，後來這一習俗逐漸消失；但「結髮」這一名詞卻保留下來。「結髮夫妻」受到人們的尊重，「結髮」象徵著夫妻永不分離的美好涵義，如同「交杯酒」一樣，在農村仍然得到大多數人的充分肯定和讚許。

在男人們可以娶妾、養姨太太的時代，「結髮夫妻」尤顯突出。不論是朝為田舍郎，暮登天子堂的新科進士，或突發橫財的商賈地主，即便攀緣富貴、尋花問柳、續納小妾，仍對「結髮夫妻」保持一

定的尊重。

在中國人的心理和情感上，從古至今，漫漫幾千年，尤重「結髮夫妻」。因為「結髮」意味著「第一次」。在男女授受不親，人們一生中深交的異性寥若星辰的情況下，「結髮」意味第一次接受異性的慎重；第一次發出會心的微笑；第一次品嚐愛的幸福；第一次組建屬於自己的家庭。所以，一生當中，這個第一次都是彌足珍貴，值得珍惜的。

「結髮」並具備莊嚴、神聖、天意、緣分等得到社會認可的深層涵義，在此基礎上，結婚後的雙方產生義務與相對的責任感。

(十四)黃帝改「群婚」為「一夫一妻制」

傳說，這是中國祖先軒轅黃帝規定的。黃帝改「群婚」為「一夫一妻制」，黃帝戰敗蚩尤，平息戰爭，建立部落聯盟，制止群婚，結束野蠻時代，人類文明時代從此開始。

過慣群婚的人類時代，瞬間要改成一夫一妻制，的確非易事。對剛統一的部落聯盟，群婚制度存在極不利於團結的隱憂，因為經常發生搶婚事件；不光男搶女，也有女搶男。新聯盟的部落間，經常為搶婚打架鬥毆；時間一長，矛盾必然激化，部落之間又面臨重新分裂的危機。黃帝為這事找來身邊的大臣常先、大鴻、風後、力牧、倉頡等人，多次商議如何制止群婚，於是建立一夫一妻的制度。

(十五)黃帝發明「洞房」維持婚配秩序

有一天，黃帝隨同一群大臣巡察群民居住的洞穴是否安全，突然發現一家人住著三個洞穴，為了防止野獸侵害，周圍用石頭壘起高高的圍牆，只留下一個人能出進的門口。這個發現立即引起黃帝的興趣，當天晚上便召來身邊所有的大臣。黃帝說：「我有個制止群婚的想法，說出讓大家都議論一番，看行不行。」黃帝說：「今天咱們看了群民們居住的洞穴，我想，制止群婚的唯一辦法，就是今後凡配成一男一女夫妻，結婚時，先聚集部落的群民前來祝賀，舉行儀式，上

拜天地，下拜爹娘，夫妻相拜。然後，吃酒慶賀，載歌載舞，宣告兩人已經正式結婚。然後，再將夫妻二人送進事前準備好的洞穴（房）裡，周圍壘起高牆，出入只留一個門，吃飯喝水由男女雙方家裡親人送，長則三月，短則四十天，讓他們在洞裡建立夫妻感情，學會燒火做飯，學會怎麼過日子。今後，凡是部落人結婚入了洞房的男女，這就叫正式婚配，再不允許亂搶他人男女。為了區別已婚與未婚，凡結婚的女人，必須把蓬亂頭髮挽個結。人們一看，知道這女人已結婚，其他男子再不能另有打算，否則就犯了部落法規。」

黃帝講完這個主張，立刻就得到常先、大鴻、力牧等人的支持。眾群建議倉頡寫個法規，公佈於眾；這個主張很快就得到各個部落群民的支持與擁護。人們都爭著為自己兒女挖洞穴（房）、壘高牆，凡兒女們一婚配，舉行儀式後，就把他們送入洞房。群婚這一惡習就這樣逐漸消失了。

(十六)「蜜月」來自於兩人的「逃婚」和「吃蜂蜜」

據說，有一對狩獵能手，男的叫石礅，女的叫木苗。兩人由雙方家長說好婚配，舉行婚禮後，雙雙送入洞房；生活不到十天，石礅開始覺得整天只陪伴一個女人，沒啥意思，還不如群婚好。木苗也覺得入了洞房不自在，整天陪著一個男人過，實在沒樂趣，不如群婚自由自在。由於兩人都產生不願過一夫一妻制生活的念頭，有天晚上，趁著深更夜靜，兩人雙雙越牆，各自逃跑。

石礅和木苗都逃進大森林，一時找不到有人煙的地方，心越急，路越迷。身上又沒帶狩獵工具，深怕野獸侵害。天亮後，又渴又餓，兩人不知不覺地又走到一起。為了保存生命，兩人只好相依為命，整天摘野果，採蘑菇充饑；當時，他倆才意識到，當下誰也離不開誰。有一天，兩人實在又渴又餓又累，雙雙躺在一棵大樹下休息；一群蜜蜂在他倆頭上嗡嗡盤旋，石礅折了一根樹枝，左右亂打，驅散蜂群，不料蜜蜂發怒，他被螫得鼻青臉腫；石礅發現蜂群是從樹縫裡鑽出

來，取出隨身帶的擊火石，叫木苗拾乾柴，迅速點燃一堆大火；並從火堆裡抽出火棍，朝著大樹身上裂縫，一個勁燃燒；剎那時，蜜蜂燒毀翅膀，再也飛不起來。火焰從樹縫竄入燒毀蜂巢，蜂蜜從樹縫滲流出來；不知流出是什麼東西，只是聞著芳香撲鼻，石磝用手蘸指，放進嘴裡用舌頭一舔，非常香甜；他又叫木苗嚐嚐，二人斷定無毒，趕忙拾一些樹皮，把流出來的蜂蜜全都盛起來；於是，兩人整天在森林裡採蘑菇，蘸蜂蜜充饑。就這樣在大森林裡度過整整一個月，幸虧被黃帝手下狩獵能手于則發現，才將石磝和木苗救回來。

小倆口在大森林裡經過一個多月折騰，擔驚受怕，整天提心吊膽，深怕野獸襲擊；誰也不願分開，誰也離不開誰，夫妻感情越來越深，才真正懂得愛情的滋味。回到部落後，石磝和木苗再也沒有分開，小倆口從此建立幸福家庭。

四、中國古代婚禮

中國婚禮習俗主要來自三書六禮，但每個朝代都有些變化。

(一)中國婚禮三階段

中國的婚禮可分為三個階段，即婚前禮、正婚禮和婚後禮；依中國傳統的結婚習俗，婚前禮和正婚禮是主要程序，這些程序都是源自周的六禮。

1.婚前禮，即「訂婚」。

2.正婚禮，即「結婚」或「成婚」的禮儀，就是夫妻結合的意思。

3.婚後禮，是「成妻」、「成婦」或「成婿」之禮，表示男女結婚後扮演的角色。

昏禮・婚禮

古人認為黃昏是吉時，所以會在黃昏行娶妻之禮；基於此原因，夫妻結合的禮儀稱為「昏禮」。

(二)三書六禮

◆三書

「三書」即聘書、禮書、迎親書。

1.聘書：是訂婚用的書，於「納吉」（過文定）時男家交給女家。
2.禮書：是「納徵」（過大禮）時使用的書，禮書內會詳細列明禮物種類及數量。
3.迎親書：即迎娶新娘時的書，即在「親迎」時使用。

◆六禮

「六禮」即納采、問名、納吉、納徵、請期、親迎。

1.納采：就是說媒；男方家人會請媒人到女家提親，納采時男家會送禮品給女家；而每一種禮品都象徵其意義。唐・杜佑《通典》就記載三十種納采的禮品，如下表所示。

納采
資料來源：郭元益糕餅博物館提供

三十種納采禮品

禮品	象徵
元纁、羊	元，象天，纁法地，羊和祥也，群而不黨
雁	雁則隨陽
清酒	清酒降福
白酒	白酒歡之由
粳米	粳米養食
稷米	稷米粢盛
蒲	蒲眾多，性柔
葦	葦柔之久
卷柏	卷柏屈卷附生
嘉禾	嘉禾須祿
縷縫衣	長命縷縫衣，延壽膠能合異類
膝、漆	漆內外光好
五色絲	五色絲章采屈伸不窮
合歡玲	合歡玲音聲和諧
禮品	象徵
九子墨	九子墨長生子孫
金錢	金錢和明不止
祿得、香草	祿得香草為吉祥
鳳凰	鳳凰雌雄伉合
舍利獸	舍利獸廉而謙
鴛鴦	鴛鴦飛止須四鳴相和
受福獸	受福獸體恭而心慈
魚	魚處淵無射
鹿	鹿者祿也
烏	烏知反哺，孝于夫母
九子婦	九子婦有四得
陽燧	陽燧成名安身
又丹	又丹為王色之榮，青為色首，東方始

2.問名：如女家接納男家的提親，就把女兒的姓名和時辰八字等交給男家，放在神前或祖先前，以佔卜吉凶；如卜吉兆的話，就決定娶女家的女兒。

問名
資料來源：郭元益糕餅博物館提供

3.納吉：即過文定，類似西方人的訂婚，這時其實婚事已初步議定。

納吉
資料來源：郭元益糕餅博物館提供

4.納徵：即過大禮；「納」的意思是聘財，「徵」就是「成」的意思。亦即男家需要納聘禮後才可成婚的意思。過大禮時，男家請兩位或四位女性親戚（須是全福之人）約同媒人，備齊聘金、禮金及聘禮到女方家；完成納徵的儀式後，婚約便正式訂立。

納徵

資料來源：郭元益糕餅博物館提供

5.請期：即是「擇吉日」，成婚的意思。男家擇定成婚的良辰吉日，再準備婚期吉日書和禮品給女家，女家受禮及同意後，便確定婚期。

請期

資料來源：郭元益糕餅博物館提供

6.親迎：亦稱迎親，即在結婚之日，新郎與媒人和親友一起前往女家迎娶新娘。新郎前往女家之前會先到女家的祖廟行拜見之禮，然後以花轎接新娘回到男家。而後，新人在男家舉行拜天、地、祖先的儀式，再送入洞房。

親迎
資料來源：郭元益糕餅博物館提供

貴族與民間婚禮有所不同

程序包括：相親、斷八字、定聘、擇日、送嫁、催嫁、迎親、拜堂、出廳、鬧洞房、換花及回車。

雙喜
資料來源：正和家園網（2014）

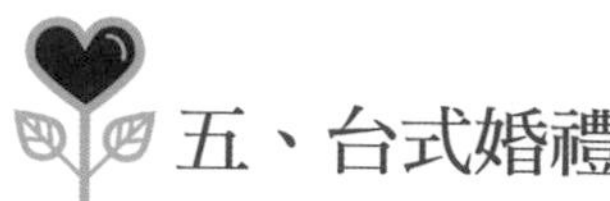

五、台式婚禮

(一)台式婚禮的形成

台灣本為移墾社會，在清代以前，許多原住於閩粵地區的居民，為謀求經濟利益或改善生活狀況，離鄉背井到台灣發展。這些來台的移民，原本應承襲原鄉的習慣而保有的婚禮；然由於台灣社會、自然環境與原鄉之差異，使得在台漢人不得不「因地制宜」。故此，來到台灣的漢人所採行的婚禮便產生變化，與原鄉的婚禮有所差異。莊金德（1963）認為，清代漢人的婚禮除了保持部分原來中國傳統的婚禮習俗，已融合台灣本地的習俗，形成「台灣式婚姻禮俗」（以下簡稱台式婚禮）。

依據清政府在《大清通禮》的規定，婚禮可依照個人的社會地位不同分為三類：品官之禮、庶士之禮和庶人之禮。這三類婚禮根據地位不同，其繁簡程度不一，但基本上還是含有固定的六個禮節：「議婚、納采、納幣、請期、親迎、婦禮」。相對於此，清代初期台式婚禮則分為：「議婚、定盟、納采、納幣、請期、親迎」，若僅由「六禮」來看，即能明瞭兩地婚禮已有些微出入。又整個清領時期，官府並沒有在台灣制定關於婚禮的法律；據黃靜嘉的研究指出，清代的民事主要以習慣法為主，並在原則上允許人民自治。而民間習慣會因時間、地域而有差異，即使同是漢人社會，甚至同在台灣島上的北、中、南部，都可能出現習慣不一致的狀況。再者，由於人民較熟悉民間習慣，且實質上清朝沒有制定規範各地人民的法律，故官府在執法之時可能會遷就習慣；若出現習慣不符清律規定之時，人民也會遵行台灣社會的習慣，反而不理會官方的規定。於是台人僅以清朝律法為準則，實際上婚禮的舉行則以民間習慣為主，人們結婚之後也不用告知官府。而此種婚禮在長期的使用下，便逐漸成為台灣漢人婚禮文化的傳統，並延續至日本統治台灣以前。據1897年（明治三十年），佐

倉孫三於《台灣新報》的報導，略謂：台地行婚有六禮：曰問名、曰訂盟、曰納采、曰納幣、曰請期、曰親迎，是定法也。今人不全行，唯行其首尾而已。如上顯示，台式婚禮一直到日治初期幾乎還保持原來的樣貌，只是佐倉孫三以為當時的漢人已不全行六禮。雖然就婚禮的簡化來看，漢人的婚禮已於清季出現變化，但該項似乎僅指下層社會的漢人；因中上階層的漢人，其原則上還是維持六禮的施用，以求婚禮之完善。至於，不同階層的台人為何出現如此差異，其原因或許與要完整地舉行台式婚禮，所需費用不貲有關，致使較為貧困者無法舉行完整的婚禮。但是，一般而言士紳們仍認為：「貧賤之家雖不能備行六禮，亦須從簡不得全廢。」表示即便家貧不能完全施行六禮，只能從簡不可將其完全捨棄不用，若是全部省略，社會上將可能不承認此婚禮的效力，由此可見在清季至日治初期，台式婚禮還是相當重視六禮。

此外，一般研究者認為，清代台灣的婚禮風氣已有婚姻論財的傾向，其婚禮的舉行也較講究排場，趨向奢靡的風氣；吳奇浩（2012）則指出，此奢侈風氣本就存於中國原鄉，只是隨移民帶入台灣，並因台灣社會環境與原鄉不同，產生相異的奢侈。1860年（咸豐十年）台灣開港後，甚至出現追求外來商品的「時尚」現象。但不管原因為何，婚禮講究排場、具奢靡風氣、婚姻論財，已是當時台式婚禮的固有特色。特別是婚姻論財，常導致日人將台式婚禮視為買賣婚，把台灣漢人的婚禮儀式中的聘金授受，視為兩家人買賣新娘的行為。也因為這樣的印象，日治中、後期的風俗改革，與廢除聘金有關的要求常出現於改革要項之列。此外，台灣的婚禮，若以婚姻類型區分，尚可分為嫁娶婚、童養媳婚與招贅婚，以及所謂的變異婚。一般我們常見的婚禮即所謂的大婚，指的是嫁娶婚；小婚則為童養媳婚等。前者盛行於台灣中南部；後者則以北部居多，然不管如何，大婚的比例皆多過於小婚，且對於身居社會領導階層的客家文人，甚至須依靠執行大婚以維持「精英」應有的形象。因此，台灣的婚禮就普遍性而言，仍

以大婚（嫁娶婚）為主（張維正，2012）。

(二)台式婚禮的組成要素

台式婚禮仍以六禮作為漢人婚禮從無到完備的代名詞。但台式婚禮並不是只有六禮，若依照婚禮文化叢的組成來看，可將台式婚禮分為訂婚（婚前禮）、結婚式（正婚禮）和婚後禮等三種特質；六禮則只有包含至正婚禮。因此，在討論台式婚禮之時，還須加上婚後禮的部分。而組成訂婚、結婚之六禮，以及各種屬於婚後禮的儀式，即是婚禮文化叢中的項目。此外，在討論台式婚禮的特質之前，尚須瞭解「主婚人」和「媒人」等兩位在台式婚禮中所扮演的主要角色（張維正，2012）。

在台灣的習慣，不經媒妁和主婚人主持的婚姻會被視為私奔婚，並遭眾人擯斥，夫婦關係亦不被承認。因此，準備進行嫁娶的男女雙方家庭，在議定婚禮之前，均先決定主婚人和媒人。主婚人為婚姻的主事者，其工作就是負責處理婚姻契約之締結、主持婚禮，以及與婚禮有關的大小事。主婚人通常由父親或戶主擔任，若無，則是由祖父、伯父、叔父等男性尊長替代。另外，母親亦可作為主婚人並掌握決定婚禮的實權，但仍以家中其他男性尊長當作表面上的主婚人，母親的名字不會出現在正式的婚書之中，只有在招婚、養媳等契字裡，才會出現母親或祖母的名字。

在主婚人確立後，接著才是媒人的選擇。一般而言，媒人由男方的主婚人確立之，再由女方家庭予以認可。若是男女雙方家庭各自選擇媒人，也需以男方家庭為主，先由男家首先確立，女家再隨之確設立。而媒人依照其身分不同有兩種，其一是主婚者或結婚當事者的親族、知己、友人等；其二則是以媒妁作為職業者，亦即專業媒人。前者的理想人選通常為具有中層以上社會地位的男子，媒妁是出於好意，俗稱為「紳士媒人」；後者可稱為「媒婆」，多為下層社會的婦人，並以之為職業。媒人為婚者雙方家庭的橋樑其主要的功用，乃在

於傳達、協調兩家人對婚事大小細節上的處理。台式婚禮只有主婚人和媒人，兩者皆確立之後，才能真正開始進行婚禮的議定和程序（張維正，2012）。

◆訂婚（婚前禮）

此階段主要的目的，為使兩家人同意聯姻，及結婚者雙方訂下婚約。然兩家在訂婚之前，需先由男家選擇新娘，瞭解女方是否適合男家。確立結婚對象之後，最後訂下結婚的協定。又因台式婚禮相當重視婚姻的契約關係，此階段相當重要，故六禮在此階段共佔了四禮，分別為問名、訂盟、納采、納幣等項目。

首先是「問名」，因台灣社會不允許男女自由交往，在找尋結婚對象時，須由男家的主婚人提出，表示其門第清白、年齡適當等，拜託媒人到女家拜訪，同時瞭解女家的家庭背景、血統，以及女方的品行。合意之後徵求女家結婚的許諾，這程序可稱作「配對頭」。接著，交換當事者男女生辰八字的紙片：男家製作的稱為「乾造」；女家製作的則稱作「坤造」。庚帖的授受由男方先請媒人到女家求庚帖，置於家中祖先牌位前三日，若沒有發生任何意外，則表示祖先同意。然後，再由男家將其庚帖送至女家，亦放在女家的祖先牌位前三日，沒有發生變異，則表示這是好姻緣。再次，男家需製作兩家的合譜帖送去女家，女家則依照古禮再返送男方。

接著，男家需送禮物和部分聘金到女家，稱之「訂盟」（又稱小聘、文定）。雖然在此程序的要務是授受聘金，但事實上所贈送物品不限於金錢。一般，此時先送一部分聘金，稱之為「過定銀」：過定之後表示兩家婚姻契約成立，此後婚禮即不能毀約。而上流階層則不完全只有贈送聘金，兩家協定之後會送金戒指或手環，作為婚約成立之證明，同時送出全部的聘金。理論上，聘金在此階段通常只送一部分，也有下級階層者會先催促聘金的完納。

聘金多由兩家協定，僅以女子身價決定較不妥當。故在婚約協定

之後，上流階層的男家會給予女家金戒指和手環再贈付聘金；女家則以嫁具和等值的陪嫁物（也可稱作妝奩或隨奩）作為回禮，其中也有以田園、房屋等作為回禮者。與上流階層相反，中下階層的家庭相當重視聘金的多寡；由媒人作為仲介，兩家討論聘金的數量，有如物品買賣般，且收下聘金之後就不能毀約。聘金的授受相當重要，沒有授受聘金便不能表明婚約之成立。故聘金為婚姻成立時，不可或缺之要項，但完全沒有聘金亦能以其他的禮物取代。而聘金的多寡，也依社會階層不同而有所差異，上流階層為按照地方的慣例，依其身分地位有一定的金額，在訂婚的時候協定。中下階層乃是根據女子的美醜、是否初婚或再嫁而定，在訂婚的時候由媒人協定。關於聘金的數額之決定，沒有固定方式。因此，有人認為聘金的高低與女子外表沒有必然關係，只有按照當時的社會習慣定聘金的金額，各階層有相對應的聘金額度。

聘金

資料來源：京采飯店（2014）；喜田屋有限公司（2014）

訂盟之後則由男家將婚書（乾書）、禮物及剩餘之聘金贈予女家，是為「納采」，可稱之為「完聘」，也是俗稱的「大聘」。禮物通常是大餅、豬肉、冰糖、冬瓜、糖、餅、粿、酒、魚、香燭、花菓等，上流階級則會加上女性衣服和首飾，不管如何其品目和數量都要是偶數，需製作聘禮帖並寫上「納采之敬」。此外，若女方是初婚的

話，還需加送銅簪，其意為夫妻同心。女家收到禮物之後，需把禮物放到祖先前供奉，糖和餅則分送親友。接著，女家須回送禮物和婚書（坤書）。若男方初婚需送上冠禮使用的紅線，回禮則從男方贈送物品取約三分之一，再加上男子的帽、靴、手巾等，上流階層還再加送男子的衣服，其數量和物件數一樣都需偶數，並製作回聘帖寫上「旋采之敬」。男家收到禮物之後，也需置於祖先前供奉，其他的分給親友。在此儀式進行同時，還有男女雙方親友所贈送的禮物，男方親友為祝福新婚所送的禮物為「彩聯」及「蔬盒」，稱之為「燕爾之敬」；女家親友則送金簪、戒指、綢緞和鞋襪等，以添助妝奩，稱之為「粲妝之敬」，雙方均製作各自的禮帖。另外，關於婚書的製作，台灣各地似乎有不同的習慣；在台中地區，一般人似乎不作婚書，只有上流社會階層才製作；台北地區則是不管階級，一定需製作婚書。

銅簪

資料來源：郭元益糕餅博物館提供

◆結婚式（正婚禮）

讓締結婚約之後的男女成為正式夫妻，使婚姻關係得以確立的儀式，即為結婚式。在此包含六禮中的二禮：「請期」和「親迎」。其

中，「親迎」是六禮中較複雜的一禮，因為有許多細節和儀式必須進行。

「請期」即為選擇結婚的日期，又可稱為「送日」或「提日」。先由男家問女家是否同意，再由女家回答之，稱之為「復日」或「回日」。通常是由媒人往返兩家之間協定日期，男家所選定的結婚日，女家多半會同意，有異議的情況較少出現。而在選擇日期時，會請「日師」選擇的「日課」作為結婚日。在請期的同時，還需要通知「日時」以便進行「裁衣」、「合帳」、「安床」，以及「納采」的儀式。「裁衣」是縫製婚禮使用衣褲的內襯，男女需同日同時進行，須請親戚裡具有德望的婦女幫忙為之；「合帳」為縫製新的蚊帳；「安床」則為佈置新婚使用的床鋪和房內的擺設；前述這些儀式皆須在良辰吉時進行。而閩南人的「請期」和「納采」為不同日舉行；客家人則多半選擇同日。關於婚期的選擇，根據《台灣新報》的報導：台灣冠婚舊例凡行六禮均應選擇佳期，然四季之中春冬居多；夏則四、五月；秋則八月，其餘六、七、九等月，寥寥罕覯也。日治初期台灣漢人最喜於春、冬兩季結婚，六、七、九月則是較少人選擇的月份。而在春、冬兩季的月份裡，又屬除夕之日，也就是陰曆十二月三十一日最受歡迎，多的時候甚至可達數千家舉辦婚禮。

如此，在一年之中只有在除夕當天，舉辦結婚儀式，可以不計較吉凶隨意嫁娶。同時選擇此日結婚，各項儀式也可以從簡，不用太過注重。另外，據《台灣私法》等文獻的記載，日治初期應是先「請期」之後再進行「納采」，也就是確定結婚日期後，等到快要接近結婚之日才把婚書、聘金和禮物送出，故「請期」之順序應排在納采之前。

在請期之後，則為「親迎」，本意為新郎到女方家迎娶新娘，但實質上就是台式婚禮結婚儀式。通過此儀式後，代表男女雙方正式成為夫妻，兩人的夫妻關係就此成立。就中上流社會而言，通常親迎時，新郎要坐四人扛抬之大轎，同時帶著禮物，其隊伍有人吹奏音樂

（八音），還有兩名隨從燃放鞭炮前往女家。轎子上要插一對燈籠，用紅色的字寫上自己與祖先的姓名和官職。此外，要有兩名具文質名氣的老先生在途中陪乘，以及十二名或六名紳士騎馬或乘轎保護新郎，稱之為「娶嫁人」。在此同時，男家要先用女家所送之奩具進行佈置，和陳列「合巹」使用的器具。廳堂需用紅布裝飾掛上繡燈，並在門口貼上祝福新婚的佳句以示美觀。一般來說「親迎」是由男子親自前往女家迎娶，但在台灣由新郎本人自行前去親迎的情況已逐漸減少。閩南人是由新郎的弟姪替代前往女家；客家人則由媒人前往女家（張維正，2012）。

「親迎」除了前述內涵外，尚包含其他項目，說明如次。

①冠笄禮

此儀式為成年禮的遺形，在結婚前晚或是當天早上，男女於同一時刻進行。男子由父親或其他男性尊屬幫忙，穿上新製的衣褲、朱袍（要加上女方所送之紅線），綁好辮子之後再戴紅帽。女子由母親或其他女性尊屬幫忙，穿上紫色新製衣褲及紅裙，頭髮綁成菊花髻再插上男家所送的銅簪，最後戴上鳳冠。除了外在所穿之衣服外，內裡還需穿上先前「裁衣儀式」時製作的白布衣褲，稱為「上頭衫仔褲」；外邊的衣服則以紅色為主。自上頭穿起至結婚當日只許穿過一次，及至亡故入殮時再度穿用外，中間不許穿用。值得一提的是，印象中清代的結婚禮服，多半只有富有人家才使用。新郎禮服本為正七品官的官服，使用時須繳納三十兩稅金給官府，且只在結婚儀式進行時的三天穿，婚禮後就收到盒子裡收藏，等到喪禮時再作為壽衣穿。新娘禮服則是有許多的裝飾，一般人只取其二或其三使用，其中有霞佩和附鈴之肩掛，只有官紳之家才能使用。除了前述二品外，尚有響裙（走動會發出聲響）、鳳冠、大紅鞋等，婚禮後亦收藏於盒中，喪禮之時再拿出來穿戴。

清代正七品官服

資料來源：博寶拍賣網（2014）；鐵血社區（2014）

冠笄禮

資料來源：維基百科（2014）；漢服網（2014）

②食姊妹桌

通常在出嫁前晚或結婚當天，新娘的家人們會設宴席備好各種料理款待新娘，大家一起用餐藉此表示惜別之意。父母兄弟須輪流祝福新娘，父母還須告訴新娘，當妻子的心得與方法，此一活動，謂之為「食姊妹桌」。

新娘在結婚出發前，要與父母兄弟姐妹一起吃飯，謂之食姐妹桌，各種菜餚都有祝賀的意思。

食姐妹桌

資料來源：郭元益糕餅博物館提供

③醮子和醮女

男家在結婚當日需設醮爵於廳堂的東側，新郎需盛裝出席，主婚人也需盛裝並由堂東面向西邊。接著，結婚者需爬上西邊的階梯向執事者跪拜，從其手中拿到酒杯後，跪著將酒喝完再還給執事者。最後在父親的命令下前往迎親，此即「醮子」儀式。女方則在送嫁之前，進行「醮女」儀式。新娘的父親需先告知祖先，其女將進行「醮女」。父親站在東邊，母親站在西邊，新娘需跪拜北面，由侍者酌酒於醮女，女一飲而盡再還給侍者。最後，父親告誡女兒必須遵守宜家之道，母親則再重申要遵從父命。「醮女」結束後，新娘便準備坐上親迎的花轎。

新娘要嫁出門之前，要先祭拜祖先告知。

向祖先告知

資料來源：郭元益糕餅博物館提供

④迎鸞

「醮子」之後，新郎的弟姪和媒人乘坐轎子到女家迎接新娘。先導者需先燃放爆竹，前導的是鼓樂和扛抬禮物者，最後則是迎娶的花轎。新娘的花轎需用紅繡布遮蓋四面，以避免讓外面窺探到內部，其後則懸掛一個米篩。在媒人和其他執事者到達女家之後，主人需出來迎接、款待。男方所帶來的禮物需放在女家的神前及祖先牌位前供祭，然後和女家父母會面。而女家則有事先準備好的宴席，招待男方人眾和娶嫁人，同時內室則進行「醮女」儀式，接著用紫帕蒙住新娘的臉再用米篩蓋其頭上出來搭轎。

米篩

資料來源：唯愛婚禮紀錄（2014）；易雷希動畫設計網（2014）

迎親時，新娘轎後要掛一個米篩，米篩上畫有紅色八卦及太極圖，稱之為八卦米篩，其用意是八卦有避邪作用，米篩有孔，可以照見邪魔，使邪魔無所遁形，無非也是為了討吉利，也有象徵繁榮之意，有的米篩上寫著百子千孫的句子。

過米篩

資料來源：郭元益糕餅博物館提供

新娘乘坐花轎時，女家會有親屬一同乘坐轎子前往，稱之為「送嫁」或「上賓」，父母兄弟則站在門口送新娘；就如同來時一樣，先導者先燃放爆竹啟行返回男家，其次是鼓樂，接著是搬運嫁妝及女家贈予禮物的隊伍。花轎、送嫁、娶親的先轎子到達男家之後，新郎站在門前迎接新娘。此時，新郎從媒人手中接過嫁具的鑰匙，打開嫁具；再來開啟花轎的簾子，接近花轎時要先踢轎子，並由新郎牽著新娘的手，引導新娘進入洞房，再將其烏巾取下。在迎親的過程中，以往較窮困的階層、熟番的部落，通常用牛車或步行取代轎子。

牛車迎親

資料來源：peopo公民新聞（2014）；台南縣政府新聞處（2007）

⑤合巹

習俗稱之為「食婚卓」（按：依原文使用），新郎和新娘進入洞房後，由新郎先把新娘的蓋首掀起，再互相對拜。然後，兩人需在桌子旁邊相對而坐，再由一位好命的老婦人說祝福的話：「男遵乾道，女順坤儀，諸如琴瑟，夢叶熊羆。」接著男女交互吃紅色的湯圓、喝喜酒，及準備好的菜餚。這裡每吃一口，就要說一句與所吃的食物諧音的祝福話，如：夫婦飲酒－天長地久、食米圓－夫妻團圓等。而此日亦同時舉行宴會，男客被帶往廳堂，女客則在內室。另外，富有的人家甚至宴客數日，聘請戲團演戲以娛樂賓客。

◆成婦、成婿儀式（婚後禮）

此為台式婚禮的最後一個階段，其意義是為使新娘和新郎能夠融入夫家和婦家，同時介紹新郎、新娘的家屬與親友給對方認識。首先，通常在合巹之後的隔日，或婚後第三日要進行「廟見」的儀式，新娘需待在房間滿三天都不能出門。主婚者須帶新娘和新郎到祖先牌位前祭拜並讀告文，再由新娘奉茶供奉先祖。其次，新娘需出到廳堂跪拜舅姑四次，然後奉茶，飲畢後再拜四次，然後對丈夫的祖父母及其他的長輩敬拜和奉茶。接著，按夫家的長幼順序對新娘敬拜，新娘則捧茶回禮。

此外，新娘需以茶招待丈夫的親朋好友，稱之為「新娘捧茶」；親友們將茶喝完後在茶杯中放置銀幣，俗稱為「壓茶銀」，這些錢將成為新娘所得。同時須進行「看新娘」的儀式；其較為人熟知的稱呼是「鬧洞房」，與婚前禮的看新娘是兩個大相逕庭的儀式。看新娘在日治初期的台灣非常盛行，儀式進行時間範圍很廣，為結婚後第三日到第十五日之間。依照朋友的數量不同，舉行時間也不同，可能是在第三日，或第四、五日；朋友的數量如果很多的話，甚至會連續進行十五天。進行看新娘的當晚，新娘會盛裝以待，並捧茶招待新郎朋

壓茶銀
資料來源：高捷中夫婦提供

友。親友們則是邊喝茶邊說些滑稽調侃新娘的話；如新娘一直不笑，則會作出更滑稽的舉動，甚至觸碰新娘的身體等。然前述舉動都是作為慶祝婚禮的一部分，故不能說出任何不吉祥的話。而親友們將新娘招待的茶喝完之後，要各自在茶碗中放置壓茶銀。

最後，新娘要和新郎的母親及女性親屬會面，並開設宴會，經此之後「廟見」才算告一段落，新娘才可以脫掉鳳冠。客家人在合巹後的隔日，直接進行和舅姑及其他親屬會面之禮，廢除祭拜天地及祖先的儀式。此外，在婚後三日之內，女家會派新娘的弟姪當作使者，把女家的禮物送到男家，男家則須置酒對其款待，此一禮俗稱為「探房之禮」，亦可稱之為「餪女」或「餪房之禮」。在「廟見」之後的一個月之內，新娘和新郎要一起作伴回女家拜訪（閩南人稱之為「頭回家」；客家人稱為「轉門」）；前往時須準備禮物。到女家時，由女方的父母帶到女家祖先前祭拜並申讀告文；接著兩人要對新娘的父母、祖父母及其他親屬進行拜禮，然後在當天日落前回家。

在漢人的婚禮文化中最重要的是「訂婚」部分；六禮在此佔有四禮。其中，婚約的訂定為核心部分；此階段各個儀式都在確定成婚對象，及穩固兩家之間契約關係。而聘金的授受扮演極為重要的角色；婚約的訂立主要取決於聘金之有無。漢人相當重視婚禮中聘金的授受，不論是哪一社會階層的漢人，即使對上流社會階級，收取聘金只是一種儀式性的行為，都需把聘金完全繳納才算是完成婚禮。換言之，台式婚禮的訂婚特質，訂盟和納采（完聘）為必要之項目，其中的聘金授受，更是婚約成立與否的關鍵。

就台式婚禮而言，一場婚禮的舉行，能否獲得當時台灣社會所認同，端看主婚人和媒人的有無，以及婚禮的儀式是否完成。婚禮的完成與否則依階級有所不同，對於台灣社會中上階層而言，唯有施行五禮才算是將婚禮完成；而對於下階層的人們來說，則至少要能將訂盟和納采等二禮完成。不過，雖然有因家貧或金錢不足而無法施行完整六禮的狀況，但為成就人生一度的大事，以及講究婚禮之排場，許

多人還是會利用典當、借貸、賣田產等方式，以求得婚儀和聘金之完善。除非是真正富有人家所舉行的極度豪奢之婚禮，否則一般大眾舉辦的婚禮，或許很難看出顯著的差異。

早期的成婚，新郎和新娘在完婚之前沒有見面和說話的機會，且不能自行選擇結婚對象和表達意見；只有在合巹之際，兩人才有初次對話的機會。此外，一場台式婚禮的舉行必須耗費相當多的人力與物資，莫怪乎家境貧困者根本無法維持一般婚禮的花費，只能從簡或養童養媳。且即便有充足的經濟能力完成婚禮，其婚禮的儀式與程序亦相當繁複，特別是結婚式（親迎）之部分，因此日治以後，該點被列為改良的要項之一（張維正，2012）

◆鬧洞房

鬧洞房是婚禮的最後程序，也是任何婚禮不可少的內容，它是婚禮的高潮，也是最熱鬧最有趣的節目。

新婚之夜，親戚朋友圍坐房中，對新娘百般戲謔，稱之為「鬧房」、「戲新娘」。鬧的方式各種各樣，各地有同有異；總括起來可分為文鬧和武鬧兩種。文鬧以較文雅的方式，往往都是向新娘出謎語、對對子，請其講述戀愛經歷及平常不見於口的男女之事，山西民間有稱「說令子」，妙趣橫生，迫使新娘無法對答而大出洋相，藉以取樂。武鬧是使用較為粗野的方式，不僅口出穢言，還對新娘動手動腳，頗有惡作劇的性質。

鬧洞房時，平輩、晚輩、親戚朋友、同學同事紛紛擁入新房，喜笑逗樂，尤其是新郎的朋友，他們極盡所能，想出種種方式，讓新娘當眾表演，以逗樂取笑，俗話說「三日沒大小」，除了爹媽都能鬧。這期間，人們之間隨隨便便的關係是禮俗所允許的，很多禁忌都被解除，頗似西方文化中的狂歡節。因此，無論如何戲鬧，如何難以接受，新娘是萬萬不能反目生氣的；如若氣走了鬧洞房的人，將被視為是新娘的任性，人緣不好，日後的光景就不會好過。

鬧洞房是對新婚夫妻的一種祝賀方式。在民俗中，人們認為洞房中常有狐狸、鬼魅作祟，為驅逐邪靈的陰氣，增強人勢的陽氣，才鬧洞房的，所以民間俗語說「人不鬧鬼鬧」。

「鬧房」在功能上是對新婚夫妻的考驗，包括機智與耐心，原本是一種「關口考驗」，但在民間往往行之過分，成為陋俗。

鬧洞房的習俗起源甚古，《漢書》記載「燕地嫁娶之夕，男女無別，僅以為榮。」（《漢書・地理志》）鬧房之俗可能起源於「聽房」。在新婚之夜，親朋好友在洞房窗外竊聽新媳婦的言語和動作，人們感興趣的無非就是男歡女愛之事。從性心理的角度講，這種舉動似乎正是佛洛伊德理論中的「意淫」之舉。

以後逐漸演變成為戲弄新娘的鬧洞房。此種風俗行至唐代，風行民間，不但男方親屬、賀賓客朋都有戲弄新娘的權利，連不相干的陌生人，也可以中途阻攔，品頭論足，需索於難。這種習俗由古至今，已由個人行為變為集體行為。

鬧房可以使雙方的親友們熟悉起來，顯示家庭賓朋滿座，興旺發達，增進親友間的溝通與感情，以及鄰里間的和睦。熱鬧是中國人生活的美學理想，鬧洞房正是臻於此境的手段。熱鬧才能形成喜事喜慶的氛圍，鬧是一種快樂的場景，是一種歡騰與興旺發達的象徵，只有鬧、大鬧特鬧，喜慶才有市場，財路才可大開，人丁才能興旺（八號甜蜜8 Sweet，2010）。

(三)台式現代婚禮習俗

①訂婚流程

1.訂婚屬於女方的禮俗，男方出門前請準備好夠數量的紅包禮，金額以雙數即可，例如：200元、600元、1,200元。

2.訂婚當天，男方將「行聘禮品」以2、6或12個紅木盒裝盛（紅木盒通常由喜餅店借用即可），人數6、10或12人（一定要雙數）裝車後鳴炮往女方家出發。

3.男方車隊到女方家之前約100公尺處開始鳴炮，女方亦應鳴炮相迎。

4.媒人先下車，其餘陸續下車，最後準新郎才能下車，由女方派出之兄弟或幼輩（男）開車門請出，並端洗臉水讓準新郎洗手、擦臉，準新郎給該幼輩紅包禮。

5.男方人員將行聘禮品交給女方抬禮品的人員，再陸續進入女方家。女方長輩招呼男方親友依長幼入座，準新郎居末座。媒人正式介紹雙方親友，先介紹男方親友給女方，再介紹女方親友給男方。

6.等女方親友將禮品排列好之後，媒人將大聘小聘、金飾、禮品等點交予女方家長。女方親友將禮品收好，並在神案桌上陳列祭品，準備祭拜女方祖先。

媒人將大聘小聘、金飾、禮品等點交

資料來源：高捷中夫婦提供

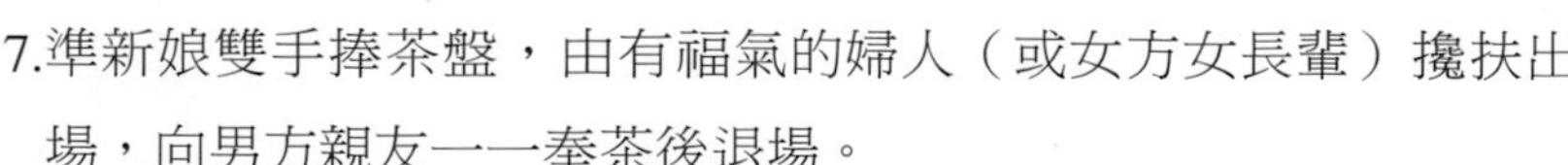

7.準新娘雙手捧茶盤，由有福氣的婦人（或女方女長輩）攙扶出場，向男方親友一一奉茶後退場。

向男方親友一一奉茶
資料來源：高捷中夫婦提供

8.男方親友將甜茶喝完，新娘出來收茶杯，男方人員需連同茶杯與紅包放置於茶盤上，此為壓茶甌。奉茶完畢之後，接著是重頭戲戴訂婚戒指；將戒指以紅線相繫準備戴入。

9.女方準備高椅、矮椅各一張，準新娘入座，臉需朝客廳大門，向外而坐，兩腳踏在矮椅上。

10.準新娘伸出右手，準新郎右手拿戒指，套入準新娘右手中指，準新郎伸出左手，準新娘右手拿戒指，套入準新郎左手中指。戴戒指時，可微彎手指，不要讓戒指輕易戴入，代表不會容易被壓到底。

11.戴完訂婚戒指後，媒人帶著準新郎，對女方之父母、親友依序改口，一一稱呼過一次，準新娘對男方之長輩、父母、親友依序改口，一一稱呼過。

12.請準新娘之母舅點燭燃香，女方要給母舅點燭禮，準新郎新娘

戴戒指

資料來源：高捷中夫婦提供

與女方父母一起祭拜女方祖先。

13.女方將聘禮品退還某部分（雙方可事前溝通好），連同回贈禮品裝入紅木盒，交還男方親友。

14.訂婚儀式完畢，女方端出湯圓或點心招待男方親友，之後至餐廳備席宴請男方及女方親友。

宴客

資料來源：高捷中夫婦提供

15.用餐結束，男方家長給壓桌禮，男方一行人須儘速在結束宴客前先行離去，且千萬不要說「再見」，因說再見代表日後可能

發生枝節或有再婚之虞。

16.宴客結束時，女方將訂婚喜餅分贈親朋好友，作為訂婚喜訊之通知。新娘記得不可吃拜拜過的喜餅。

分贈喜餅
資料來源：高捷中夫婦提供

②結婚流程

1.首先男方安排接嫁人員，需與女方陪嫁人數相同，且需為偶數，通常為2、6或12人。

2.喜車也須為2、6或12輛（視女方陪嫁人數而定），每輛車均坐偶數人。車門把繫上彩帶，以告知路人為迎親車隊且有助於行車中車隊辨識。新娘禮車外加二條大紅帶及車綵或將鮮花置於引擎蓋上。

3.第一輛車為前導車，需負責帶路及沿途燃放鞭炮。新娘禮車通常在第二輛（注意千萬不可在第四輛），媒人坐於前座，新郎及花童坐後座。

4.男方需將迎親用之應備辦物品，用紅木盒裝盛上車，出發前需召集各車司機，詳細告知時間、行經路線、地點、連絡電話，並儘可能保持車隊完整以避免迷路或跟丟車隊。

迎親車隊

資料來源：蘋果日報（2010

5.男方主婚人或長輩陪同新郎燒香祭祖，以告知神明及祖先們迎親車隊即將出門，並保佑一切平安順利。擇吉時出發，前導車開始燃排炮，門前燃鞭炮以示出發。

6.前導車於接近女方家門附近時，即燃炮以告知迎親車隊將到，女方燃炮回應表示歡迎。

7.女方由一位男幼輩為新郎開車門，新郎給紅包後持捧花下車。由媒人陪同一起進門後，接嫁人員也隨之將迎親禮品搬下車交予女方親友。

8.媒人偕同女方主婚人清點禮品。

9.女方親友將祭祀物品擺於神案前準備祭祖。

10.女方請男方吃湯圓及雞蛋茶（切記湯圓不要吃完，只可喝茶）。

11.新娘先吃姊妹桌後，由媒人及有福氣的長輩扶出廳堂。由新娘母舅點燭及點香，請新郎新娘上香，告知神明祖先們這個喜訊。

12.新郎新娘跪於女方主婚人（女方父母親）面前行三叩禮後，由女方主婚人將新娘頭紗蓋下，並將兩人扶起。

13.吉時到時，新娘由新郎以及有福氣的長輩陪同攙扶，一起走出大廳（不可踩到門檻），由媒人手拿米篩或黑色雨傘，遮於新娘頭上。

迎親人員起程動身，新娘由一位全福的女性長輩持米篩或黑傘護送走至禮車。

由媒人手拿米篩或黑色雨傘，遮於新娘頭上

資料來源：郭元益糕餅博物館提供

14.男方接嫁人員將女方準備之青竹及甘蔗，繫於禮車車頂，並於根部掛豬肉一片及一個紅包。

迎娶行列中，禮車綁有一連根帶葉的青竹，竹端並繫有五花肉一塊，源於周公和桃花女鬥法的故事，目的是避白虎煞和天狗煞。

竹梳肉

資料來源：郭元益糕餅博物館提供

15.女方人員將陪嫁物品及回禮交給男方裝載上車。

16.安排女方陪嫁人員上車後，由前導車燃炮後出發，禮車開動之時，新娘從車窗丟出一把扇子給弟妹撿（扇尾繫一紅包及手帕），寓意放下性子，或意謂留扇（善）給娘家，並表示感情不散之意。

新娘上車前將預備好的扇子扔出，俗稱放性地，就是要新娘把在娘家所有不好的習性，一股腦丟棄淨盡，改以溫柔的性情，面對夫家所有的親戚朋友，使大家有好印象，又有留善給娘家的意義。而整把扇子用紅紙緊緊圈住，代表感情不散的意思。

擲扇

資料來源：郭元益糕餅博物館提供

17.禮車開動，新娘千萬不可以回頭看。女方主婚人用臉盆（或碗）裝水，潑向車後，表示覆水難收，意指希望新娘幸福，新娘不會有後悔的念頭。

娘家父母在女兒禮車啟動時，將一碗清水向後潑去，意思是嫁出去的女兒，潑出去的水，表示覆水難收，出嫁後要好好經營婚姻，孝順夫家的人，以無聲的言語，告誡女兒，頗有深意。

潑水

資料來源：郭元益糕餅博物館提供

18.車隊將抵男方家時，前導車應燃炮告知。男方由一男童，以喜盤捧著兩個用紅紙圈起的橘子，開車門恭請新娘下車，俗稱拜轎（新娘應將橘子位置對調），然後放一紅包壓在橘子下。

新娘下轎前，由一位男童端著茶盤，盤裡放著兩顆柑橘，通常都是新郎的弟弟或是親戚的小男孩。新娘要用手摸一摸柑橘表示謝意，象徵捧柑，表示已吃甜頭的意思，並且放一個紅包在茶盤上送給男童，捧柑也是一種討吉祥的儀式。

捧柑

資料來源：郭元益糕餅博物館提供

19.新郎偕同有福氣的女性長輩一同扶新娘下車，媒人手拿米篩或黑雨傘，遮在新娘頭頂，一起進門。

20.來到大門前，媒人放下米篩，邊撒鉛粉邊唸：「人未到，緣先到，入大廳，得人緣」，大廳門檻前需置火盆及瓦片，請新娘腳跨過火爐，再踩破瓦片，俗稱過火與破煞。完成之後，男方請女方陪嫁人員進門入座。

21.進入大廳後，由男方主婚人陪同新人們祭拜神明祖先，告知家中今日成親，祈求列祖列宗保佑家和事興順利平安。

22.男方人員將青竹及甘蔗卸下，懸掛於大門框上，紅包由卸下的人領走，豬肉則交給男方。

23.拜堂完畢後，新郎掀開新娘頭紗，並相互交拜。男方主婚人坐於廳堂前，新郎新娘向男方主婚人一鞠躬後，向男方主婚人敬茶並稱呼，男方主婚人喝完茶後，給新郎新娘各一個紅包。

24.新郎新娘進入洞房後，並肩而坐，洞房內擺兩張椅子，椅子上鋪一件新郎的長褲，褲子下放錢幣，象徵夫妻倆一體同心、榮辱與共、有財有庫。此時新郎可將新娘頭紗掀開。

25.男方女長輩，盛一碗湯圓進新房，餵新郎新娘吃，象徵甜蜜圓滿。或盛一碗豬心進新房，餵新郎新娘吃，俗稱「吃豬心，才會同心」

26.新房內的床，無論任何人都不可以坐。不過男方可請一位生肖屬龍之男童，在新房床上翻滾跳躍，請媒人在旁唸：「翻落舖，生查埔，翻過來，生秀才，翻過去，生進士」，俗稱翻舖。

27.時間接近宴客時，新郎於開席前親送十二版帖給女方主婚人並邀請赴宴。宴會完畢，新郎新娘於宴客廳門口，新娘手捧喜糖等送客，親友們藉此時拍照留念。送客完畢後，恭喜新郎新娘完成結婚程序。

在喜宴完畢後，新人端著盛喜糖之茶盤，立於餐廳門口送客。
謝客
資料來源：郭元益糕餅博物館提供（左）；高捷中夫婦提供（右）

28.以台灣北部的習俗，女方於訂婚當日宴客，而南部的習俗則於女方歸寧日才宴請賓客。

29.新娘出嫁三天便回門，稱為「歸寧」，為成家不忘娘之意。

30.新婚後第三天回娘家，稱為「頭轉客」；如第六天或第十二天回娘家，稱為「二轉客」；滿月回娘家，則稱為「三轉客」。通常為中午到娘家聚餐，日落前一定得回夫家，因為新婚未滿四個月忌在外過夜，所以歸寧通常於當日就返回。

31.歸寧時，新郎要準備，如橘子、蘋果、香蕉及椪餅或椪柑、酒等禮品，贈予女方家。

32.女方則準備回禮如米香、糯米糕、蜜餞、兩枝有根葉的甘蔗（以祝新人甜甜蜜蜜、透頭透尾）、帶路雞等供新人帶回男方家。

六、閩台婚禮

茶與婚姻有著密切聯繫，早在明朝時就有「訂親茶」的記載。清代人福格在《聽雨叢談》卷八中說：「今婚禮行聘，以茶葉為幣，清漢之俗皆然，且非正室不用。」與茶有關的婚俗，最有趣的當推閩南和台灣。

閩台婚姻禮儀總稱為「三茶天禮」。「三茶」即訂婚時的「下茶」，結婚時的「定茶」，同房合歡見面時的「合茶」。

在舊社會，男方隨媒婆或父母到女方家提親、相親，女方的父母就習慣叫待字閨中的女兒端茶待客，茶杯斟滿後，依輩分次序分送到男方親客手中，由此拉開了「相親」的序幕。男方家人乘機審察姑娘的相貌、言行、舉止，姑娘也暗將未來夫君打量一番，當男到女家「送定」（定親）時，由待嫁女端甜茶（閩台民間叫「金棗茶」），請男方來客品嚐。喝完甜茶，男方來客就用紅紙包雙數錢幣回禮，這一禮物叫「壓茶銀」。到了娶親這一天，男方的迎娶隊伍未到女家，女家就要請吃「雞蛋茶」（甜茶內置兩個脫殼煮糖的雞蛋）。

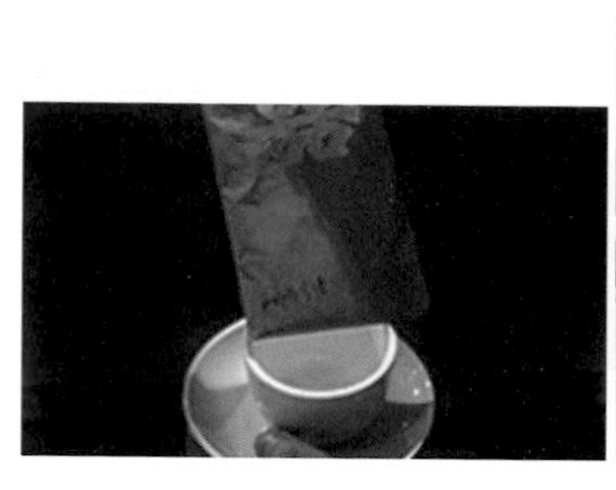

壓茶銀（左）；雞蛋茶（右）

資料來源：京采飯店；our20081231相簿（2008）

男方婚宴後，新郎、新娘在媒婆或家人的陪伴下，捧上放有蜜餞、甜冬瓜條等「茶配」的茶盤，敬請來客，此禮叫「吃新娘茶」。來客吃完「新娘茶」要包紅包置於茶杯為回禮。結婚成親的第二天，新婚夫婦合捧「金棗茶」（每一小杯加兩粒蜜金棗），跪獻長輩，這就是閩南、台灣民間著名的「拜茶」，也是茶禮在婚事中的高潮。倘若遠離故鄉的親屬長輩不能前往參加婚禮，新郎家就用紅紙包茶葉，連同金棗一併寄上。

吃新娘茶（左）；拜茶（右）

資料來源：幸福久久久（2014）；AJ HK Wedding Planner (2014)

在閩南、台灣，茶樹是締結同心、至死不移的象徵。據郎英的《七修類稿》和陳躍文的《天中記》載：「凡種茶樹必下子，移植則不復生，故舊聘婦必以茶為禮，義固有所取也。」（八號甜蜜8 Sweet，2010）

七、客家婚禮

客家人對於男女一向持平等互敬之觀念，「男大當婚，女大當嫁」時，為人父母者均遵照傳統嫁娶禮法，循規合矩，心謹必慎，祭天告祖，完成兒女的終身大事。

客家人對結婚之意義，注重「二姓好合」與「承先啟後」意義，結婚成為貫通橫面之異姓家庭與縱面的祖宗與子孫之大事。客家婚禮行禮於天地與祖先神位前，象徵人倫與生命之完整意義，比之新式的換戒與證人，只重法律之意義；或在牧師前結婚，只重宗教意義的婚禮更為隆重。

客家人對於各大小事皆以遵禮如儀是尚，婚姻大事尤其慎重，時至今日，雖見簡略，但其婚禮儀注之大原則仍不容廢棄，傳統的六堆地方之男婚女嫁，務需經過議婚、過定、送日子、親迎等四個過程。

(一)議婚

男子年達24歲，女子20歲左右，而且彼此年歲相當，便由媒說合。在議婚之前，雙方彼此打聽，或是男子設法「偷看」女子。並擇日由媒人陪同，男方父母及男當事人至女家相親，若雙方對於彼此的第一印象均無異議，女方便寫妥年庚，由媒人送交男方合婚。年庚的格式，多數人僅用一張略小於信封大小的紅紙。

(二)過定

將年庚置入信封或禮袋內，交予男家。男家接受女子年庚後，依舊俗供奉於神案上，稟告祖宗，三日間家中平安無事，六畜（指雞、鴨、牛、羊、豬、犬）照常，無打破碗碟之事，即認為吉兆，乃決定進行此件婚事。男家再將男女二人的生庚八字請算命先生佔其「生相」，推算其中有無沖剋，即是合婚，俗稱合八字。八字合妥後，若認為吉利，立即進行探親，所謂探親，是雙方都到對方的鄰居或親友處，探問對方對當事人的性情及家世，並問明有無痼疾。探問期間，如一方發現對方有不合意之處，乃藉詞家宅不安，或問卜不吉，八字不合等予以婉辭。反之，雙方都滿意，即約定訂婚，俗稱過定。而且由媒人居間妥協，言明聘金、禮品若干。通常女家將聘金之全數用之於購置嫁妝，或給予新娘。

嫁妝
資料來源：大頭鼠的部落格（2009）

過定日期多係由擇日師（看日先生）擇吉，復由兩家同意而定。是日，媒人陪同男家的人，包括準新郎，人數合為雙數，通常為6人、8人或10人，攜帶部分聘金、禮餅、金飾物品以及香菸、五色糖、檳榔、金香燭炮等物品，同往女家。過定時先付一部分，其餘待至送日子或親迎時付清；蓋原有「完聘」之禮，現在省略而納入送日子或親迎之中。禮餅為大圓餅一份，數量視女家需要及男家經濟而定。金飾物品為戒指二枚、項鍊一條，或有手鐲、手錶等。

聘禮
資料來源：大頭鼠的部落格（2009）

過定儀式為準新娘著新裝，由全福婦人引帶出堂，捧甜茶敬客，旋即回房。稍候，再度出堂收茶杯，此時男方將戒指、項鍊、手鐲等金飾物，放置茶盤上，由準新娘收回。接著，男方主婚人用紅紙包妥聘金之一部分，置一托盤上，交由媒人轉交給女方主婚人，女方收下聘金，表示答應將女兒許配對方。女家隨之設筵招待午餐，這頓筵席費用乃由男方負擔，故男方需送女方桌席禮，亦備托盤禮和牽新娘禮，送給女家負責擔任該項職務的人。

由全福婦人引帶出堂
資料來源：高捷中夫婦提供

午餐畢休息片刻，男方來客準備回去，女方收下禮餅及食品，但必須退還少許。另外，女家亦同贈禮物，如金戒指、西裝料、襯衫、長褲、皮帶、皮鞋、毛巾、肥皂、牙刷等；女家將所收的禮餅分贈親友，以告知家中的姑娘已經訂婚，俗謂分餅；受贈的親友吃了餅便得預備添妝禮物，於結婚時送給新娘。男家方面也將女家退還的餅贈送親友，惟數量少，範圍有限，止於至親好友。

女方贈禮
資料來源：大頭鼠的部落格（2009）

(三)送日子

有些人於送日子時即包括完聘禮。約於迎娶前一個月，男方將擇日師擇定書明的于歸吉課，由媒人送至女家，以迎娶日期徵求女家同意，並另具幣儀贈送。該于歸吉課乃男家請擇日師擇定男女兩家於婚期前所需準備的，以及結婚進行中之各項禮節的日期時辰，連同男女生庚排成天干地支，俗稱日課，或日子單。吉課上列明「裁衣開

剪」、「安床」、「開容」、「出閣」等之時辰，並指明須忌避的歲數的人。

(四)親迎

①親迎前的準備

男家先粉刷佈置新房，依吉課上之時辰合帳、安床，在新床之前上方懸掛八卦織物，用以驅邪壓忌。結婚前一日，送阿婆肉至女家，再由女家轉送女之外祖母，是一大片生豬肉約20台斤。又備牲禮敬外祖，即是祭拜新郎母親之娘家的祖先神位，祭物有雞、豬肉、紅蛋、魷魚、紅龜板、糖果，以及酒、茶、香紙等物盛於櫃（木盒）內，由樂隊、彩旗前導一路吹打前往，樂隊篇、八音隊或是現代樂隊，新郎本人隨同前往燃香禮拜，祭拜後將紅龜粄及糖果分送在場的小孩吃。同日亦祭拜自己祖先，謂之敬內祖；昔日備辦的牲禮敬物甚多，光復後，逐漸改進而形簡單。接送阿婆肉及敬外祖、敬內祖，乃具有飲水思源及感恩之意義；有的於同日深夜，另備牲禮祭拜天公眾神，俗稱「完神」。所謂完神，乃是因祖祀曾向天公眾神許願，稱為「起神」者，必須完成的祖祀，若無起神則無須完神。女家則積極準備嫁妝，依于歸吉課上擇定的裁衣時辰，請裁縫師開剪新衣；開容時辰請族中全福婦人為之絞拔臉毛。結婚前一日，先將粗重的木製傢俱送往男家，以免臨時倉促難以安排。新娘的妝奩多數為日常的實用物品，奢侈品極少。

祭祖

資料來源：大頭鼠的部落格（2009）

②親迎當天

兩家廳堂皆張燈結綵圍上桌幃，準備禮節宴客等事宜。清晨，男家備牲禮，用紅櫃（紅木盒）抬送至女家祭祖，另備紅包十個，俗稱十禮，計有開剪禮、開面禮、梳頭禮、點燭禮兩份、廚官禮、花儀、籬隔禮、姊妹禮及充聘禮等，隨同牲禮送至女家。敬女家祖先後，女家收下牲禮，用以烹煮待客。

其後，新郎由媒人及男家同行陪同，於早餐之前乘車往女家，同行是同往迎親的人，其中一人必為長者。迎娶的人抵達女家時，被迎至廳堂坐定，敬茶敬菸或檳榔，斯時女家的親朋賀客早已齊集，乃開筵宴客，雖然是早餐請客，場面亦大；請客都在自己家，在院子或門前空地，搭帳蓬設臨時宴客場所。宴客中，一廚官端兩枚去殼的鴨蛋給新郎，新郎需用筷箸截開鴨蛋而後食之，或請同行分吃，其取「團圓」之意，而新郎得給該廚官紅包。餐畢等候行禮及上花車的時辰，通常是午前上車，俾使男家中午宴客前抵達男方家；此時，新郎在女家由一人帶領，向來賓中之長者親人敬菸認親，受菸之長者得給新郎紅包，而新郎本人亦身備數個小紅包，送給向他敬菸的小孩。

客家婚禮迎娶

資料來源：六堆生活學苑（2009）

新人皆穿西式禮服（即新郎著西裝），新娘著白色長禮服，手捧鮮花一束，新娘並在髮上插一朵鮮花。依吉課上的時辰，新娘由全福婦人引至正廳，一對新人燃香祭拜，並行點燭敬祖禮，之後向父母告別，父親（即主婚人）給新郎紅包，隨即上車。花車在鳴炮聲中啟程，女家向車後潑水，祝女兒好命，新娘則自車中擲出紙扇，由其弟妹（晚輩）拾得。花車後有新娘之弟妹及女性同行隨行送嫁；嫁妝含祖婆雞（又叫帶路雞）、五種、拖青（青竹、甘蔗）等隨之而去。同行中，新娘之妹

輩持鮮花兩束，及內盛數十朵小鮮花之花籃送至男家。其中祖婆雞為雌雄各一，紅布束足，帶往男家置新房床下，次日放出時，看兩雞誰先後，以兆生男生女；五種為五穀類，各包以紅紙，表示五穀豐登，子孫繁衍之意；龍眼樹枝以為避邪，抵男家拋之於門前屋頂上。

祖婆雞（帶路雞）
資料來源：新天地餐飲集團（2010）

出嫁行列抵男家，即由全福婦人引新娘下車進入新房。中午設筵宴請賓客，以女方送嫁者為上賓，亦在自宅院落為臨時宴客場地。宴客時，邀請新娘父母同來，以便向賓客介紹新郎新娘以及雙方主婚人。隨後，新娘由一婦人陪同，在宴客中為女性的長輩親人在髮上插朵鮮花，從婆婆開始插，婆婆的花特別大，其餘則較小，受插者得放紅包於花籃，這是一種新婦認親的儀式，俗稱「插花」。

送嫁者於午飯後歸返女家時，須將盛鮮花之花籃帶回，而新人與翁姑等四人，得在花籃上懸掛紅包，即是鈔票，俗稱「結衫帶」。

新娘通常是近午時進房，故拜祖多於午後，依日師擇定的時辰行之。拜祖的敬物僅用簡單的果物和酒；接著於正廳前，合贈紅包給媒人，稱為「謝媒」。

新娘中午不得進食，除了拜祖以及向賓客介紹、插花之外，終日穿著禮服靜坐新房內。午宴後，親朋賀客陸續前來鬧新房，向新娘索取紅包、香菸或檳榔、糖果。鬧新房時，新娘不得言語，亦不得生氣，任由來者戲弄和取鬧。

當晚的節目是「喝新娘酒」，在正廳或院子內擺長桌，桌上有多種的糖果、水果類，首位由主婚人及新郎分坐，其餘親友圍坐長桌（自由參加），新娘仍穿著禮服，由一婦人陪見分別依次敬奉檳榔、香菸、甜茶、酒等，新娘來回走數次，親友即乘機作弄或講四句之吉

喝新娘酒
資料來源：新唐人電視台（2011）

詞，邊吃邊鬧新娘；最後，新郎向在座的親友介紹新娘作為結束。喝新娘酒的親友得在空杯內放下紅包，新娘則備有回贈之見面禮，多為各種鞋子或拖鞋，俗稱「好位鞋」。

喝完新娘酒，客人離去後，新娘回房，新郎為新娘取下頭髮上的鮮花，拋之於帳頂上，俗稱「下花」。下花之後，新娘始能脫下禮服改穿便裝。

(五)歸寧

通常安排在第二天、第三天或第六天，其中以第二天回門者居多，因為岳家可以利用前一日請客用的一切器具和剩餘的食品，而省卻許多麻煩並節省開支。回門時由小舅仔前來恭請；中午，岳家設筵款待女兒新婿，以及陪同回門一行親友。臨去時，岳家備米糕、帶路雞、甘蔗等物，讓女兒帶回去。歸寧後，新婦即入廚房起炊，並開始料理炊事。

以上所述之婚儀習俗，乃是傳統六堆客庄的一般中等家庭所通行者，雖然較往昔的原有婚俗簡化，並摻和客家以外的各種新婚俗，仍能證實婚禮習俗淵源我國固有的六禮：納采、問名、納徵、請期、親迎之遺規（侑昇有限公司，2014）。

八、西方的婚禮習俗

西方的禮俗通常由新娘將籌備期提前一年規劃，或者交由婚顧公司籌辦。依照時程一般較為耳熟能詳的包括訂婚派對（Engagement

Party）、新人婚禮禮物登記（Wedding Registry）、新娘祝福派對（Bride's Shower）、單身派對（Bachelorette Party）、彩排晚宴（Rehearsal Dinner）、婚禮儀式婚宴宴客（Wedding Ceremony & Reception）、新人與家庭成員的早午餐（Post-Wedding Brunches）、新人寄發感謝函（Send out Thank You Cards）。婚禮前一晚的彩排晚宴通常由新郎買單，婚禮儀式、婚宴則由女方張羅。

西方國家不像東方人保守含蓄，通常將自己所需的婚禮禮品列成清單，讓賓客直接到指定的百貨公司或購物網站擇一付款即可，這樣新人反而能收到最實用的禮物。近年來也有愈來愈多的新人選擇在婚前辦一場單身派對，藉由和好友出遊紀念並告別單身生活。國外多由首席伴娘伴郎（Maid of Honor）來完成這件神聖的任務，其他伴娘伴郎（Bridesmaid）則從旁協助；通常首席伴娘伴郎都是由雙方新人的摯友擔綱。婚後新人會和重要的家人一同聚餐，並於兩週內寄出感謝函給所有參與婚禮的親朋好友。

西方的婚宴通常是在結婚儀式之後舉行，在婚宴中有大型的結婚蛋糕。西方結婚傳統包括向新人敬酒、由新人第一對下去跳舞，以及切結婚蛋糕。新娘向在場所有尚未結婚的女性丟出手中的花束，接到花束的女性被認為是下一個結婚的人。最近發展出新郎將新娘的襪帶（Garter）丟向未結婚的男性，接到的男性被認為是下一個結婚的人。

西方婚禮典故&習俗

❤ 蜜月

蜜月典故起源於歐洲的古老習俗，新婚夫妻必須在婚後三十天內，每天飲用由蜂蜜發酵製成的飲品；因為在古代蜂蜜代表生命、健康與生育能力的象徵，這便是Honeymoon一詞的由來。

❤ 面紗

起初新娘戴面紗是作為年輕和童貞的象徵，信奉天主教的新娘戴面紗代表純潔。因此，許多新娘在赴教堂舉行婚禮的時候都選擇戴雙層面紗，新娘的父親將女兒交給新郎後，由新郎親手揭開面紗。

面紗
資料來源：DavidsBridal（2014）

❤ 鑽戒

《聖經》上說，在遠古時代，男子向女子求婚時的證物就是指環。在九世紀時，教皇尼古拉一世頒布法令，規定男方贈送婚戒給女方是正式求婚所不可缺少的步驟。婚戒戴在左手無名指，相傳是因為左手無名指直通心臟的緣故，無名指才成為雙方在宣誓時互戴戒指的表徵。

鑽戒
資料來源：Tiffany&Co.（2014）

❤ 頭飾

新娘在婚禮當天佩戴頭飾的習俗由來已久，古時的女子在適婚年齡都頭戴花環，以區別於已婚婦女，象徵童貞。

頭飾
資料來源：WeddingDay（2013）

❤ 新娘禮服顏色

新娘禮服的顏色代表著傳統，也有特定的涵義：白色代表純潔童貞，美國和英國常用的黃色，是愛神和富足的象徵。而新娘身穿白紗來自於在維多利亞女皇時代，白色象徵純潔與忠貞，所以便沿用至今，夢幻白紗也成為美麗新娘最重要的識別；

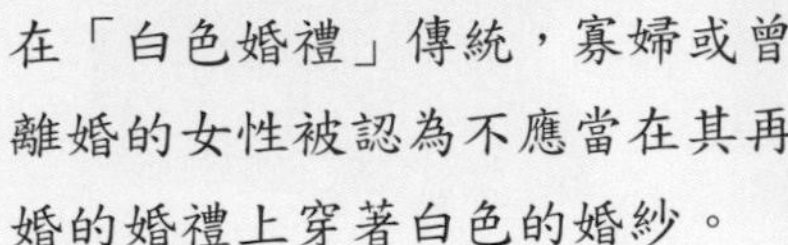
在「白色婚禮」傳統，寡婦或曾離婚的女性被認為不應當在其再婚的婚禮上穿著白色的婚紗。

婚紗顏色
資料來源：品啦結婚網（2013）；WeddingDay（2014）

❤ 捧花

鮮花代表激情和獎賞，傳達繁榮富饒和出類拔萃的訊息；有幸接到新娘花束的人將有好運氣，傳說也會是下一個結婚的人。

捧花
資料來源：：婚禮情（2014）

❤ 新娘站在新郎的左邊

起源於搶婚盛行的年代，由於擔心新娘在婚禮上被他人搶走，新郎必須空出右手隨時應戰。

❤ 互吻

根據習俗，婚禮是以新人的親吻而宣告結束。這一吻有著深刻的涵義；透過接吻，一個人的氣息和部分靈魂便留在另一個人的體內，愛使他們合二為一。

新郎新娘互吻
資料來源：高捷中夫婦提供

❤ 抱著新娘入洞房

此習俗是從一些土著部落的婚俗演變而來；由於這些部落裡的單身女子太少，所以男子們須到鄰近的村落搶親，將她們扛走，免得她們一沾地便逃走。而古羅馬的新娘為表示捨不得離開娘家，必須由人拖著越過新居的門檻。此外，民間傳說門檻上有邪靈環繞；因此，為保護新娘，就必須把新娘抱起來，跨過去。

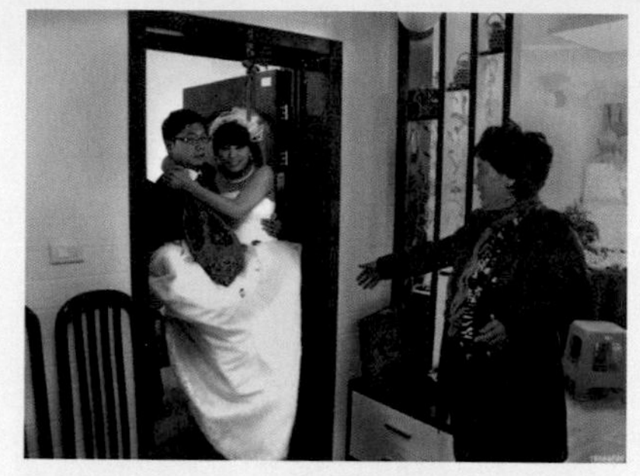

抱新娘
資料來源：鹿城影友的日志（2010）

新娘禮車
資料來源：C'EST BON金紗夢婚禮（2013）

❤ 新婚夫婦的汽車

當新婚夫婦乘車出發度蜜月時，汽車的後面會拴上許多易開罐；起源於古代扔鞋子的習俗，參加婚禮的賓客們向新人身上扔鞋子，表示如果有鞋子擊中新人乘坐的車子，便會帶來好運。

❤ 汽車鳴笛

跟在新人汽車後面的車隊一路不停地鳴笛，俾能驅走惡魔。（C'EST BON金紗夢婚禮，2013）

以下分別說明穆斯林、猶太人及歐式燭光婚禮習俗，以及西方各國的求婚習俗。

(一)穆斯林婚禮習俗

穆斯林對婚姻有種種禁忌。禁止與直系親屬、舅表兄妹、姑表兄妹結婚；妻子在世時，不能與小姨子結婚。姐妹二人不能成為同一人的妻子。

穆斯林男女不能與印度教徒結婚，除非對方已改信伊斯蘭教。但是，穆斯林男子可以與基督教、猶太教的女子結婚。相反地，穆斯林女子不能與上述教徒男子結婚。一般而言，北印度、特別是印地語地區較為嚴格（八號甜蜜8 Sweet，2010）。

(二)猶太人婚禮習俗

猶太人的婚禮具有鮮明的民族特色和特點，像在婚禮上打碎一只酒杯、搭彩棚等，都是舉行婚禮的風俗；而這些風俗儀式大多與宗教有關。隨著異族通婚的增加和人們對宗教信仰的轉變，一些婚禮保留的風俗形式依舊，意義則被現代人重新詮釋。一名猶太人牧師說：「為了適應現代社會人們的需要，我們有時候會為一些傳統的儀式制定新的意義。我們婚禮中的很多儀式都是從古代遺傳下來，但是社會在前進和發展變化，因此我們婚禮中一些儀式在形式上與古代婚禮相同，但原因則不盡相同。」

◆婚約簽訂

在婚禮舉行之前，新郎新娘及各自的父母會共同起草一份書面文書，為雙方確定標準的「結婚契約」條件。婚禮中簽訂婚約的儀式大約始於西元一世紀左右，當時是一種類似法律文書，婚約上列出了夫妻雙方婚姻中的權利和義務，以及日後萬一離婚的事宜。現在，簽訂婚約仍然是舉行婚禮前的一項重要活動，但是已經失去當初法律合同的作用；而更多的是表達新婚夫婦彼此委託和允諾的意義。

◆彩棚

猶太人舉行婚禮要搭建彩棚。最初人們搭建彩棚是提供新婚夫妻洞房使用。彩棚用一塊大的圍巾或漂亮的布匹做頂，四角以竹竿支撐。現在猶太人舉行婚禮仍然搭建彩棚，作為新婚夫婦新家的象徵。

彩棚四面開放，表示歡迎朋友和家人前來，就像亞伯拉罕當年所為，而搭彩棚用的圍巾則用來象徵上帝的出席。

◆品酒祝福

品酒祝福在傳統上代表歡樂和富裕。在婚禮中，要進行兩次品酒祝福儀式。第一次品酒，代表兩人的婚姻神聖無比，新郎和新娘都要抿一小口。第二次品酒，是和七項祝福一起進行，這一儀式是在西元六世紀被加入婚禮慶典的，表達人們對上帝的謝意，新郎和新娘再抿一口酒。其中，酒杯代表的是生命之杯，香甜美酒則是對新人的祝願；而新郎和新娘共飲一杯酒，表示新人今後將同甘共苦。

◆七項祝福

大約西元500年猶太法典寫成的時候，其中已經包括六項祝福，另外一項祝福是後來加上的。新婚夫妻在婚禮中抿第二口酒的時候，誦讀第一項祝福，這代表夫妻雙方無比喜悅的心情；第二項祝福是感謝上帝創造世界，同時向到場的親戚朋友致以敬意；第三項和第四項祝福承認上帝創造人類的肉身和精神。之所以誦讀這項祝福，是因為他們認為，只有承認上帝之後，夫妻雙方才開始自己的生命。第五項祝福，在場人都祈求耶路撒冷能夠再生，聖殿能夠重建。第六項祝福表達新郎新娘對彼此的愛戀不斷增長的希望，他們就如同亞當和夏娃一樣，在沒有多餘人存在的世界裡真心相愛。第七項祝福，祈禱自己從被流放的狀態中被解救出來，到達一個安靜祥和的世界。之所以用七項祝福，是因為七這個數字代表上帝創造人類世界的時間是七天。現在也有一些年輕人在舉行婚禮時，把這七項祝福改為讚美朋友、家人的七句話。

◆打碎酒杯

祝福完畢後，新郎以右腳打破酒杯，象徵對當年（西元70年）聖殿毀滅的懷念，以及提醒人們永遠不要忘記當年耶路撒冷聖殿毀滅時的悲傷時刻。在現代婚禮中，人們則以此風俗表示人類關係的脆弱，新生活的開始，以及擯棄一切偏見和無知。

◆入洞房

傳統上，新郎新娘在婚禮儀式後便進入洞房完成婚姻大事。在當代，這只是一個形式，新郎新娘進入自己的房間商討婚禮慶典的下一步活動，隨後一起招待賓客。

此外，還有一些猶太人在婚禮前要舉行一場沐浴儀式。新郎和新娘要把自己浸入水中兩到三次，以表示結束單身生活，從今往後開始夫妻兩人生活。另外還有揭蓋頭的儀式（這個儀式起源於聖經故事，雅歌布因為沒有提前看新娘的臉而娶錯了人）。最後，妻子圍著新郎走七圈以保護遠離邪惡。現在舉行婚禮時，新郎和新娘都要繞對方走三圈，以表示相互尊重（八號甜蜜8 Sweet，2010）。

(三)歐式燭光婚禮習俗

燭光婚禮最突出的特點是洋氣、優雅、別致、浪漫。安排婚禮主持引導整個婚禮；當婚禮開始時，室內燈光漸暗，靜光燈打開，全場準備好婚禮的音樂。燭光婚禮上還有一位特別的人物是督導，他穿深色西裝，戴白手套；婚禮上所有的內容都聽從督導的引導。婚禮儀式在三十分鐘內完成。

燭光婚禮入場分三種：一是新郎新娘同時緩緩地步入婚禮現場；室內的鮮花撒在他們身上；二是新娘由父兄手挽手，走到鮮花（氣球）拱門，而後由長輩把新娘的手遞給新郎，新人再進入婚禮現場；三是新娘的婚紗要特長，手捧的鮮花要非常的好（以淡色為主，通常是白玫瑰或者百合花），新娘一個人款款地走進婚禮現場，伴娘隨後，兩個花童一同走進來，走向舞台，新郎在舞台等候，而後新人向賓客鞠躬（上海久久結婚網，2014）。

燭光婚禮

資料來源：優仕網（2012）；可艾婚禮小物&喜帖設計（2014）

(四)西方各國求婚習俗

◆英國

英國的約克市（York），小夥子如果要找某個姑娘成為自己的伴侶，是比較容易的。因為該市的女子到了結婚年齡，便採用一種「交通燈」的方式，特地穿上不同顏色的緊身衣服，向男子示意。如果是穿綠色，就表示：「來吧，通行無阻」；如果穿黃色，則表示：「可能，機會是一半」；如果是紅色，那表明：「停止，不要碰我！」

◆義大利

在義大利的西西里島，男女求婚，主動權往往操縱在女子手裡。如果女子在一個男子面前把頭髮打了一個尖結，那就表明：「你被我獵取了。」

◆特洛布里安群島

在太平洋的特洛布里安群島上，青年人求愛的方式也很特別，如果姑娘用牙猛咬一位小夥子，就表示姑娘愛上他。

◆剛果

剛果的小夥子向姑娘求婚時，經常是將一隻烤熟的鳥送給姑娘，並說：「這鳥是我親手打來的。」如果姑娘愛他，也回贈給他一個玉米棒子，並說：「這是我親手種出來的。」

◆墨西哥

墨西哥的男子，如果愛上一位姑娘，便聘請樂隊到姑娘的窗下奏小夜曲，表示求婚；有時可以從半夜唱到天亮。

◆坦尚尼亞

坦尚尼亞的馬薩伊族，小夥子想找到一位稱心如意的姑娘，必須殺死一頭諸如獅子之類的猛獸，表示自己的勇敢，才能娶得好姑娘。而帕雷族則是男方選擇一吉日，帶著一個寬瓷罐到女方家；女方如果同意，便把瓷罐留下，否則就退回男方。

◆南美洲北部蘇利南

南美洲北部蘇利南（Republiek Suriname）的印第安人，把雪茄作為求婚的媒介物。如果小夥子愛上一位姑娘，便告訴自己的父母，選定一個吉日良辰，親自到女家，並把精心製作的雪茄贈送給女家，表示男方求婚的誠意。如果女方的父親欣然接受，這門親事便算成功。

◆南美洲馬懷安族

在南美洲的馬懷安族，多是姑娘向小夥子求婚。姑娘平時注意觀察自己愛慕的小夥子的去向。當發現小夥子在田裡勞動，便不聲不響地下田，靠近小夥子的身邊，幫助他耕作；若是小夥子不離開她，便意味他們情投意合。

◆阿富汗

阿富汗的某些部落，當一個小夥子愛上一位姑娘時，便到姑娘的住所前對空鳴槍，表示：我愛你！

◆奈及利亞

在奈及利亞東北的伊博族（Igbo），當一位小夥子愛上一位姑娘，前去求婚時，女方的親屬便手持木棒相迎；當男子到來，便毫不客氣地將他痛打一頓。如果這位青年經受不起這番棒擊，便說明婚後不能應付遇到的種種不幸，姑娘便無意和這位青年結婚。

◆荷蘭

在荷蘭，求婚更富有詩意。當女子屆適婚年齡時，便在自己臥室的窗台上放盆玫瑰花，意思是說：來求婚吧，青年小夥們！

◆東南亞

在東南亞的一些國家求婚比較文明。每當傍晚，青年男女們坐在一個特殊的檯子上，周圍點起棕油燈。這時，小夥子們就大書詩句，而後把詩獻給自己愛慕的姑娘，向她求婚（八號甜蜜8 Sweet，2010）。

九、中西合璧婚禮

中西合璧的婚禮，其實就是西式典禮加上中式晚宴，既可以滿足新人想要優雅西式婚禮的氛圍，又可兼顧長輩喜愛中式喜宴的需求。

若雙方家長不希望省略中式訂婚或迎娶流程，可保留傳統訂婚儀式和訂婚宴；結婚日則安排早上迎娶，下午舉行西式婚禮，晚上再進行中式宴客，一樣可以皆大歡喜。或是目前有些宴客場地提供西式婚禮的場地和中式宴會廳；通常是在露台或室外區，規劃西式證婚台和觀禮座位區，或提供類似教堂的場地，一次滿足新人中西合璧的浪漫想法；不過在儀式的時程安排上，要記得預留更多時間，以免前後行程銜接不及。新人也可以選擇在婚禮籌備之初，尋找有著廣闊草地或是海景飯店，安排一場別開生面的戶外西式婚禮，為一生一次的婚禮

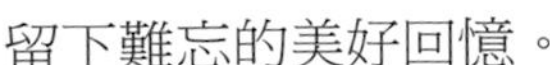
留下難忘的美好回憶。

新人還可以選擇更輕鬆的方式，完成中西合璧的婚禮；將西式婚禮的精髓融入中式婚宴中，如開舞、切結婚蛋糕、香檳塔、拋捧花、西式自助餐等；將這些西方儀式融入到中式喜宴，既可為喜宴注入新意，又毋須額外籌備，只須挑選一間提供相關配套的宴客場地。最省時省力的方法，還是省略訂婚儀式，改採西式婚禮取代傳統迎娶，可省下禮俗用品費用也更省時，不用在雙方家長與古禮中周旋，最後再安排賓客溫馨中式晚宴，就是最完美的中西合璧婚禮（veryWed非常婚禮-心婚誌，2013）。

十、各國婚禮介紹

隨著宗教信仰或文化傳統與習俗的不同，各自的群體皆有屬於自己獨特的婚禮和結婚方式。

(一)20世紀初期的西式婚禮與基督宗教結婚式

在西方的婚禮傳統中，最為眾人所知的，便是基督教結婚式。基督教結婚式專指信仰基督教的信徒，在進行婚禮時所使用的儀式。在基督教的社會，有三個階段之通過儀式是必要的：一是誕生之後，從小孩過渡到成人的生活；二是進入婚姻；三是死亡。然而，隨著歷史的演進，這三種通過儀式除了宗教葬禮，另兩種儀式的性質已逐漸轉變，特別是結婚儀式的轉變最大。

過去的西方社會，人們在教堂結婚，是長久以來等同於政治團體的法律行為（今日在某些天主教國家仍如此，例如西班牙）；但某些國家經民法制定後，已與教會逐漸脫節。不過，宗教儀式仍舊相當重要，教會對於婚姻的規範與價值相當明確，也為一般人所認同。在教堂舉行結婚式，有喚醒人們思考婚姻價值的作用，結婚者在眾人的見

證與上帝的祝福之下，舉行結婚典禮；結婚者被社會認同、接納為合法的夫妻，兩人的婚姻關係也因而得以維持。因此，在西方婚禮文化特質，最重要的就是基督教結婚式。透過教會即可確立與認可結婚者之婚約，以及完成結婚儀式，使男女雙方成為正式的夫妻關係。

12世紀之前，婚禮尚未被納入天主教的聖事；直到西元1234年頒布的格里哥利九世教皇手諭錄，才正式把婚禮列為天主教的七聖事之一。此後，婚姻一詞便獲得現在具有的意涵，即表示接受婚姻聖事的人得到上帝的特殊恩典，得按神的戒律行事，並能夠面對夫妻生活中可能出現的種種困難。西元1791年9月3日法國憲法確立公證結婚，即將婚姻視為民事契約，而不是教會所專管之事務。翌年9月20日的法律，則確定：婚約要當著市政府官員的面前簽訂，由該官員進行戶籍登記。然而，因為公證結婚沒有一套既定的儀式，故宗教結婚儀式並沒有因公證結婚的確立而消失；在此之前，婚姻是民事活動。於是，19世紀下半葉在經歷一場立法熱潮之後，歐洲國家紛紛通過新憲法或公布民法典，公證結婚於此時期開始普及歐洲各國。其後，雖然公證結婚變成一種習俗，但因為世俗婚禮缺乏如同宗教婚禮儀式般，在喜慶中帶有聖潔莊嚴的氣氛，於是對於婚者而言，宗教結婚式反倒具有較大的吸引力。人們除了進行政府規定的公證結婚外，還會舉行讓人印象深刻的基督教結婚儀式，宗教結婚式因而變成慶典，原來的宗教色彩逐漸淡化。

如同台式婚禮般，西方的婚禮也需要從訂婚的階段開始；在西方婚禮，確定對象的方式相當簡單，只要男方向喜愛的女性求婚，在女方同意後，再一同向女方的家長或監護人徵求結婚之許可與承諾即可。此外，自西元1907年6月21日起，即使父母親不同意結婚者的婚姻，婚者只要請公證人把結婚計畫通知拒絕表示同意的父母即可，結婚年齡定為21歲；過了30歲的婚者，甚至連通知父母都不需要。選定對象後，便是雙方訂下婚約，以為婚姻之保證，而訂下婚約的方法，就是交換信物。在過去是使用一塊金或銀，將其分成兩半，訂下婚約

的男女則各自擁有一半；現在改贈送裝飾簡樸的戒指，並由男方贈予女方，作為婚姻的契約。戒指的材質，相當忌諱貓眼石或翡翠，主因是前者容易改變顏色，有變心之意；後者則有表示忌妒的意思。

訂婚完成後，由男方的家長向女方雙親致意，若距離遠則使用電報或書信。接著，要將此訊息告知親友，同時要附上舉行結婚的時間。為避免兩人關係發生變化，結婚式之舉行要越快越好。在締結婚約之後至結婚期間婚者可進行交往，並一同出席公開場合，例如：餐廳、劇場等。若已結下婚約，卻在瞭解對方後希望分手，亦可以取消婚約。即使是男方提出要求，還是儘量由女方來進行解除婚約，表面上由女方主動提出解約是對雙方的一種禮貌。

雖然西方各國只需要結婚者雙方與證婚人，一同到民政機關進行登記，便能成立正式的婚姻關係，並得到法律的認定；但人們還是習慣到教會舉行結婚式，如此才有慶祝結婚的氣氛。以英國傳統婚禮習俗為例，人們結婚前，尚須發佈結婚預告，免除遭人質疑近親結婚、重婚等可能招致婚姻無效的問題。首先，在舉行婚禮前三週，到所屬的教會登記，並由該教會貼出「結婚預告」，宣布兩人即將要結婚之訊息，假使兩人所屬教會位於不同地區，則需兩邊分別進行公告。若經過21日皆無人反對，表示眾人放棄質疑的權利，兩人即可進行結婚，並於此日為始的三個月內為結婚之有效期限；如果超過時間，則要重新公告。在結婚預告公告結束之後，接下來是申請「預告通知」。婚前7日，結婚者須居住在同教區內，並提出載有兩人姓名、教會名、年齡等資料之請願書，交給該教區之教會。舉行結婚式的教會，僅限定於發表預告的教會，其他的教會則不被允許。舉辦結婚式的時間，一般在上午八點至下午二點舉行，需有兩名以上的證婚人列席參與。

此外，尚有兩種方法可免去前述之「預告通知」手續，即獲得通例或特例之教會結婚許可證。擁有特例許可證者，只要教會的牧師在場證婚方可舉行，時間與地點可自行選擇：但是該許可證只有在特殊

狀況才會發佈。通例則相反，不但需要在教會舉行嚴謹儀式，時間亦限定在中午以前施行。若於國外舉辦婚禮，則須在公使館、領事館或是船艦中舉行才符合正式要求。

通過教會或政府的審查後，接著就是舉行正式的結婚儀式。在結婚式舉行前，新郎和新娘需先各自挑選伴娘和伴郎。前者一般為新娘的妹妹，若人數要求多者，也可選擇其他親戚中的女性，人數大約是6～8人；後者則由新郎的朋友或兄弟數名擔任，人數需與伴娘相同。舉行婚禮的當日，新郎要先到教堂等待；而前往教堂的行列，主要伴娘和伴郎為第一車；次伴娘與新郎母親為第二車；再依序為其餘的伴娘和朋友；最後才是新娘及其雙親。這時新娘的裝扮不管種類為何，必須是白色，頭則戴著橙色花環，並用網紗罩首；新郎則不一定要穿著黑色的服裝，藍色或淡藍色的外套皆可，裡面則穿著白色衣服，可用飾帶裝飾，且要戴上白色山羊皮手套。除了白色新娘服外，19世紀末新娘開始穿彩色新娘服，且開始學維多利亞女王戴面紗結婚。前述準備工作完成後，緊接著舉辦結婚式。雖然西方國家以基督教結婚式為主要的結婚儀式，但因基督宗教的教派眾多，其舉行結婚式的方式亦不全相同。

(二)天主教及長老教會結婚式

◆天主教結婚式

天主教的結婚式，需由聖會決定，並須在主任司祭（神父）及兩名以上的證人前，舉行結婚儀式，事後並不允許離婚。而舉行結婚式之前，須先向司祭提出申請。接著，司祭將欲結婚者雙方找來，確認他們的結婚意志，並調查確認擔任見證人者，再將其公諸於教堂。天主教在舉行婚禮時，婚者通常是信徒和信徒的組合；若是遇到信徒和非信徒結婚的場合，也可能出現使其返家不予舉行婚禮之狀況。在結婚式進行時，新郎站左方，新娘站在右方，證人在結婚者雙方背

後，而雙方家屬和親人則立於婚者兩側。同時，奏樂和歌唱者也參列其中。結婚式開始後，司祭先向結婚者進行祝福的禱告。接著，司祭會問新郎：「今天在此你是否要娶某氏為妻呢？」新郎則回答：「要娶某氏為妻」。之後，也向新娘問相同的問題，並進行結婚戒指的交換。然後，司祭要以拉丁語講祝詞，為男女雙方祈禱，朗讀聖經，或是唱讚美歌，通常天主教結婚式到此即算落幕（張維正，2012）。

◆天主教結婚儀式流程

天主教結婚儀式流程如下圖所示：

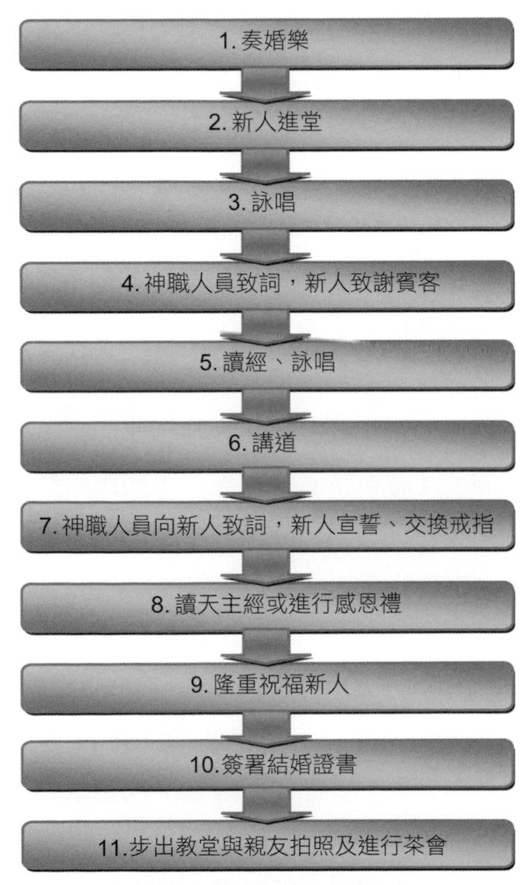

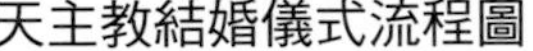
天主教結婚儀式流程圖

◆基督長老教會結婚式

基督長老教會的結婚式則與天主教的結婚式做法不大相同。首先，由希望舉行結婚式者，找兩位以上的見證人拜託牧師為其證婚，司會者（牧師或長老）承諾後即告知信眾。接著，司會者招來新郎和新娘，確認雙方的意志，需非常堅定。結婚式舉行當日，結婚者及其媒人、親屬、友人需集合於教堂。結婚式從唱讚美歌、禱告、聖書朗讀開始；並確認沒有任何異議，司會者便向與會者宣告：「此二人的婚姻是否有不合之處，有異議者須立刻提出，不然日後不能有所怨言。」若無人提出關於此婚姻之瑕疵，司會者便向新人提問：「現在我要告知汝曹二人，汝曹需回顧過往的婚姻之道是否有所不合意之處，今日要在此言明。因為違背神的旨意之婚姻非神所配賜，將會成為不法的婚姻。」即便在眾人皆無異議的情況下，亦須宣讀與丈夫有關的《彼得前書》三章七節，以及與妻子有關的《彼得前書》三章一、二節，通常此一程序也可用簡單的演說或訓示代替。

在演說後是祈禱，接著，新郎和新娘需宣誓。隨後，新郎須把戒指戴到女方左手的無名指上，並宣告：「我們奉聖父、聖子和聖靈之名，現在得此戒指加身，作為今後此生苦樂與共的證據。阿門！」此誓約完結後，新娘需和新郎握手，並開始祈禱。祈禱結束後，由司會者將緊握的手解開，同時司會者須宣告：「某氏和某氏由於真心立下成為夫妻的誓約，並進行過全部神聖的結婚手續。故我們奉聖父、聖子和聖靈之名，在此宣告這對男女已結為夫妻。」經此祈禱後，在讚美歌聲中結婚式結束。結婚式完成後，眾人拍攝結婚紀念照，而後舉辦婚宴，或是新婚夫妻一起出發新婚旅行。

無論舉行何種結婚式，結婚式結束後，眾人便前往旅館或是新娘雙親的家舉行結婚喜宴。新郎和新娘最早離開教會，接著是新娘母親，而後是其他賓客。在婚宴期間，新娘須由伴娘協助，切祝福用的餅。此時有一人須站起來祝福新郎新娘，新郎則回禮道謝；接著是新娘雙親；而後依座位順序祝福在場賓客眾人健康。宴會之後，新娘和

新郎整裝，換上旅行裝扮，須向新娘父母親告別後，新人離開新娘家，出發前往新婚旅行，西式婚禮到此告一段落。

不同的基督教派，有各自的做法，但從結婚式的流程而言，各教會的儀式只是大同小異。不管是何種教派，信徒均要向自己所屬的教會報告結婚的訊息，經由教會的認定，並在神職人員的見證下，結為受到上帝祝福的夫妻關係。不過，順應社會生活方式的變化，現代的西方婚姻制度，已不如過往重視宗教結婚式，而是注重國家法律的認可。法國大革命之後，法國政府已將人們的婚姻視為民事契約，婚姻效力改由法律認定，婚後到戶政機關進行戶籍登記，亦成為人民遵行的義務；若雙方同意，亦可在義務性民事行為之外，增添宗教性儀式。其後，歐洲各國開始效法法國的法律，公證結婚便逐漸普及歐洲各地，因此19世紀後期以降，宗教結婚式的效力已不如昔往，人們的婚姻關係認定轉由現代國家認可，改由國家體制確立人民婚姻是否合法。此後，這些觀念與遵循方式亦影響日本、中國等後進國家，婚禮逐漸邁向法律化，不再完全仰賴傳統的宗教性儀式；如日本便於明治民法公布之際，模仿西方國家以法律管理日人結婚和離婚，婚姻的成立與否改由國家認定。

西方的婚禮文化，諸多特質與台式婚禮相異，如結婚者可透過自由戀愛擇偶，婚者享有較大的自主權。雖然在訂婚之際，尚需得到女方父母或監護人的許可，然該點比起漢人的結婚者，已多出許多的選擇權利。相對於台式婚禮複雜的結婚式，基督教結婚式相當簡易，且便於施行；只要證婚人主持，以及婚者以外的見證者參與婚禮，在公開場合下，結婚者完成儀式即成為正式的夫妻關係。西式婚禮的婚宴，除了在自家舉辦之外，也會在旅館等公開場合舉行，婚者於宴會中獲得參與者的祝福。婚後禮則因西方社會與台灣傳統社會的家族觀不同，故毋須施行聯繫家族的儀式，而是結婚者一同前往新婚旅行。由於前述西方婚禮的特質，對於當時代的台灣人和日本人來說，具現代性且優於自身的傳統婚禮。因此，在漢人或日人接觸到西方婚禮之

後，便將諸多特質或是項目吸收，選擇衝突較少的部分以為己用；譬如明治維新後的日本，為將傳統婚禮化繁為簡，吸收基督教結婚式的部分項目，結合日本傳統的結婚式，創造出神前與佛前結婚式；又1920年代的台灣新知識分子，在接觸到西方自由戀愛的精神之後，便亟欲吸收該文化特質，希望藉此取代自身傳統的擇偶方式，爭取婚姻自主權（張維正，2012）。

◆基督教結婚儀式流程

基督教結婚儀式流程如下圖所示：

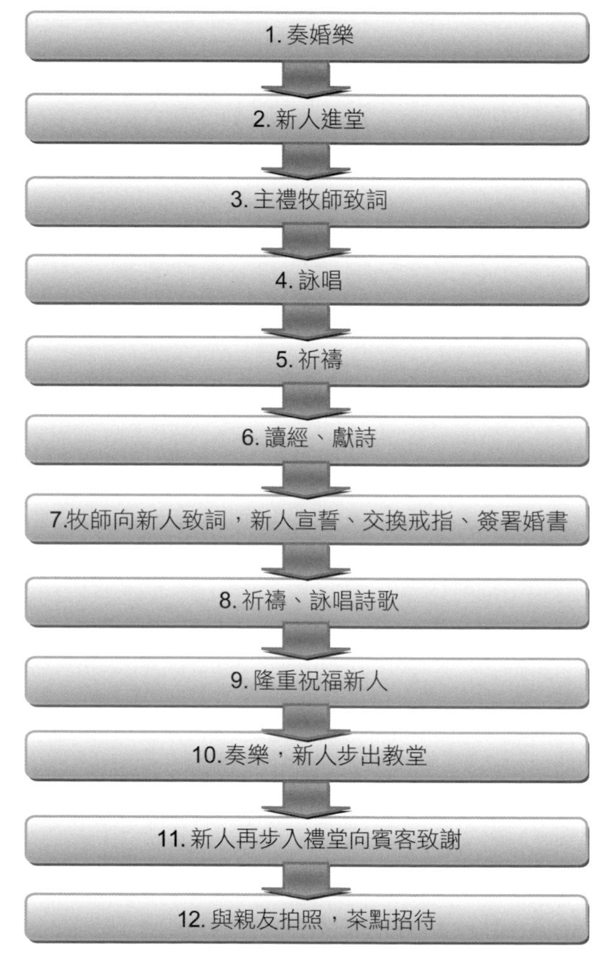

基督教結婚儀式流程圖

(三)俄式婚禮

（俄式）婚禮是家庭儀式中的要項。婚禮由很多步驟組成，包括婚禮歌曲、哭喊，以及其他一些新娘、伴郎、伴娘等應該完成的儀式一禮節。俄羅斯婚禮在不同的地方區別非常大。在北方，婚禮的聲樂部分基本上是由哭訴歌構成；在南方，基本上是一些歡快的歌曲。

在俄羅斯，結婚的方式有兩種，一是名媒正娶，二是私奔。只有頭婚或鰥夫和姑娘結婚時才舉行隆重的儀式，寡婦或離過婚的婦女結婚時不舉行儀式。私奔通常是父母不同意造成的結果，私奔者往往在夜間選擇鄰居或朋友家舉行簡單的儀式，等「大功告成」之後，方去父母家通知並請求寬恕。

因地區不同，俄羅斯有三種傳統的婚禮方式，即北方式、中部式、東部式（西伯利亞地區）。最流行的方式為中部的俄羅斯式，由三個基本過程組成，即婚前、婚禮、婚後。婚前儀式包括：說媒、相親、納采、教堂宣布、離別晚會、送嫁妝、烤婚禮麵包等；婚禮包括婚禮前儀式、婚典、婚宴；婚後儀式包括婚後次日儀式、探訪新人等。繁多的儀式說明了俄羅斯人對婚姻的重視；細看每一個環節，都具有不同的禮儀和講究。

◆說媒

說媒要擇良辰吉日，民間認為最好的說媒日是週二、週四、週六，傳統迷信認為週三、週五不宜談論婚姻大事。有的地方認為每月的3、5、7、9日是婚姻的喜慶日，在這些日子裡說媒、成婚則大吉大利。13日是絕對忌諱的日子，俄民間稱之為「鬼十三」。一天內說媒的最佳時間為晚上，媒人一般由以說媒為生的中老年婦女擔任，她們交往廣泛，精明能幹。但也有由男方的姑姑或祖母及已婚年長婦女充當媒人的，這在農村比較盛行。在少數農村地區，甚至還有男方父親親自充當媒人的情況。

說媒必須在取得家長的同意後才能進行。前往說媒的人要避免路上遇到人，即便遇到人也要低頭視而不見。到了女方家，媒人要先用手輕輕按到門框上，然後敲門，得到同意後方能進屋。在說媒過程中，交談雙方一定要坐在頂樑之下，表示讓媒事牢固連結在一起；依照習俗，媒人需悄悄地碰一下大家圍坐談話的桌腿。

傳統的說媒開場白都類似，一般會這樣開始：「我到貴府既非貪圖吃喝，也非解饞揩油，而是帶來喜慶的消息。您有一個待字閨中的姑娘，我有一位欲結鸞鳳的兒郎，讓我們結成親家吧！」如女方父母同意婚事，則要與媒人握手擊掌，或圍著桌子轉三圈，然後掌燈點蠟，鋪上台布，放好麵包、鹽、茶，招待媒人，商定相親的日期。

◆相親

相親說媒後的兩三天開始相親。相親首先要看庭院，透過看庭院，女方父母瞭解男方的家境。看庭院後，男方要擺宴席，盛情款待對方。如女方父母同意，幾天之後男方父母和未過門的媳婦見面。

相親包括兩部分，即男女雙方見面，以及媒人與女方父母談條件。相親時，男方的父母一同前往；未來的新娘會客時身穿盛裝，由女友或教母陪同；有時則由一位其貌不揚的老太太相伴，以襯托姑娘的美麗。

相親之初，先做簡短的禱告，而後大家繞桌三圈，開始喝茶。飲茶時，男女相識；茶後，女方父親和媒人到另室商談嫁妝，以及給新娘的錢數。有些地方，這種談判由雙方父親進行。

相親時，姑娘是主角，但她須沉默、矜持，並換三次新衣。有時還須應付對方的考試；男方父母會問：「姑娘手巧嗎？」這時，姑娘要拿起掃帚掃地，有時還須當場表演織布本領，以顯示自己心靈手巧、吃苦能幹。按傳統，男方需與父親在門廳、台階上交換對姑娘的意見。此後，姑娘遞給男方一杯蜜糖水，如男方一飲而盡，表示喜歡姑娘。否則，他只是淡淡地喝一下蜜水，歸還杯子。

男方表示肯定後，接下來要談雙方的贈禮。姑娘的禮物一般是：襯衣、內衣、兩條褲子、給未來婆婆的布料，以及贈送給其他親屬的手帕。在農村，這些禮品是姑娘親手縫製的；在城市，則是在商店買的。如果雙方都同意，則商量納采、訂婚的日期，同時擺宴席，請賓客，喝男方父親帶來的酒。相親儀式以雙方及媒人祈禱和圍桌子轉圈而結束。

◆訂婚

納采，是婚前重要的活動之一，通常於相親兩三天後在女方家進行。納采亦稱訂婚、訂親，其方式視家庭境況而定。男女雙方的近親一般都要參加納采儀式。富裕人家或名門貴族邀請有名望、有影響、受尊敬的人士參加。在納采儀式上，雙方父母分別公佈嫁妝及彩禮情況，商議舉辦婚禮的日期和細節。商談完畢，開始納采；雙方的父親各自將手放在長袍下擺或手帕內遞給對方，以示他們已決定成為親家。姑娘將手帕或頭巾送給男方，並點蠟燭或油燈。雙方父母各自將聖像、麵包和鹽送給未婚夫婦，表示祝福。納采之後，未婚夫婦交換訂婚戒指，雙方互舉酒杯，將戒指放入酒杯，並互換酒杯，一飲而盡，戴上對方所贈的戒指。或者雙方坐下，將戒指放在桌上的盤中，交換盤子，即交換戒指。雙方父母相互致意，女方父親向來客介紹新郎新娘，宣布他們訂婚。有的地方，未婚妻在接受父母祝福之後，走到門檻向四周七鞠躬，向鄰居和朋友宣布自己已定終身，並使用丈夫的姓；禮儀結束後進行娛樂活動。有的地方流行向未婚妻灌酒的習俗。在農村，富裕人家的酒宴需延續幾天。

◆證婚

按照俄羅斯東正教教規，準備成婚的人應書面或口頭向所在教區的神父報告未婚妻的姓名、稱謂、職銜、財產，並由神父在最近的三個星期日或節日中，在彌撒結束時向教徒宣佈準備結婚人的姓名。這

種教堂婚前查詢的目的是為了避免出現婚姻的混亂。影響成婚的因素很多，如同族關係、親戚關係、父母不同意等。如未婚男女不在同一教區，則各自向所在教區提出申請，然後由神父出具專門的結婚證；其中除了寫明年齡、家庭情況外，還需指明新人結婚無任何障礙。根據這些證件和婚前調查，神父在婚禮前夕或當天出具婚前查詢，這是東正教教會的特殊證書。

◆離別晚會

經過以上「過五關、斬六將」的審查，婚姻才被批准，姑娘才可以舉行離別晚會。這種儀式在農村十分盛行；姑娘的女友們合夥租一間房屋，在那裡烤甜餅招待男方及其朋友們。男方也不空手而來，一般帶各種甜食、糖果、瓜果慶祝。晚會上需有精心裝飾的小松樹，作為未婚妻美貌的象徵。晚會結束後，未婚夫將小松樹帶回家。有的地方，姑娘要親自編織白色繡花巾作為對男方純潔美麗的象徵，晚會把它披在身上；並由姑娘最好的女朋友贈給未婚夫，並叮囑他要愛她，永遠友好地生活在一起。男方便將繡花巾藏入懷中，鞠躬致謝。晚會期間，青年們在風琴的伴奏下，盡情歡樂。

◆送嫁妝

婚前送嫁妝一般由婦女主送，媒婆或女方姨媽帶頭，其中大姨媽領頭最為隆重。有時男人也參加這一禮節，但一般是僱來搬重物的車夫。有錢人家排場不僅大，嫁妝也多，通常分五車裝；第一車是聖像和茶炊，炊具邊有孩童手捧裝飾著彩帶的糖果和絲綢包裝的茶葉；第二車是塗金的銀鹽瓶，由教父母捧在手中；第三車是床上用品；第四車是地毯傢俱；第五車由媒婆和姨媽壓陣，手中捧有活火雞。

◆迎嫁妝

迎嫁妝的人一般是未婚夫的母親或已婚的姐姐。未婚夫的母親

將衣料送給領頭人後，便開始清點禮品。此時，媒婆負責為新人們鋪墊床鋪；鋪床時要故意放煮熟的雞蛋或木製的彩蛋在鋪下，表示祝福新人早生貴子。雞蛋要在被褥下放三天，待新人圓房之後，第四天由新娘取走。如果是木製彩蛋，新娘要將它包在行婚禮時穿的內衣裡；如果是熟雞蛋，則打碎餵雞。在農村，彩禮沒那麼多，一車足夠。不過，有許多鄉村遊藝活動，比如贖嫁妝、手捧母雞跳舞等。

◆烤婚禮麵包

烤婚禮麵包是婚前的另一項活動。婚禮麵包通常有兩種，即大圓麵包和雞冠麵包。兩種麵包都是圓形，但烤的方法和原料卻不同。圓麵包用發酵的黑麥或小麥製作，在俄南方較盛行；雞冠麵包則無鹽烤製，有時放有帶殼的雞蛋，上面裝飾有雞頭，這種麵包流行於中、北部婚禮中。烤麵包主要由婦女主烤，男人輔助。麵包出爐時，大家一起跳舞、唱麵包歌。在城市或富裕人家則沒有烤婚禮麵包的習俗，婚禮宴席上所需麵包是由食品店製作的大蜜糖麵包。

◆結婚

婚禮當天上午，新郎需透過媒人給新娘送首飾匣，裡面放有頭紗、髮花、婚禮蠟燭、訂婚戒指、梳子、香水、針、別針等。新娘接到首飾匣後，新娘的母親和姨媽為新娘梳最後一次頭。新娘穿上佩戴紅玫瑰的禮服，披上頭紗和披肩，新娘的小弟為她穿鞋。為了避免新娘中邪和得病，還要繫一束自己編織的腰帶，或在裙子下擺縫一塊織物，在衣服裡放一枚頂針，往鞋裡撒花楸果、樹葉等。

新郎的穿戴則由舅舅或母系親人負責，並放在右腳鞋裡一枚硬幣。男方在婚禮前須舉行一場特殊的「五份餐具」儀式；參加者有父、母、新郎、媒人、伴郎五人。大約在迎親隊伍出發前的一小時，在桌上擺好五份餐具，父母向新郎祝福後，大家圍桌子轉圈，然後進便餐。新郎和迎新隊伍在路上需碰上「攔路」、「買酒宴的人」，這

都是傳統的迎新風俗。車隊要用鮮花裝飾，還要掛幾串鈴鐺，以便讓它的響聲驅邪。到女方家後，新郎將彩禮交其岳父，岳父將新娘交給新郎。新娘的髮辮由媒人解開，表示新娘已進入婦人行列。然後披上蓋頭，前往教堂舉行婚禮。

結婚典禮按傳統在教堂舉行，除了邀請的客人外，並邀請附近的居民參加。車隊前往教堂的路上撒滿鮮花，紅地毯從教堂前的台階通向經台。為避免新人中邪，由伴郎開道；整個過程中，新人緊密相擁，表示忠貞不渝，白頭偕老。婚典由神父祈禱開始，之後唱聖歌，向新婚夫婦敬酒，新郎新娘三次同飲一杯酒；再給新人們獻上婚禮冠，新人相互挽手，交換訂婚戒指。

婚宴儀式，由新郎父親手捧聖像、母親手捧麵包和鹽，新人被人們簇擁並向父母鞠躬，依次親吻父母三次，然後回到家中。人們不斷向他們拋撒穀物、啤酒花、花瓣、零錢，祝願他們幸福、富裕。

落座後，婆婆或媒人用爐叉挑開新娘的蓋頭，並同時問候，贈送圍巾、腰帶或錢物；婚宴就在這種氣氛中開始。

婚禮麵包上飾有月亮、太陽、鴿子、樹木等，為婚宴中的主食；一般有幾道做法不同的魚、肉、雞等菜。傳統的第一道菜是燉雞；民間傳說雞和蛋一樣，孕育著生男育女的神奇力量，因此，這是新人必須品嚐的第一道菜。酒宴接近尾聲時，新娘要把麵包切成小塊，依次向來賓敬酒；酒有香檳酒、三鮮酒。三鮮酒是將葡萄酒、蜂蜜、家釀啤酒各斟少許混合而成。飲酒之後便開始跳舞；舞會至深夜，隨著新人入洞房，婚典即告結束。

婚後儀式，第二天清晨，伴郎把澡堂燒暖，等待新婚夫婦沐浴。新人隨著音樂走進浴室，伴郎負責給新郎送伏特加或啤酒，供新郎邊洗邊飲。洗浴有的地方是夫婦分浴，有的地方則共浴。浴後，兩人策馬於森林或村裡兜一圈，或到岳父母家品嚐春餅。

婚禮後第三天，大家還須考新娘。這一天，新娘要將十八般手藝奉獻給家人，如掃地、生火爐、烙餅、做麵條等。其間，在場的人不

斷給新娘出難題，如往地板上倒垃圾或往煙囪裡放乾草、潑冷水等，看看新娘如何對付這些難題，以考驗新娘是否是一位吃苦耐勞、能幹嫻淑的妻子（京華婚禮，2014）。

俄國婚禮最特別的地方，就是在說完賀詞，乾杯後把玻璃杯拋向天花板，玻璃杯跌成碎片，象徵新人將有美滿的婚姻，這就有「歲歲（碎碎）平安」的意思。另外，從新人在花車車頭縛上的裝飾，可知新人期望第一個嬰兒是男還是女，若是小熊就代表想生兒子，若是洋娃娃就代表想生女兒（八號甜蜜8 Sweet，2013）。

俄羅斯北方的伊爾庫茨克有個特別的結婚習俗，新婚夫婦都買把「同心鎖」，刻上兩人的名字和愛情誓言，並將鎖頭鎖在安哥拉河岸邊的橋護欄上，然後將鑰匙扔到河裡（台中婚紗｜Queena Wedding，2013）。

婚宴上會有人大喊「苦啊！苦啊！」每當有人帶頭喊時，在場的所有人便齊聲附和，這時新人便站起來，當眾深情地相吻。沒過幾分鐘，又有人大聲叫「苦」，新郎新娘便又站起來，再次用甜蜜的吻平息親友們的叫「苦」聲。這樣的方式在婚宴上至少需重複十幾次親友們才會甘休。原來，按照俄羅斯人的說法，酒是苦的，不好喝，應該用新人的吻把它變甜（上海久久結婚網，2014）。

傳統俄羅斯人的婚姻習俗頗為繁多。說媒時講究單日說媒，忌諱星期三、星期五和12日說媒。相親時需禱告，並須圍桌走三圈。訂婚名堂更多，如喝糖水定終身，由牧師主持訂婚儀式後，雙方才可開始籌備結婚、舉辦訂婚舞會等。結婚時擺「門形」婚宴，在城市婚禮上要三吻雙親，婚禮後還有結婚拜訪週。

在農村講究鈴聲驅災，新婚夫婦乘坐的馬車須用鮮花和小鈴噹裝飾。在婚宴上，按照俄羅斯習俗，新婚夫婦需各掰下一塊麵包蘸鹽後敬獻給自己的父母，以感謝他們的養育之恩。接著向自己的家長吻別，女伴們唱憂戚的送別曲。按照習慣，在宴會上新人不能多吃，而需扮演第一次家庭主人，使賓客盡情歡樂。一席間大家頻頻舉杯，新

娘新郎隨著「苦啊！苦啊！」的喊叫聲，不斷地親吻。人們時而高歌，時而起舞，整個婚宴充滿喜慶氣氛。

現在在俄羅斯，幾乎所有的城鎮都有「結婚登記宮」，亦稱「幸福宮」；這種「宮」，多為兩層的樓房。一樓是表格登記室、女賓室和男賓室；二樓是登記廳、宴會廳、禮品間、鮮花間和休息室。現代俄羅斯的婚禮，多由「幸福宮」的工作人員主持；在國歌聲中，婚禮宣佈開始；在主持人的引導下新人挽手前進，雙方親友踏著柴可夫斯基第一鋼琴協奏曲的旋律，緩緩進人登記大廳。接著，舉行新人、證婚人簽字儀式，眾人在樂聲中以掌聲祝賀。新人將用盤呈上的戒指各為對方戴上，並接過結婚證書，在樂聲中走出大廳。婚禮後，新婚夫婦到列寧紀念堂或無名烈士墓前獻花默哀，以表示對前輩的懷念，之後乘彩車觀光市容、舉行喜宴等。

俄羅斯農村婚禮有著完全不同的另一種風格。結婚的當天早晨，三匹馬拉著迎親車隊飛馳到新娘家。大車用彩帶、樹枝、鮮花裝飾得非常美麗，車上坐著身穿白色繡花民族服裝的新郎和年輕夥伴們，夥伴們拉著手風琴，彈著七弦琴，歌聲、呼喊聲和悠揚的樂曲聲在農村的田園上空飄蕩。

在歡笑聲中，新娘與父母擁抱、吻別，女友們簇擁坐上彩車。浩浩蕩蕩的迎親車隊將親人送往村蘇維埃，舉行結婚登記儀式。儀式完畢，賓主一起到新郎家，新郎新娘走下彩車，踩著撒滿各色鮮花的地毯，大家向新人身上拋撒象徵生活富裕的金色麥粒，祝願新人今後的生活能像地毯一樣平坦，生活富足美滿。新婚當天舉行酒宴，宴會上舉行新郎劈木柴和生火儀式；這是考驗新郎是否會持家；火光同時象徵愛情，給新人帶來溫暖和光明。這種婚宴一般持續到深夜，有時甚至通宵達旦。在俄羅斯，不同的民族擁有該民族的特殊婚禮習俗（互動百科，2014）。

俄羅斯婚禮
資料來源：：千媚網（2013）

(四)日本婚禮

在日本結婚大多與某一宗教儀式相結合，有神前婚、佛前婚和基督教婚。按照日本的傳統，年輕人從見面認識、締結婚約、送彩禮到披露宴都有許多規矩；如果掌握不好，往往受到非議；所以準備結婚的日本人，特別是女性，一般在婚前大多到學習班學習必要的禮儀。日本人認為婚約不像結婚證書那樣具有法律效應，金品（指金錢和貴重物品等值錢的東西）就成為一種民間的證據。萬一有一方不履行婚約，可憑金品進行善後處理。

◆明治時期的日式婚禮

在明治時期，日式婚禮如同台式婚禮一般，年輕男女亦無法自由選擇對象。故結婚之時，尚需選擇媒妁人，並經由媒人討論婚禮流程等瑣事。而媒妁之選擇，為男女家各選擇一人，或是雙方共同找一對夫婦作為媒人。當時媒人身分，大多為男方就讀過之學校教師，或是工作地點的上司之夫妻。因為媒人最瞭解新人的經歷和兩家的背景，

在兩家折衝及籌備結婚式時，能充分發揮其應扮演之角色，成為實質的媒人。進入大正時期以後，媒人開始流行找尋名望家、貴人、高官、博士等新郎新娘尊敬之人擔任媒人，以提高自身之地位，並使婚禮具有莊嚴氣氛。然而，選擇對象時亦不能全信媒人之言，必須詳細調查對方的家庭及個人狀況。

至於訂婚之前，該如何瞭解對方，最好的方法便是經過「相親」（按：原文為見合）。相親的場所為使兩人可以自然地交談，大抵上會選擇賞花、劇場或宗教參拜等地點。若是雙方無異議，在相親之後，可開始準備「結納」。附帶一提，明治時期以後有部分人會透過照片，先瞭解對方的風采、容貌，才決定是否與議婚對象見面。

結納有如台式婚禮六禮中的「訂盟」與「納采」，即送禮物與聘金的階段，只是日本不重金錢，而是以禮物為主，有鯛、酒、昆布等物品。男家會選擇黃道吉日將「結納」送至女家。明治以後多由媒人陪同，或請他人幫忙；事前媒人亦需要和女方討論結納的物品，這些物品一定要符合女方之身分地位。結納品在明治以後為便宜行事，大多改送金子，且因生活繁亂之影響，也越來越簡略。結納品送出時，會附上「結納目錄」。女方則反贈男方受取證，即「受取目錄」。在結納完成後，便是男女雙方結成夫妻之結婚式。明治維新以降，因受國家神道化、宗教信仰自由等因素影響，具宗教性質的結婚式逐漸受到歡迎，並取代傳統日本的結婚式。

◆神前結婚式

神前結婚式的新娘需穿上「白無垢」——由稱為「振袖」的白色長袖和服，上披白色和式罩衫，據說白色是為了讓新郎來染成自己喜歡的顏色，或者是為了證明新娘的純潔，腳穿白色的日式短布襪，穿草履。新郎則著裝簡單，穿黑色的在肩部、胸和後背飾有家徽的和服，帶條紋的和服裙子，外著短外罩，腳穿日式短布襪，著草履（台中婚紗｜Queena Wedding，2013）。

神前婚禮（左、中）；白無垢（右）
資料來源：台中婚紗｜Queena Wedding（2013）；正樹日語實驗教室（2013）

現今所謂的「神前結婚式」，雖然是目前日本民間慣用，並為世人所熟知的結婚式，但卻不是日本自古以來舊有的結婚儀式。在神前結婚式出現之前，日本的結婚式與宗教並無直接的關聯性，出現較有系統且完備的宗教性結婚儀式，則與基督教有關。因為自明治初期起基督教結婚式在日本國民之間廣為流傳，以致於出現對其模仿而在神社舉行婚禮之神前結婚式，甚至在明治中期以後，佛教也接著創設佛前結婚式。從日本的婚禮史研析，日本的婚禮隨著歷史的進程發展出三大系統：一是藤原時代形成，為公家的婚禮式；二是室町時代具體成形的武家及民間婚禮式；三是近代形成的，即明治維新之後才產生的「神佛前結婚式」。相對於前述兩種傳統，可見神佛前結婚式，是依附於日本傳統婚禮之下，於明治時期才誕生的新興結婚式。此後，在各種因素影響下，促使神前結婚在成形之後，廣受日人歡迎，逐漸成為現今日人慣用的婚禮式之一。事實上，原來的日本婚禮方式相當混亂和繁雜，不但全日本有各種流派，其禮式亦複雜和冗長。故除了貴族、富有人家之外，一般人不會按照所有規定施行儀式，常將其簡化，僅舉行「三三九度」的交盃儀式，再說些祝賀的話，就算完成婚禮。此狀況一直維持到明治維新之後，因西歐文化被廣為提倡，才導

致日本婚俗逐漸改變。隨之而來的，便是婚禮的簡化，以及結婚式的多元化。自明治時期開始，日本社會不僅出現神、佛前結婚式，同時也因宗教信仰自由，遂逐漸為人所重視之基督教結婚式。

而「神前結婚式」，係指在神社的神明面前舉行的結婚儀式，此結婚式與日本傳統宗教信仰神道有相當的關係。不過，神前結婚式之形成，卻不是源於傳統神道信仰，而是與明治政府所創造之國家神道有關。原來的神道，指的是與日本的民族、風俗文化相關，為自然而然形成的宗教信仰。對日本人而言，它是傳統文化的一部分，也與生活息息相關，若是抽離日本的風土與民族文化，神道即無法獨自成為宗教。在明治維新之後，西元1871年（明治四年）日本政府宣布「神社為國家的宗祀」，並在「大教宣布」的敕令下，進行「惟神之道」的國民啟蒙佈教活動。同時，恢復古代神祇宮的設置，並由明治天皇於紫宸殿舉行神道的祭拜天地之儀式，親自呈顯敬神典範，並陸續針對神社之社格、祭祀、神職等頒布制度，致使神道逐步往國教化的路途邁進。

在國家神道的祭祀制度及其他相關事項，陸續整備之後，連同皇室的結婚式也被制度化。西元1899年（明治三十二年）設置帝室制度調查局，針對未來預定登基的皇太子（大正天皇）之結婚式，制定「皇室婚嫁令」，婚禮的舉行受一定的規範，而首次的神前結婚儀式，也於此時被創造出來，並成為神前結婚式之原型。翌年5月，皇太子的結婚式於皇居內的神社——「賢所」舉行。此後，宮中的神前結婚式之施行方式得到確立，於西元1910年（明治四十三年）納入「皇室親族令」之附式第一編「婚嫁之式」。接著，在皇太子結婚該年，神宮奉齋會的

日本皇太子德仁親王結婚
資料來源：野澤碧部落格（2014）

東京大神宮（通稱為日比谷大神宮），以宮中的神前結婚為範式，復以日本神話中《古事記》為基底，創造出神前結婚的形式，並於神宮內舉行最初簡化後的神前結婚式。此後，民間開始學習和模仿，神前結婚以簡略化後的形式流傳、普及於社會，並在日本民眾的生活中固定下來。

由於神前結婚式之儀式簡單且花費較少，再加上在神靈面前舉行結婚式，使參與者倍感神聖和莊嚴，導致宗教結婚式成為當時的風尚。不但佛教開始施行佛前結婚；基督教亦大力宣傳基督教結婚式；神道則以出雲大社之神為結緣神，並設立支部宣傳；天理教、黑住教等教派神道也開始承接結婚式之舉行。因為宗教結婚式的流行，造成明治時代實行傳統結婚式的人逐漸減少，又因神前結婚流行之故，不僅是都市地區的大神社，連在地方上不太有名的小神社也開始舉辦神前結婚式。而寺廟則因負責葬禮，較少舉行結婚式。

民間舉行神前結婚的方法，則以西元1903年（明治三十六年），在東京日比谷大神宮所舉行神前結婚為範本，而這也是最初民間所使用之神前結婚式。首先，在舉辦神前結婚之前，要在結婚前三日，到神社提出申請，寫下結婚者雙方的姓名、出生年月日、身分、官位、勳爵、職業，以及父母親與媒妁人的身分、職業等。除此之外，還要寫下參與總人數、結婚日期、何時認可兩人成婚等。其所需費用依照參與人數的不同分為：特別一、二、三等和松竹梅三號，共六種級別。而依照等級不同，負責服務的人員數量、道具等也有所不相同。接著，在結婚的當日，親族、媒人、友人們一同出席，男方則在奉齋會的男性工作員陪同走到神前，女方則由女性工作員陪同。在神前，先由齋主（神官）對結婚者雙方進行消災除厄的儀式，接著到神前恭敬的進行禮拜，然後再宣讀祝詞。結束後，媒人拿出預先準備好的誓詞宣讀；若委託神社的話，則由奉齋會的人員代為宣讀。緊接著是舉行「三三九度」的交盃儀式，完成後由媒人帶領婚者雙方到神前禮拜，再回到等待的地方。接著舉行「親族盃」的儀式，為結婚者雙方

與其家族、親友，交互進行交盃酒的儀式，並在互相介紹對方親族後結束結婚儀式。

◆佛前結婚式

「佛前結婚式」不是佛教系統中本來固有的儀式，日本社會與佛教有關係的生命禮儀為佛式葬儀。而佛前結婚式之誕生，乃隨著明治維新後神前結婚式流行開啟的「宗教結婚式」風潮，受其影響社會大眾開始使用配合自身宗教信仰所進行的宗教結婚式。而原本就有眾多信徒的佛教，亦於此時創造出前所未有的佛前結婚式。

在明治維新之前的日本，僧侶有許多嚴格的規定，例如：僧侶應遵守不准帶妻修行的戒律，禁止吃肉類食物，並受到國家的管理；然眾多派別中，只有淨土真宗不受此限制。明治以後，這些禁忌都獲得解放，不但僧侶可以自由結婚，連開山以來一直禁止女人進入的高野山也允許婦人居住。由於僧侶得到結婚的權利，因此僧侶結婚者日增，一般均採佛前結婚，連帶的一般大眾也開始在佛前舉行結婚式。因為佛前結婚式的施行者增加，為此淨土真宗各派亦制定如同天皇婚儀般的「佛前結婚式」，以作為該結婚式施行者的參考。

在舉行佛前結婚式以前，要先佈置結婚場地。首先，在本尊（最主要的佛像）前要掛上布幕，並擺放供奉用的紅、白鏡餅，以及根菜餅（例如栗子、海苔、昆布、芋等）各一桌，在兩桌前還需放置一長桌。如果是在自家進行，擺放在佛前的桌子即可；擺設用的花瓶中清一色都是松樹，不使用其他的花草。接著，要點燃三尊（中尊及左右脇侍）前輪燈，並立燭及燒香，然後打開垂簾；並且在先前已放置的長桌上擺放香爐和香盒，且需事先在香爐中放入炭火；若在自家中則設立在佛壇前右方。此外，在佛前結婚式中，主持結婚式的人選由住持擔任，同時負責證婚的工作，在此結婚式中被稱為「司婚者」。

結婚式正式開始時，需先敲鐘三次，以作為開式宣告。然後，司婚者、新郎、新婦、媒人以及雙方的親族須一同出席。眾人皆列席

後，司婚者開始燒香、禮拜，而在場眾人則一同對佛像敬拜。接著，司婚者面對佛像恭敬地朗讀「敬白文」，以告神明，並祈求佛的保護及宣告此結婚式之莊重。敬白文宣讀完畢後，司婚者會轉而面向新郎和新娘，接著閱讀「司婚之詞」。首先司婚者對新郎、新婦倆人說：「某年某月某日新郎某士、新婦某女，在佛陀的尊前舉行婚儀，在此求取兩人的誓言。」其次，對新郎說：「告新郎某士，要長保互敬互愛之心，盡其之力以達到作為丈夫的本分，並進行發誓以表示共度終生苦樂。」新郎以默禮作為誓言的表示。再次，司婚者問新娘相同的話：「告新娘某士，要長保互敬互愛之心，盡其之力以達到作為妻子的本分，並進行發誓以表示共度終生苦樂。」新娘也需要默禮以顯示誓言。在兩人發誓過後，司婚者須再說：「在此得到兩人的誓言，一堂與會的諸氏也都認同此婚儀，再次聽聞佛祖的教導，敬仰宗祖的遺德，發誓將永遠致力於報恩的修行，交換念珠以表示不渝的誠意。」交換念珠時，司婚者需把先前兩人交予並用奉書包裹著的念珠打開，再分別交給兩人。然後，司婚者向佛像進行禮拜，再回到最初的座位。接著，依照新郎、新婦的順序，兩人燒香和禮拜，再退回座位上。在場的眾人也一同禮拜，並退席。此時，垂簾要放下，並撤掉香爐和香盒；如果在家舉行的話，全部都在佛壇前施行；並進行如同日式傳統婚禮或神前結婚式，進行「三三九度」的夫婦交盃儀式。

如果許可的話，在司婚者回到座位的同時，可請託合唱團唱有關結婚式的歌（佛教音樂協會編），在夫婦交盃快結束之前，則改唱庇蔭的歌曲。最後，親族交盃結束後，由司婚者、媒人等適當人選，開始介紹兩方的親族，而結婚式到此告一段落。

日本佛前婚禮

資料來源：石欣茹、吳佳芸、蘇幸汶

以上即明治維新以來與國家神道有關之神前結婚式和淨土真宗所制定的佛前結婚式，兩者相較之下，可以發現，神、佛前結婚式均融合日本傳統婚禮和基督教結婚式的部分儀式項目。就佛前結婚式來看，除了儀式中充滿佛教的要素之外，像是三三九度盃、親族盃等都是日本傳統婚禮中，本來即有的儀式之一。而交換念珠則是基督教結婚式中，交換結婚戒指儀式之挪用，將戒指替換為具佛教元素的念珠；新人要互相發誓，並由神佛見證，也是基督教結婚式中固有的儀式之一；請合唱團唱與結婚有關的佛教歌曲，即如同基督教結婚式中或結束後要唱的讚美歌等。相對於「佛前」，神前結婚式則因神道信仰之故，本身所蘊涵之日本傳統婚禮特質較佛前為多。然而，不管是哪種結婚式，兩式均出現「神的代理人」一職，如神社的齋主、寺廟的住持為司婚者等，顯見日本結婚式在簡化後，反而出現神聖化的狀況。

由於明治末期開始，結婚式結束後會拍攝結婚紀念照，然後出發新婚旅行，亦有直接從宴會場或料理屋直接出發的新婚夫妻。否則，一般在婚禮結束後翌日，新娘需早起並穿著華麗的和服；媒妁人之妻、新娘之親戚會來新房探望女方，必須設宴款待。此外，婚禮當日或數日之後，需招待親友，並以紅豆飯和紅白餅為禮物贈送大家。其招待地點，或選在旅館或料理店，以和洋式的料理款待。若是以園遊會的方式招待者，亦須準備帶有喜氣的餘興節目。婚後五日，新娘如同台式婚禮需回娘家。而在新娘回到娘家的隔日，男家則需派人探訪，以瞭解新娘是否安好，同時還需準備禮物贈送女家。而在回娘家的期間，女家要設宴招待親友，並準備酒菜和紅豆飯等作為贈品。另外，西元1907年（明治四十年）左右，在舉行結婚式之後，日人亦盛行新婚夫妻一同舉行「新婚旅行」（蜜月旅行），如此反映著，日本婚禮中傳統的婚後禮，亦受西方婚禮的影響，逐漸被新婚旅行取代。

在明治維新之後，日人為改善傳統過於繁複的婚禮，利用西方婚禮文化的特質，創造神前和佛前結婚式；因此神、佛前結婚式可說是風俗改良下的產物。若與傳統的台式婚禮相比，明治時期的新式結婚式，其舉行之程序是相當簡單的。至於新式結婚式均含有宗教成分，故神、佛前結婚式均以日本傳統結婚式為主幹，並配合該宗教之特色，並融合基督教婚禮文化的項目。由於神前結婚式在成形過程中，受到國家神道的影響，故其性質亦含有濃厚的神道思想，舉行該結婚式就等同於敬神尊皇。

除了結婚式外，日人婚姻關係亦受到西方法律和婚禮文化影響，出現重大的改變。明治民法施行之後，日人的婚姻認可便成為法律婚主義，即不管結婚或離婚都需到戶政機關進行登記，由於戶籍登記成為人事異動的要件，日本也如同西方，出現所謂的「民事婚禮」。此外，在「結婚登記書」遞出同時，不僅需要當事者的契約，且其婚姻成立之重要條件為：得到戶主或是父母的同意成為必要，故此法亦確立了家父長的「家」體制。換言之，日人夫妻婚姻關係之認可，已於明治時期改由國家法律認定，即使不施行結婚儀式，只要到相關單位登記，並提出「結婚登記書」亦可成為合法的夫妻。因此，明治時期的日人婚禮，乃融合日本婚禮傳統，以及西方婚禮傳統的「新日本婚禮」，其特質不僅包含日本的傳統，更添加了西方的婚禮文化。以上婚禮特色，隨著日本的殖民台灣，並影響台灣漢人婚禮的變革（張維正，2012）。

◆教會婚禮

舉行基督教婚禮，教堂中央的通道只留給新郎、新娘和伴娘行走，其他人只能走旁邊的側道，儀式包括唱聖歌、唸祈禱文等。交換結婚戒指時，一般由新郎先將它戴在新娘左手的無名指上。

儀式結束後，是重頭戲的喜宴開場。不過，近年來日本流行「節約婚」，不少新人只辦儀式省掉喜宴；當神前婚儀式結束後，親友即目送新人上車離去。東京的淺草神社（又稱淺草寺）為讓「節約婚」的新人「續攤」，為新人準備人力車繞街活動，讓喜氣洋洋的新人在

人力車上，向路人宣告「我們結婚了」！

參加婚禮披露宴的日本人一般都得向新人贈送祝儀金。祝儀金在5,000～50,000日圓不等，但是忌諱送2萬日圓和2的倍數；日本民間認為「2」這個數字容易導致夫妻感情破裂，一般送3萬、5萬或7萬日圓。它們必須裝在飾有金銀繩的祝儀袋裡。金銀繩講究五根金、五根銀，擰在一起編織成蛾的樣子。

披露宴席間，大多須請新郎新娘的長輩、上司、領導或知名人士講話，這時大家都得放下碗筷，認真傾聽。新郎新娘在宴會開始前得到大門口迎接所有的客人（在台灣似乎只有新郎到門口迎接客人，新娘此時則在休息室內），這時忌諱來賓與新郎、新娘長時間交談。日本人認為白色是最純潔的顏色，所以新娘剛出場時一般都穿白色的婚紗裙，頭戴白紗，頭紮白花。在披露宴過程中，新娘需換兩三次服裝，除了第一次是白色的以外，其他幾次均根據新娘的喜好決定（京華婚禮，2014）。

日本教會婚禮

資料來源：石欣茹、吳佳芸、蘇幸汶

◆ 日本婚禮：和服新娘

日本人喜歡在婚禮中以含有「慶祝」意思的糖果款待賓客。新娘須穿上絲製的結婚和服，上面織有新娘的家族飾章，並戴上假髮飾物。婚禮中，長輩和嘉賓需在乾杯時致賀詞，並細訴新人愛情故事。

1.行禮：「神前式」婚禮在太陽升起時新娘便須梳妝、拜別父母，穿上一身「白無垢」和式大禮服前往神社。新人由神職人員引至神社，在親朋好友的見證下舉行儀式。神官唸主禱文後，新娘脫下「白無垢」露出金、銀、紅三色的華麗禮服，新人向神明獻酒三次，每次三杯。

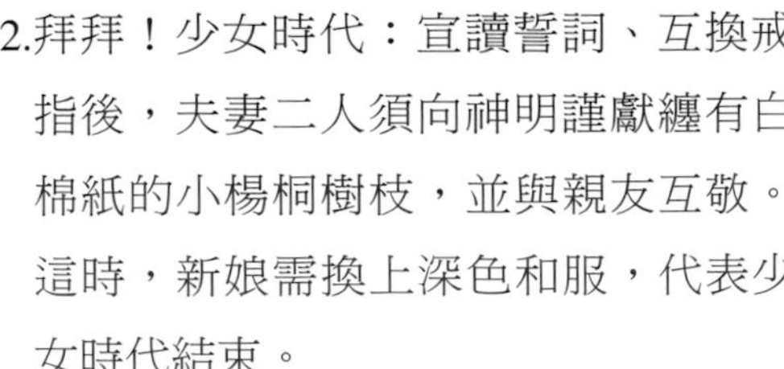

2.拜拜！少女時代：宣讀誓詞、互換戒指後，夫妻二人須向神明謹獻纏有白棉紙的小楊桐樹枝，並與親友互敬。這時，新娘需換上深色和服，代表少女時代結束。

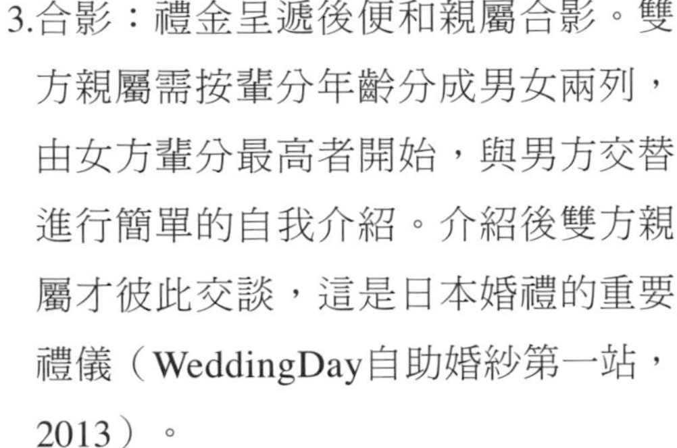

3.合影：禮金呈遞後便和親屬合影。雙方親屬需按輩分年齡分成男女兩列，由女方輩分最高者開始，與男方交替進行簡單的自我介紹。介紹後雙方親屬才彼此交談，這是日本婚禮的重要禮儀（WeddingDay自助婚紗第一站，2013）。

日本婚禮
資料來源：WeddingDay自助婚紗第一站（2013）

◆日本現代婚禮

日本現代的婚禮受到西方文化影響，有很多婚禮在教堂舉行。除了在教堂，在神社、寺院內也可舉辦婚禮。考慮到隨後去參加喜宴方便，在擁有宴會廳的婚禮禮堂或是酒店內舉行婚禮的人也很多。不管採用何種形式，都有雙方交換婚戒儀式。緊接著儀式是喜宴；一起熱鬧地進餐，出席者向新郎新娘祝賀。並備餘興節目，酒席分為西式、中式、日式等。宴席中，新娘一般換一、兩套衣服，例如「神前式」

日式婚禮
資料來源：芒果媽咪（2014）

婚禮的新娘起先穿白色和服，隨後換上色彩華麗的和服，甚至高貴的晚禮服，新郎在新娘由和服轉洋裝時，也會配合換裝。喜宴後，一般只邀請新郎新娘的朋友參加毫無隔閡的宴會，稱作「二次會」。婚禮結束後，大多數新人會踏上新婚旅行。

◆近期日本婚禮

新潮的日本年輕人愈來愈不講究繁文縟節，婚禮的形式也愈來愈簡單。日本演藝圈以往都要大肆鋪張，婚禮排場盡其所能的豪華，配合電視實況轉播；現在則多簡單地找個餐廳宴請親友，更低調地辦個結婚登記，用傳真報告喜訊了事。

結婚後，日本的新婚夫婦需到介紹人家致謝，表示感謝，並贈送新婚旅行時給介紹人買的禮品。在婚後一個月內，新婚夫婦需向外發結婚通知書。如果新婚夫婦婚後有自己的新居，就應在新居舉辦聚餐會，招待為婚禮幫過忙的人們，同時須帶上小禮品，逐一訪問周圍的鄰居，以求得日後的關照。如果與夫家住在一起，新娘得跟著婆婆和丈夫一起拜訪鄰居。

大部分的日本女性，還是習慣在結婚或生子時，就辭掉工作回家帶小孩。平日時白天公園有很多小孩在玩，幾乎是媽媽帶出門居多。所以在賞櫻時，在各大公園，都會看到很多媽媽騎著腳踏車，帶著孩子賞櫻。

日式傳統婚禮即是「神前式」婚禮，至今還是有許多日本人選擇莊嚴神聖的日式傳統婚禮，在古香古色的神社裡，穿著傳統「白無垢」，在眾人的祝福下見證一段美麗的愛情。

每一個儀式、動作都具備深遠的涵義，並融合了現代與傳統儀式，這就是日式傳統婚禮。

◆喜宴

日本人辦喜宴，除了料理精美外，同樣有新人換禮服、切蛋糕等排場。在傳統的日本婚宴上，桌上的每一種食品都代表美好的祝願，或代表幸福、富裕，或意味長壽、多子孫等；比如，魚頭和魚尾都被向上捲起，整條魚圍成一個圓圈，象徵夫妻永不分離。龍蝦在婚宴上也很常見，因為龍蝦的深紅色代表好運氣。至於餐後甜點，新娘可能會選擇用甜黏米做成的黏米糰招待客人。與台灣婚宴禮俗不同的是，喜宴最後舉辦一場「掉淚謝恩」大戲。日本新娘的「謝父母恩」，依習俗需當著親朋好友的面前完成。事先準備好謝父母恩信的新娘，當眾需感情豐富地一面唸、一面哽咽掉淚。

細聽新娘的謝恩信時，參加婚宴的賓客為表示「助興」之意，即使當場沒有什麼淚意，也必須拿出手帕作勢表示感動。日本婚禮，新娘必須掉眼淚的習俗，與台灣早期的「哭嫁」相似；台灣早期的新娘，在出嫁早晨，就起床大聲「哭麥嫁」的禮俗。而日本人，卻把「哭嫁」變成謝父母恩儀式。

日本婚禮等喜慶場合，忌說去、歸、返、離、破、薄、冷、淺、滅及重複、再次、破損、斷絕等不吉和凶兆的語言。

在喜宴結束時，新人必須送到場貴賓每人一份回禮。選擇回禮是門大學問，最好是家用品，價格約在3,000～10,000日圓（約1,000～3,300台幣）之間，高價的會送名牌飾品，例如TIFFANY的水晶、銀飾品，平價的則送鍋碗瓢盆、酒、筆等，女生可以拿到一小束漂亮的鮮花（京華婚禮，2014）。

◆禮服

新娘會穿上純白的「白無垢」以示純潔、無暇。白棉帽等同於白頭紗，只能於儀式中配戴，宴客時要拿下。新娘手中的扇子稱「末廣」，末廣是指扇子慢慢展開之意，象徵家庭圓滿、事業不斷上升。

日本婚禮

資料來源：WeddingDay自助婚紗第一站（2013）

◆儀式

1.進殿參拜：新郎新娘在主持儀式者的引導下緩緩走進神社，許多遊客及民眾也會在旁邊給予祝福。

2.修拔儀式：有驅邪之意，神職者手持白色木棒，在新人面前甩動，象徵新人及賓客都能以純淨的心參加儀式。

3.齋主一拜：「齋主」即是主持儀式之神職者，先向神明稟告新人新婚大喜後行一鞠躬，新人及賓客隨後也鞠躬。

4.唸誦祝詞：齋主向神明祈禱，希望兩人的婚姻幸福美滿，以及表達對神明的感激之情。

5.三獻之儀：將恭奉神的神酒倒入新郎新娘杯中，需喝三口，第一、第二口稍微抿一下，第三口才能全部喝下。

6.頌唱誓詞：新人向神明稟告並宣讀誓詞，主要是由新郎誦讀。

7.供奉玉串：樹枝上繫上白紙條，象徵神讓我們結合，以此感謝神明。

8.指輪交換：就是交換戒指，幫另外一半套上定情戒，彼此互托終身。

進殿參拜
資料來源：WeddingDay自助婚紗第一站（2013）

修拔儀式
資料來源：WeddingDay自助婚紗第一站（2013）

齋主一拜
資料來源：堆糖（2014）

唸誦祝詞
資料來源：WeddingDay自助婚紗第一站（2013）

三獻之儀
資料來源：WeddingDay自助婚紗第一站（2013）

頌唱誓詞
資料來源：WeddingDay自助婚紗第一站（2013）

9.親族盃儀：新郎新娘及在場的親戚好友共同乾杯，代表對新人的祝福之意。與台灣宴客一桌一桌敬酒一樣意思（WeddingDay自助婚紗第一站，2013）。

10.神官致詞、禮成：在儀式的尾聲，齋主會唸一段致詞祝福新人、為新人祈福並致贈紀念品，隨後再行鞠躬禮，代表禮成。

供奉玉串
資料來源：WeddingDay自助婚紗第一站（2013）

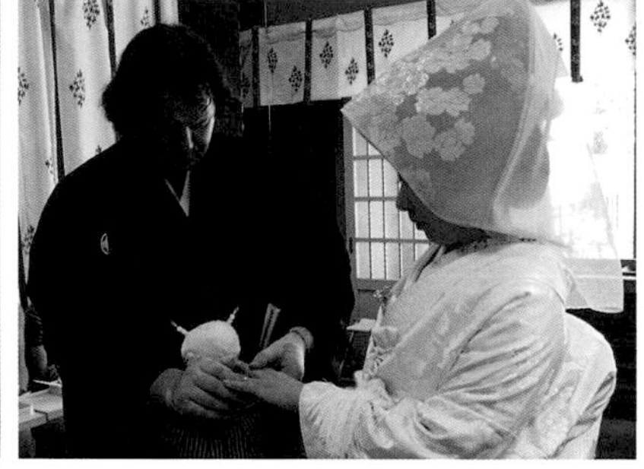

指輪交換
資料來源：WeddingDay自助婚紗第一站（2013）

親族盃儀
資料來源：WeddingDay自助婚紗第一站（2013）

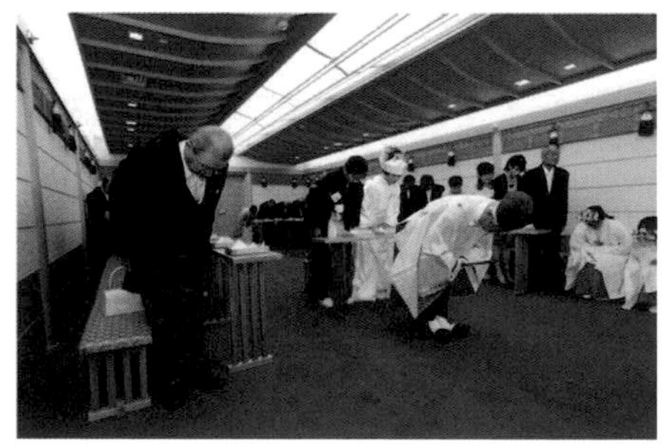

神官致詞、禮成
資料來源：WeddingDay自助婚紗第一站（2013）

◆彩禮

1. 日本的彩禮因地方不同而各異，一般是酒、海帶、干魷魚、鰹魚干等食品。
2. 如今在日本的百貨公司就可買到已配置好的五品、七品、九品包裝彩禮。
3. 日本傳統的彩禮是七品，它們是末廣（白扇）、友志良賀（白麻線）、子生婦（海帶）、松惠節（鰹魚干）、壽留米（干魷魚）、家內喜多留（柳樽）、金包（彩禮錢）。

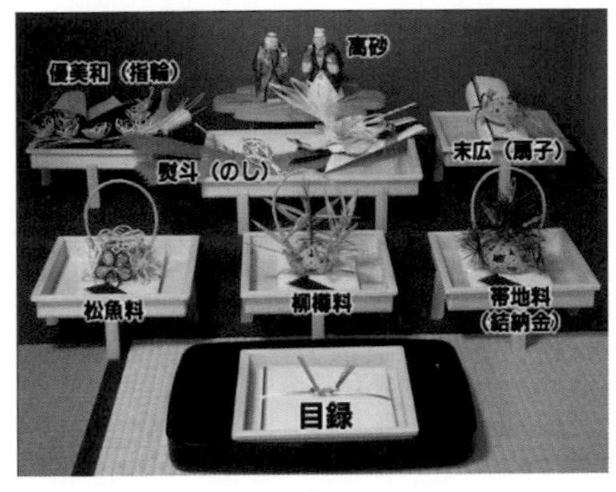

彩禮
資料來源：我愛熱可樂（2014）

4. 彩禮錢，現在多在50萬、70萬、100萬左右。
5. 日本人忌諱送80萬，認為80是個「前不著村，後不著店」的數目，不吉利。
6. 送彩禮錢時，要把女方家全體成員的人名都寫上去。已去世的人的名字也不能漏掉，否則會引起不必要的風波。
7. 現今的日本，彩禮和婚約儀式的費用一般由兩家平攤。
8. 給介紹人的禮金一般在結婚儀式結束後贈送；而在舉行婚約儀式時一般只贈送介紹人車費和酒菜錢。

(五)韓國婚禮

韓國新郎穿上大禮服，新娘的嫁衣則是七彩的絲織服，配以長袖子和黑絲頂冠。新娘的化妝在臉頰上點兩紅點，表示抵抗邪靈。

韓國婚禮習俗

❤ 行禮

行禮在婆家正廳舉行。新郎新娘先行對禮，之後向男方父母行禮，男方母親抓起紅木漆盤中的紅棗、桂圓、花生、栗子等八寶穀物撒到新娘懷裡，新娘用韓服前襟來接，接得越多表示越能早生貴子，美滿幸福。

❤ 以母為尊

在韓國，從古至今婚禮當天都以母親為尊。除了清晨跪謝母親的養育之恩外，結婚當天母親也會擔當主要角色。男方母親穿綠色韓服，女方母親穿紅或粉色韓服，兩位母親手捧蠟燭走上台，表示婚禮開始，更代表希望的延續。

❤ 東床禮

接走韓國新娘並不簡單，新郎需在娘家被狠狠折騰一番才能成功。女方親戚把大大的魷魚干掛在新郎臉上，讓新郎摸著走到新娘房；並對新郎提出很難回答的問題，一旦答不出就捆住腳用竹子打腳底，直至丈母娘出來「勸解」，並拿出好吃的食品招待大家才作罷，這就是必不可少的「東床禮」。

❤ 禮服

新娘禮服往往是紅色絲衣內襯藍色闊衣，用寬大的真絲繡金帶子繫妥。新娘用寬袍大袖遮住眼睛以下的面容，手上搭著長至腳面印有「兩姓之合」的白綢緞，緩緩走向婆家。如果新郎是軍人則戎裝登場，穿過戰友們用刺刀搭起的儀仗，走上婚禮舞台。

韓式禮服
資料來源：台中婚紗 | Queena Wedding（2013

❤ 堵住婆婆的嘴

蜜月回來後，新人先在娘家住一晚，第二天帶著女方父母準備好的點心到婆家。點心盒一定裝栗子與飴糖，表示婆婆忙著剝栗子少生是非，吃飴糖黏住嘴巴不多嘴多舌。

❤ 忠貞之鳥——大雁

男女雙方分別向自己父母叩頭接受祝福後，新郎手捧一對大雁到新娘家——大雁是忠貞之鳥，象徵白頭偕老，一次結緣終身不變。新娘父親接過大雁，表示同意這門婚事，新郎才可以將新娘接走。（WeddingDay自助婚紗第一站，2013）

大雁
資料來源：korea fan network（2014）

❤ 納幣

又叫賣箱子，是現在仍然盛行的儀式。在舉行婚禮前，由新郎家把給新娘的聘禮和婚書等放進箱子，並放上送給新娘的韓服及首飾，派人送到新娘家。新郎的朋友們在距離新娘家尚很遠便喊：「賣箱子，賣箱子」，新娘的親朋好友便把他們拉進新娘家的院子，並在院子裡用美酒及美食招待他們，新娘的朋友們要為新郎的朋友們表演歌舞。

❤ 偷看新房

婚禮當天晚上，新人進入新房後，新娘的親戚們用手指將新房的窗戶紙戳破，偷看新人。

❤ 女性禮服

女性禮服則是圓衫。圓衫是朝鮮時代（西元1392-1910）王族女性、貴族女性和貴婦的正式禮服，材料為絹（蠶絲），肩上、胸和背面前鑲有代表階層的金箔裝飾的大袖服裝。民間用袖口大多以彩色緞子代替燙金圖案，以此與宮廷禮服區別（台中婚紗｜Queena Wedding，2013）。

以下簡述韓國傳統結婚形式流程：

◆婚談

在韓國的傳統婚禮舉辦前，男女雙方家人都須透過媒人互相瞭解對方的家庭狀況、學識，以及人品等。如果互相有好感，便先邀父母

們見面，有的時候本人結婚前未見過對方；互相同意結婚後，一般男方先將「請婚書」送給女方。女方如果有結婚的想法便將「許婚書」送給男方，表示議婚成立。

◆納采

收到「許婚書」，男方家便寫上「納采文」和「四柱」，用紅布裹裝送給新娘家。收到「四柱」的新娘家將新郎和新娘的出生年月，仔細選擇婚禮的日期和時間，並在白紙上寫出「涓吉」再送給新郎家。

◆納幣

新郎家從新娘家收到信（涓吉）後，把新娘在婚禮時要穿的「採緞」和「婚書」，用婚書箱送到新娘家；採緞一般是在婚禮前一個月送。舉行婚禮前把「幣物」和「婚書」，以及「封採」和「物品目錄」一起送去，叫做「函」。新娘結婚時需要的物品、費用一起收到的「婚書」、「納采」和「四柱」一輩子誠心保管，表示自己對丈夫的一片忠心。

◆醮子禮

向父母行禮
資料來源：微日報（2014）

準新郎按著傳統對兩家的禮節活動結束後，在舉行婚禮的當天，新郎需早起床，如果有祠堂須先到祠堂，如果沒有祠堂須讓父母坐定，鄭重地向他們磕頭。磕頭結束後，新郎需跪在父母面前感謝父母養育之恩，並說迎接新人（妻子）後認真生活，向父母表示感謝。準新娘也需在結婚當天早晨向父母磕頭表示感謝。

◆奠雁禮

新郎打理結束後，在家人的指引下前往新娘家舉辦婚禮儀式。「娶媳婦」時一般是步行前往新娘家，但也有新郎乘坐馬匹到新娘

韓國傳統婚禮習俗用詞

❤ 納采文

對許婚的感謝文章和讓對方選出結婚日期和時間的問候。

❤ 四柱

按著六十甲子的干支，記錄出生年月和出生時間的信。

❤ 涓吉

在傳統婚禮上接受四柱單子的新娘家把擇日單子送給新郎家的事，並請男方告訴女方在舉行婚禮時新郎要穿的服裝號碼（大小）的信。

❤ 納幣

婚姻時四柱單子交換結束後，證明訂婚的聘禮，新郎家把禮物送給新娘家。

❤ 採緞

在納幣時新郎家送給新娘家的禮物，主要裝有藍色和紅色的綢緞，因此叫採緞。

❤ 幣物

送給新娘的禮物。

❤ 封採

一般家庭條件富裕的話，多裝一些別的衣料，這叫封採。

❤ 函

婚書和禮單裝在箱子裡送給新娘家。各地風俗各有不同，大部分叫納幣或者封採。背上函（箱子）去新娘家的人一般是年紀較大、有子有女的多福之人。收到函（箱子）的新娘母親要先保管婚書，直到出嫁的女兒生了孩子，恭敬公公和婆婆，覺得女兒不會回到娘家時才會把婚書送給女兒。

❤ 婚書

婚姻時新郎家與禮單一起送給新娘家的信。

家。新郎到達新娘家的大門時，新娘家代表出來迎接客人。新郎進入大門時需跨越放在院子的「火盆」，表示趕走惡鬼。新郎把帶來的大雁放在桌上，磕頭兩次。

大雁象徵著白頭偕老，表示一次結緣終身不變。過去用的是活的雁，現在使用的是木頭做的雁。讓人們學習大雁擁有的三種德性如下：

1.大雁代表一旦約定愛情就永遠遵守。活著的時候如果失去自己的夥伴，絕不會再找另一位夥伴。
2.大雁飛的時候排著行列遵守上下的規矩，前面飛的大雁叫出聲，後面的大雁也回應，表示尊重禮儀。
3.大雁到過的地方都留下自己來過的痕跡，借鑒大雁的這種習性，表示為人生留下優秀的業績，永遠多福的生活。（京華婚禮，2014）

◆交拜禮

新郎奠雁禮結束後，站在新娘家的大廳或院子裡已經準備好的大禮桌的婚禮廳東邊。在屋裡等待的新娘，從新郎進大門後開始在頭上戴簇兒（也叫簇冠），為了喜慶的日子不讓惡鬼接近新娘，新娘的左右臉上需貼上用紅紙做的胭脂，眉心也要貼上一個，並準備去婚禮廳。新郎和新娘在婚禮廳見面，相見結束後新郎和新娘對拜，按著東方哲學宇宙觀的陰陽原理，單數為陽，雙數為陰，新郎為陽，新娘為陰，尤其是在「冠婚祭禮」的大禮時，要用雙倍的數量磕頭，因此新娘向新郎拜兩次，新郎回拜一次，新娘新郎再重複一次。

◆合巹禮

交拜禮結束後合巹禮開始，新郎跪下新娘坐著，旁人在繞青絲、繞紅絲的酒盞上斟酒，新娘彎腰揖禮。旁人把酒盞端到大禮桌左邊，再端到右邊，然後端到大禮桌上面給新郎，這時新郎需舔一舔酒再給新娘，最後把酒盞拿開。這時候的酒叫合歡酒，合巹禮結束後，客人們將放在大禮桌上的大棗、栗子裝在新郎的兜裡，預示讓小夫妻早生貴子。

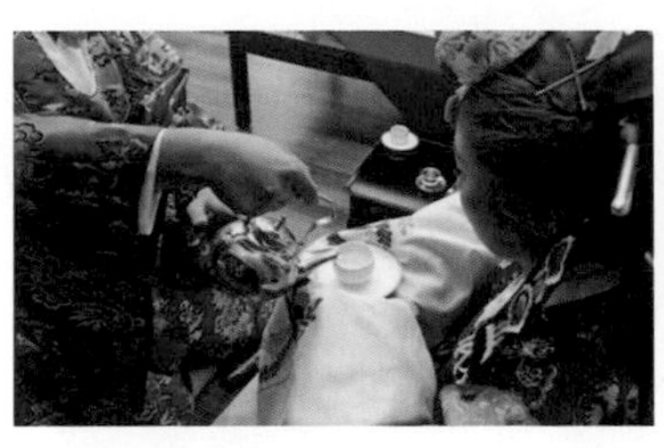

合巹禮

資料來源：iwed婚禮（2014）；bestwedding net asia（2013）

◆新婚之夜

在新娘家結束婚禮儀式後，晚上安排新人住的房間叫「新房」。新人過初夜時有一種風俗就是偷看新房。偷看新房的由來很多，其中一個說法是過去為了早點傳宗接代，存在早婚的風俗，平時單相思新娘的人或者偷偷有交往的青年，在初夜時把新娘搶走，所以開始守護新房；還有一個說法是「好事多魔」，喜慶時怕惡鬼接近，因此守護新房。

◆于歸新行

在新娘家的婚姻儀式結束後，須在新娘家逗留三天，之後新郎與新娘一起回家，這叫于歸或者新行。于歸日之前，新娘家準備送給婆家的大棗和肉之類的幣帛飲食（新娘首次相見公公婆婆時在桌上擺的大棗等的飲食）。新行時幾乎所有的新娘都須坐上轎子到新郎家。到新郎家後，人們出來撒大豆、小紅豆、棉籽、鹽等，並在大門裡面燃起柴火，讓新娘跨過去，表示趕走雜鬼。

◆幣帛禮

將新娘家帶來的飲食放在桌上，夫妻在公公婆婆面前行禮，並依序介紹家人和親戚。這時只有新娘給家人磕頭，新郎則站在桌子旁邊向新娘介紹家人。如果祖父祖母健在，為他們另準備一桌；先向父母磕頭，再向祖父祖母磕頭，再向直系兄弟磕頭後，才向叔叔以及家人磕頭。

上述的傳統結婚形式在韓國一直延續到上個世紀60年代。伴隨著現代生活方式的影響日益加深，這種傳統的婚俗日趨簡化（互動百科，2014）。

交杯酒

資料來源：jasmiin（2014）

咬紅棗

資料來源：jasmiin（2014）

背新娘繞場

資料來源：jasmiin（2014）

(六)美國婚禮

◆接到手捧花的Lucky Girl

古代西方人認為，氣味濃烈的香料及香草（甚至包括大蒜和細香蔥）可以衛護婚禮的人們免遭厄運和疾病侵害，這便是新娘手握捧花的原因。另有浪漫的傳說：一位年輕男子持寶劍救心愛的女孩，為表愛意沿途採摘漂亮的野花，將這些花紮成花束送給女孩。女孩接受男孩的花束，並將其中最美的一枝花摘下戴在男孩胸前；這便是捧花和胸花的由來。新娘需在儀式結束後將手捧花從背後扔給現場單身女士，接到捧花將找到幸福伴侶。

搶捧花

資料來源：WeddingDay自助婚紗第一站（2013）；可艾婚禮小物&喜帖設計（2013）

◆彩排派對

結婚前男女雙方須邀約最親密的朋友，開一個小型彩排派對，表示對朋友的重視。在派對上，新人須向朋友們透露婚禮細節，回顧兩人戀愛往事並大秀恩愛；朋友們須用刀叉敲響玻璃酒杯表示祝福，並逐個送上祝詞。

◆單身派對

彩排派對後，是新郎新娘分頭狂歡的時刻。新人分別和伴郎、伴娘開單身派對是美國人特有的玩法；現在的單身派對已經不限於結婚

前夜的狂歡了，跑到拉斯維加斯或邁阿密玩上幾天的也大有人在。這次新人小別一直持續到婚禮儀式舉行前，因為結婚前見到新娘被認為是不吉利的。

◆第一支舞

新人領跳第一支舞；當第一支舞曲過半時，來賓紛紛滑入舞池。現代的美國婚禮，第一支舞成了新人之間的「大比拼」，大家都追求自己婚禮的「Firstdance」是最特別的。婚禮前精心準備第一支舞成了美式婚禮的重要流程，為的就是給來賓一個驚喜（WeddingDay自助婚紗第一站，2013）。

舉行婚禮前須先訂婚，再發放請帖給親友。婚禮通常進行二十至四十分鐘；婚禮一行人伴著結婚進行曲進入教堂，新娘手持一束鮮花和她的父親最後進場，父親須將新娘交給新郎；而新郎則須從側門進入教堂。當婚禮一行人聚集到教堂的祭壇前時，新娘和新郎互相表達誓言。常用的結婚誓言是：「從今爾後，不論境遇好壞，家境貧富，生病與否，誓言相親相愛，至死不分離。」宣誓過後，兩人交換戒指，通常把戒指戴在左手無名指上，這是古老的風俗。

第一支舞

資料來源：新浪博客（2012）

禮儀過後，通常需有「喜宴」；宴會提供參加婚禮的人向新婚夫婦祝賀的機會。新人乘坐汽車離開教堂，汽車上裝飾氣球、彩色紙帶、刮鬍膏之類的東西；「新婚燕爾」幾個字常寫在汽車後的行李箱上或後玻璃窗上。新人從賓客撒下如雨點般的生大米中跑向汽車，小倆口開車離開教堂時，朋友們開車追趕新人，不停地按喇叭，引他們注意；而後小倆口便度蜜

月了（互動百科，2014）。

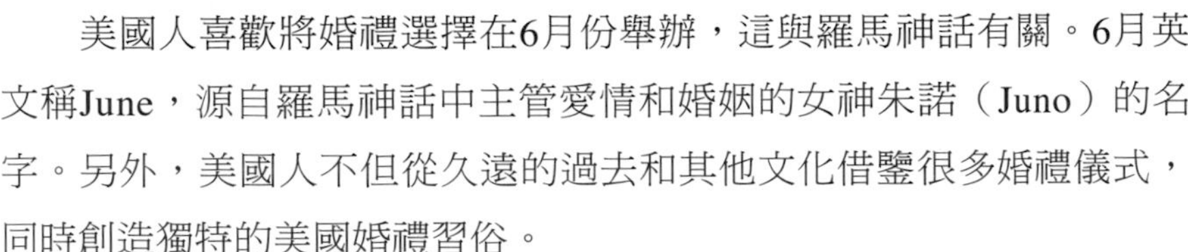
美國人喜歡將婚禮選擇在6月份舉辦，這與羅馬神話有關。6月英文稱June，源自羅馬神話中主管愛情和婚姻的女神朱諾（Juno）的名字。另外，美國人不但從久遠的過去和其他文化借鑒很多婚禮儀式，同時創造獨特的美國婚禮習俗。

◆訂婚

「我願意」（I do.）這句話對美國人而言可以改變一個人的人生，特別是如果你在自己的婚禮上說出這句話；發出結婚誓言就如同簽訂契約一般。雖然今天美國人並不真正認為婚姻是一宗商業交易，但婚姻確實是件嚴肅的事。

男方須先請求女方的父親同意婚事；女方父親答應，男方才能向女方求婚。男方通常須送給未婚妻鑽石戒指作為訂婚信物。訂婚期可以持續幾個星期、幾個月，甚至幾年。當大喜的日子臨近時，雙方各自的好友在婚前派對上會贈送許多實用的禮物。今天，許多未婚夫妻在訂婚期間聽取諮詢意見，為應付婚姻生活的挑戰做好準備。

◆結婚

通常在教堂舉行婚禮，有些人在戶外的風景點舉行婚禮，少數人甚至以跳傘或騎馬為舉辦儀式。新人可以邀請幾百位賓客，亦可僅邀請幾位最要好的朋友。

婚禮的色調風格、佈置和音樂都由自己決定。新娘通常穿一件白色漂亮的長結婚禮服。按傳統習慣，新娘的穿著需包括「一點舊的，一點新的，一點借來的和一點藍色的東西」；新郎則穿正式的西裝或燕尾晚禮服。

婚禮開始時，新郎和他的伴郎與牧師站在一起，面對來賓，當音樂響起時，新娘的伴娘入場，隨後是美麗的新娘。按傳統習慣，雙方許諾需彼此相愛，「不論情況較好較壞，不論家境是富是窮，不論生

病或是健康」。但有時兩人也可以說出自己的誓言，並互贈金戒指，象徵婚姻的承諾。最後，牧師宣佈重大時刻到來：「我現在宣佈你們成為夫妻，你可以親吻你的新娘。」

◆婚宴

在結婚喜宴上，新人向賓客表示歡迎，而後切開結婚蛋糕並互餵對方一口。來賓們一邊享受蛋糕、飲料和其他食物，一邊相互交談。之後，新娘將花束投向一群單身女孩；相傳接到花束的女孩將成為下一位結婚的人。喜宴期間，愛熱鬧的朋友以薄紙、錫罐和寫著「新婚」的標牌裝飾新人的小汽車。宴會結束後，新婚的小倆口跑向小汽車，迅速地駛走。許多新人以一兩個星期的度假旅行，慶祝新婚（京華婚禮，2014）。

美國婚禮

資料來源：愛結網、中國禮品網（2013）

(七)加拿大婚禮

加拿大的婚禮，彷彿是一場熱鬧的派對，新人是這場宴會的主角。新娘是宴會的公主，新娘穿著美麗的白色婚紗，成為全場注目焦點。三五女友組成伴娘隊伍，穿著統一的禮服，簇擁著新娘。襯托新娘的美麗。參加儀式的女賓客們都明白，衣服不可太搶眼，否則豔壓新娘，便成為不受歡迎的客人。

西方婚禮中唯美的白色婚紗，起源於英國喬治五世的祖母維多利亞女王。西元1840年維多利亞女王的婚禮便是用白色連衣裙，引起整個英國社會的關注。此後，婚禮上穿著白色連衣裙的習慣擴展到英國上流階

層，19世紀後擴大到普通家庭。

伴娘隊伍

資料來源：世界奢侈報導（2012）

對於婚禮的籌備，加拿大和很多國家一樣，為將婚禮辦得熱鬧隆重及富有紀念意義，人們通常在婚禮前幾個月甚至一年前便開始準備。每年的5月到9月是加拿大青年男女喜歡舉行婚禮的時間，尤其是7月，眾多男女集中在同段時間內舉行婚禮。所以，在這幾個月的週末，城鄉的教堂從早到晚都傳出悅耳的〈婚禮進行曲〉。

加拿大人喜愛鮮花，無論是教堂、宴會廳、新房都須用玫瑰花、蘭花或百合花裝扮，營造夢幻般的浪漫。基督教的結婚儀式中，新人相互贈送戒指是重要的內容，戒指內側會刻上姓名的縮寫字母和結婚日期，雙方將其視為珍品，留作永久的紀念。

彩車

資料來源：幸福瞬間（2014）

教堂儀式結束後，新人乘坐裝扮得花枝招展的彩車，沿著繁華的地區兜一圈，路上的行人投以祝福的目光，相遇的車輛會鳴喇叭表示祝賀。隨後新人至風景秀麗的公園或名勝遊覽地，拍攝新婚照片。

婚宴通常在結婚儀式後舉行。西方婚宴的傳統內容包括客人們向新人敬酒、由新人第一對開始跳舞、婚宴中準備一個大型的結婚蛋糕，以及切結婚蛋糕。新娘向在場所有尚未結婚的女性丟出手中的花束，接到花束的女性被認為是下一個結婚的人。為公平起見，最近幾年流行新郎將新娘的襪帶丟向未結婚的男性朋友，而接到的男性會被

認為是下一個結婚的人（上海久久結婚網，2014）。

加拿大人的新婚宴會一般在晚上舉行，先是非正式的酒會，接著是正式的冷餐和熱餐，氣氛熱烈，場面隆重。加拿大新人也有婚後蜜月旅行的習慣。由於加拿大冬季漫長，因此經濟條件好的，多安排到加勒比海諸島和美國的佛羅里達州度假，盡情享受陽光、沙灘和海浪。而收入不豐者，多到國內的風景勝地遊玩，如魁北克的勞倫欣山區、洛磯山脈的班夫，以及路易斯湖等地。

加拿大是個多民族的國家，有英裔、法裔、印第安人、愛斯基摩人、華人和少量歐美及亞洲各國移民。這些民族都擁有自己的傳統習俗，在婚禮上也表現如此，從而使加拿大成為多姿多彩婚禮習俗的國家。

◆購物

加拿大的英裔居民和法裔居民大多信奉天主教或基督教，婚禮習俗與西方信基督教的國家有很多相似之處。大多數加拿大青年對婚禮非常重視，總是力求將婚禮辦得熱烈隆重、多姿多彩、富有紀念意義。近些年來，加拿大各級政府部門在全國各地建立結婚諮詢機構網絡，準備辦喜事的男女可以到商場、飯店、旅館甚至市政廳等處進行新婚購物諮詢，這種諮詢服務是免費的。如果諮詢者感到滿意，可以在導購小姐帶領下當場選購物品，並配有免費送貨上門的服務。各地每年還舉行結婚用品展銷會。

◆加拿大印第安人婚禮

加拿大印第安人的婚禮帶有濃厚的民族色彩。婚禮地點多選擇在印第安人聚居區之公共建築物裡舉行，一般是一幢較大的木頭房屋。舉行婚禮時，親朋好友、左鄰右舍、村中居民紛紛到木屋裡，眾人席地而坐，互致問候。男女老幼身穿民族服裝，款式新穎，色澤豔麗。雖然印第安人性情開朗，但婚禮場合卻顯得非常安靜，即使說話也是

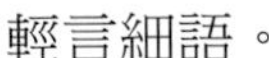

輕言細語。

婚禮的主持人是酋長和兩位長老，當他們來到現場時，全場的人向他們致禮表示敬意。酋長身著民族服裝，頭上象徵權威的高高的羽毛格外醒目。酋長在大廳中央坐定，兩位長老分坐酋長左右，他們是當地年歲最大的人，灰白色頭髮結成長辮垂在肩上。新郎新娘身著白色的鹿皮傳統服裝，跪坐在酋長對面。成年男子圍坐在酋長、長老、新郎新娘周圍，婦女和兒童圍坐在男人的周邊，每人面前放著刀和盤碗。

儀式開始，酋長面向空中，高舉雙手，全場鴉雀無聲。酋長點燃艾草，隨著一股伴有濃香的青煙升起，酋長用民族語言向神明祈禱，為新人祝福。酋長說完，由左右兩邊的長老邊說邊唱，歌聲豪放粗獷。祈禱完畢，酋長從身上取下一根長管菸槍，在艾草上點燃，再將菸槍平舉在胸前，自左而右地轉一圈，放進嘴裡吸幾口。隨後，將菸槍交給左邊的長老，這位長老照酋長的樣子做一遍後交給右邊長老，接著傳給新郎、新娘、客人們。按照印第安人的傳統風俗，菸槍象徵和平，吸菸表示友好。當在場的每一個人都吸過菸後，四位年輕人抬來一大桶湯羹，新郎新娘先為酋長和長老每人盛一碗，酋長接著將湯羹分盛在五、六個小桶裡，再由人分給在場的每一個人。根據印第安人傳統習俗，新郎婚前要設法獵獲一頭麋鹿，用鹿肉加野米熬成湯，婚禮上分給大家喝。按照古老慣例，印第安人婚禮上吃玉米餅時，還需吃烤野牛肉，但今天的野牛成為保護動物，所以許多人婚禮上的烤野牛肉便用美國的「肯德基炸雞」代替。這樣，印第安人的婚禮既保持民族的傳統習俗，並受到西方文化的影響。喜宴結束，酋長和長老離去，賓客來到空地上，隨著歡快的鼓聲，通宵達旦跳傳統的印第安太陽舞。

印第安人認為珠寶可以抵抗饑餓、疲倦、疾病及惡運，因此新郎及新娘須戴上銀貝殼和綠松石等珠寶首飾。印第安文化，水象徵潔淨及純正，新娘及新郎需進行洗手儀式，代表將舊日的戀愛和悲傷回憶通通洗淨。印第安人認為東方代表未來意涵，因此婚禮所有儀式都需

面向東方（八號甜蜜8 Sweet，2013）。

印第安人度蜜月與別的民族不同，不在婚後舉行，而是在婚前新人便先度蜜月。男方乘月夜把意中人「搶」走，到森林深處過滿一個月近乎與世隔絕的生活。滿一個月後，雙雙回家拜見雙方父母親後，才正式舉行婚禮。這便是印第安人的「婚戀三部曲」：搶親、蜜月、結婚（八號甜蜜8 Sweet，2010；互動百科，2014）。

◆加拿大愛斯基摩人的搶親

居住在加拿大北部的愛斯基摩人，至今流行「搶親」的古老習俗。愛斯基摩人注重誠摯的感情，不講究結婚的形式。一對男女青年產生戀情，發展到一定程度，男方替女方家蓋一幢房子或者送給女方一套能夠禦寒的衣服，女方家庭成員住進房子或者女方穿上衣服，便算相互間的婚姻關係確定。愛斯基摩人的婚禮日期多選在隆冬季節，因為這段時間大雪封門，無法外出捕魚或打獵。舉行婚禮的那天，男子偷偷隱藏在女方家附近，一旦有機會，便將姑娘搶走。姑娘自然知道男子在門外受凍，為了考驗他是否忠誠，故意深居內室，讓他難於搶到手。聰明的小夥子，總是用計謀將姑娘引出家門，達到搶人的目的。如果婚禮選在夏天，男子可以鑽進女家，扯著姑娘往外跑，姑娘佯裝不從，家人視而不見，最後姑娘的喊叫聲慢慢消失在遠方。愛斯基摩人婚禮異常簡樸，新郎新娘叩拜家族長老、父母兄弟、親朋好友等，大夥吃頓魚肉飯、喝碗魚湯，縱情跳舞，婚禮宣告結束，客人各自離去（八號甜蜜8 Sweet，2010）。

(八)歐洲皇室婚禮

◆沒女王祝福，就沒有婚禮

皇室婚姻法規定，所有王室成員的婚事必須經過君主的首肯；所有想攀附金枝玉葉的人都需獲得女王的青睞。另外，英國的國教安立

甘教的最高領袖是女王，因此，若想成為王室成員，不能是天主教徒或異教徒。若以前是，則必須放棄原來信仰，成為英國國教教徒。否則，該王室成員將喪失理論上的繼承王位的權利。

英國女王

資料來源：大紀元（2014）

◆婚前單身派對

舉辦婚前派對的傳統在英國王室由來已久，派對的參加者都是將要大婚者的鐵哥們，謝絕異性參加，舉辦時間一般是在婚禮前一個月左右。威廉王子的婚前單身派對由弟弟哈里王子主持，在一個鄉村別墅舉行。

隨著上世紀女權主義的發展，女人開始要求對等的權利，新娘子凱特的伴娘她的妹妹為了替她開告別單身的聚會，訂了四家完全不同的酒店，以免無孔不入的狗仔隊騷擾。

◆皇室婚禮地點

早年英國王室如女王安妮、喬治三世、維多利亞女王、喬治四世、喬治五世等的婚禮都在聖詹姆斯宮舉行。但聖詹姆斯宮太小，後來帕德里夏公主在西元1919年將結婚地點改在西敏寺教堂，便於皇室婚禮成為一個公眾事件。女王伊莉莎白的父母和她自己的婚禮，也在西敏寺教堂舉行。雖然有時王室婚禮在聖保羅大教堂舉行，如查爾斯和戴安娜的婚禮，但威廉王子的婚禮仍在西敏寺教堂舉行。

西敏寺教堂
資料來源：香港地產網（2011）

◆觀禮穿戴要講究

王室婚禮不是每個人都有資格到現場祝福；王室的朋友、外國領袖、宗教界的高層、新人的朋友和家人才在名單之列。當年查爾斯和戴安娜在1981年舉辦的婚禮，應邀出席婚禮的大約有3,000名賓客，當中包括21位君主、20位國家元首、26位總督和281名外交使節團成員，另有7億觀眾收看電視直播婚禮。王室成員坐在教堂的右邊。參加這種儀式，衣冠不整是謝絕入內的；男士應穿軍裝、禮服或西服，女嘉賓則須戴帽子。

觀禮講究穿戴
資料來源：大紀元（2014）

◆皇室婚禮花費

查爾斯的第一次婚禮在西元1981年，花費是200萬美元，當時萬眾歡騰，當天還被定為公眾假期。威廉王子的婚禮當天包括大廚、男僕、女管家在內有60名工作人員，900名受邀賓客；賓客享受最頂尖

的大廚精心製作的英國美食。盛裝和烹飪食物的容器充滿歷史的厚重感；例如，婚禮當天的早餐使用銅鍋烹製，該器皿在190年前喬治四世統治時期第一次使用。

◆新娘手捧花花語

威廉王子大婚時，新娘凱特．米德爾頓用的手捧花為盾形，捧花中包括桃金娘、山谷百合、美洲石竹（Sweet William）和風信子等。花束由Shane Connolly設計，選用傳統代表王室的花卉、米德爾頓（Middleton）家族的花卉，以及恰當的花語。

新娘捧花花卉的意義

✿山谷百合

即鈴蘭，花語為「回歸幸福」（Return of Happiness）。在歐洲，鈴蘭是純潔、幸福的象徵，在婚禮上常常可以看到。送這種花給新娘，是祝賀新人幸福的到來。因為這種形狀像小鐘似的小花，令人聯想喚起幸福的小鈴噹。

✿美洲石竹

花語為「英勇」。花名Sweet William中還有威廉王子的名字在裡面，象徵凱特對他的愛。

✿風信子

花語為「只要點燃生命之火，便可同享豐盛人生」。

- 紫色：代表悲傷、妒忌。
- 淡紫色：代表輕柔的氣質、浪漫的情懷。
- 白色：代表純潔清淡或不敢表露的愛。
- 紅色：代表感謝。
- 桃紅色：代表熱情。
- 粉色：代表淡雅清香。
- 黃色：代表我很幸福。
- 藍色：代表高貴濃郁。

・深藍色：代表因愛而有些憂鬱。

✿桃金娘

花語為「婚姻的象徵、愛」。

伴娘的手捧花也是由Shane Connolly設計，和新娘凱特的手捧花相搭配。天使般的花童戴的花環則是由常春藤和鈴蘭紮成，這受了凱特媽媽卡羅西元1981年婚典的影響。

✿常青藤

花語為「忠實、婚姻、結婚的愛情、友誼、感情」。結婚時新娘的花束中少不了長春藤美麗的身影。

◆皇室大婚婚車

按照傳統，王室新娘凱特・米德爾頓應該坐馬車從娘家到婚禮現場，但是為了節約，準威廉王子妃最後決定坐汽車前往。這輛汽車也不簡約，是一輛西元1977年的黑色勞斯萊斯（Rolls-Royce）古董車。結婚典禮結束後，威廉王子與凱特・米德爾頓乘坐一輛敞篷復古汽車回到英王室住所——白金漢宮。

皇室大婚婚車
資料來源：大紀元（2014）

◆婚禮音樂拒絕流行樂

威廉與凱特親自挑選婚典當日的配樂方案，清一色的為英國傳統的頌歌及讚美詩。有兩支唱詩班與一隊交響樂團負責音樂的演奏工作，另外，皇家空軍軍樂團也參與演出。

唱詩歌
資料來源：香港地產網（2011）

◆皇室婚禮攝影師

威廉和凱特的訂婚照片是攝影師馬里奧·特斯蒂諾（Mario Testino）的作品，這位時尚界著名的大師為戴安娜和瑪丹娜拍攝的照片都堪稱傑作。他說：「我在拍攝凱特王妃前便確信她是一個完美的拍攝對象，自然、優雅、個性開放。」他在拍攝那天幫助凱特王妃選好衣服，拍攝過程中播放著法國歌手妲麗達（Dalida）的歌曲，他當年給戴安娜拍照時也選擇這片CD幫助王妃放鬆。「兩個相愛的人是最有表現力的，這就是我照片的重點。」

婚禮後有兩個婚宴，一個是中午女王在白金漢宮主持的招待宴會，另一個是查爾斯在寢宮主辦的晚宴（上海久久結婚網，2014）。

(九)法國婚禮

白色是浪漫的法國婚禮的主色調，無論是佈置用的鮮花、佈置裝飾，或是新娘的服飾，乃至所有的佈置裝飾，都是白色；可見法國人眼中的婚姻應該是純潔無暇的。

婚禮上，新娘會準備名為「Weddingarmosre」的櫃子作為嫁妝；櫃上刻有手工精細、象徵健康，以及繁榮的圖案，象徵「希望之匣」的美稱；而新人用的杯子也有特定的名稱，名為「Coupdemarriage」，意思為「婚禮之杯」（八號甜蜜8 Sweet，2008、京華婚禮）。

現代的法國新人結婚當天，法國新娘大都喜歡簡單的造型，因此幾乎都是自然妝加上俐落的髮髻就完成了。

法國婚禮的第一站，是前往居住地的市政府公證結婚。由於法國是採政教分離的概念，所以唯一被承認的結婚方式是在市政府進行的公證儀式。如果新人有天主教信仰，也得先在市政府公證，之後再前往教堂進行教堂婚禮。一般要在教堂舉行婚禮的新人，於市政府公證時，僅會邀請家族成員及見證人參加，其餘親友則在教堂等候。如果沒有宗教信仰，便邀請所有的親朋好友參加市政府的公證儀式。

市政府公證結婚是由市長主持，市長不在的話，則由其代理人負責。等到眾人入座後，市長便主持婚禮，為新人簽署結婚證書，並由四位見證人簽名，婚禮進行到重頭戲「交換誓言、互戴戒指」後，新郎開心地擁吻新娘，儀式便告一段落。

一般法國婚禮在晚宴之後，在午夜之前舉行舞會，舞會進行到半夜，甚至天明。晚宴和台灣的宴會差不多，欣賞一段新人愛情故事的影片，再由新人及父母致詞。晚宴過後，隨即進行舞會，舞會的重頭戲由新人開場跳舞，舞會中並穿插一些小活動，例如在雨傘上夾著紙條，隨著音樂的進行，親友們相互傳遞雨傘，待音樂停止時，拿到雨傘的人，就需取下一張紙條。每張紙條上都會要求拿到的人做不同的事，通常都是「明年結婚週年請吃飯」、「新娘生日請吃飯」等給新人的驚喜。並有問答遊戲，就是讓新郎新娘背對背，由主持人問問題，新郎新娘舉牌回答，主要是測試新人有沒有默契。問題的範圍很廣，有些是兒童不宜。

在法國的一些鄉村，有些很有趣的結婚習俗，例如姑娘在結婚那天，需偷偷地拿幾個雞蛋藏在衣褲中，當新郎陪著新娘進洞房時，新娘需故意跌倒，把雞蛋跌破，象徵能生育兒女（京華婚禮，2014）。

法國婚禮

資料來源：女人迷（2012）

白色婚禮

資料來源：紹興頻道（2013）

(十)德國婚禮

德國人在婚禮中會舉行派對，派對中新人會被戲弄，這類似於中國的「鬧洞房」，其中最特別的是興高采烈地將碟子擲碎。婚禮舉行之日，新人坐在黑馬拉的馬車到教堂。在婚禮舉行的地方，用紅色絲帶和花環封住出口，新郎須以金錢或答應舉行派對作交換條件，新人才可以通過出口，在德國的傳統婚禮中叫做「Ropingthecouple」。（八號甜蜜8 Sweet，2013；互動百科，2014）。

在德國的婚禮中，有所謂「Polterabend」的儀式，即當新娘新郎進入婚禮現場後，賓客們就會「叮叮噹噹」地砸盤、摔碗，並持續很長時間。用這種方式一方面表達對新人的祝賀，一方面幫助新人去除煩惱，迎來甜蜜的開端。更有趣的是，新人每聽到賓客砸一件物品後，必須立刻砸碎一件物品回應。彷彿對方砸一件物品是對新人恭喜

祝賀，新人回砸一件物品則是表示感謝（C'EST BON金紗夢婚禮，2013）。

應邀參加婚禮的賓客，都帶著幾樣破碗、破碟、破盤、破瓶之類的物品。婚禮中奮力地猛砸猛摔，這樣可以幫助新婚夫婦除去昔日的煩惱、迎來甜蜜的開端，在漫長的生活道路上，夫妻倆能夠始終保持火熱的愛情，終身形影相伴、白頭偕老（上海久久結婚網，2014）。

德國婚禮；砸盤、摔碗的祝賀方式
資料來源：歐洲新報網（2014）

德國結婚習俗十大細節

❤ 撒米粒

婚禮後，客人須向新人身上撒米粒，撒米粒象徵豐收。

❤ 拋花束

新娘將其手中的花束拋向周圍尚未結婚的女士，接到花束者，將是下一位新娘。

❤ 新娘伴娘

新娘伴娘須是未婚女孩，陪伴新娘走入教堂，意味把妄圖加害新娘的惡鬼引開。因此，伴娘的著裝須與新娘相似。

❤ 花束送子

將鮮花置於花瓶中，乃非基督教的古老習俗。因花的香氣可引來豐收女神，預示新人將來多子多孫。

❤ 車掛鐵盒

在新娘的花車上，掛許多鐵皮盒子，開車時便發出叮噹聲響，告訴路人，有對新人由此經過。

❤ 劫持新娘

婚禮隊伍行進途中，在客人的陪伴下，由一位要好的男性朋友帶人將新娘「劫」走。若新郎未能立刻找到新娘，必須花些小小的代價贖回新娘，如給大家講一個笑話、唱一首歌，或保證婚後頭前四個星期洗碗等。

❤ 跳面紗舞

午夜時分，面紗舞開始。這時，大家爭搶新娘的面紗，並將其撕成碎片，分給伴娘和每位嘉賓，象徵分享新人的新婚祝福。

❤ 背新娘過門檻

傳說惡鬼會躲在門檻下，當新娘邁過門檻時，則伺機奪去新娘的幸福。因此，由新郎將新娘背過門檻。

❤ 零鈔買鞋

婚禮上，新娘需著一雙用零錢買的鞋子。此源於過去生活艱苦，人們為準備嫁妝精打細算的習俗。用零錢買鞋，是向丈夫保證，娶到的是一位既節儉又忠誠的好太太。

❤ 四樣物品

舉行教堂婚禮時，新娘需穿戴四樣物品，即一樣新的，一樣舊的，一樣借的，一樣藍色的。如一只新的結婚戒指，一件老的家庭裝飾品，一條借來的項鍊，以及一對藍色吊襪帶。（上海久久結婚網，2014）

親朋好友們會被再次邀請參加一個傳統的宗教式婚禮，這是傳統德國式婚慶的第二個必經儀式。新人只在教堂舉行婚禮的行為，是不合乎規定的；在這個宗教式的婚禮儀式上，新娘將得到象徵著豐收、富足的麵包與鹽巴，新郎則會身穿帶有穀物麥穗的服飾參加儀式，以祈求富有與好運（歐洲新報網，2014）。

德國婚禮

資料來源：歐洲新報網（2014）

(十一)希臘婚禮

希臘的新娘在手套中放一些糖，代表把甜蜜帶進婚姻生活。希臘人喜歡在婚禮中跳傳統的圓舞招待賓客。婚禮舉行時，由詩歌班的領唱者訓示新郎需好好照顧和保護妻子，新娘則輕拍新郎的腳掌以示尊重。新人用薄紗包著裹以糖衣的扁桃仁，分享賓客，象徵豐足和美滿（八號甜蜜8 Sweet，2013；互動百科，2014）。

在希臘，由新郎的教父擔任嘉賓，為新郎、新娘戴上花冠（花冠有白色和金色的，花冠由鮮花或由金色或銀色的紙包起來的樹枝編織而成），戴上花冠後，新人圍繞聖壇三圈，婚禮上的賓客則朗讀《聖經》，手持蠟燭，在婚禮後將花冠放在一個特殊的盒子裡。在婚禮當日，新娘通常在手套中放一些糖，預示兩人的婚姻甜蜜、美滿（C'EST BON 金紗夢婚禮，2013）。

希臘人曾經只能在教堂舉行婚禮，有很長的一段時間，只有在教

堂舉行的婚禮才被希臘承認為合法婚姻。自西元1832年希臘王國宣告成立以後，東正教一直被視為希臘的國教，教堂是一百多年來希臘男女舉行婚禮的場所。國家也以法律形式宣布，只有在教堂舉行婚禮，方可獲取法律上的承認。自上個世紀70年代以來，東正教的影響在希臘日漸式微，要求世俗婚禮的呼聲日益高漲，希臘政府於西元1982年7月18日公佈一項法令，宣佈以世俗方式結婚和以宗教方式結婚享有同等的合法地位；至此結束希臘一百五十多年來只有以宗教方式結婚才算合法的傳統。儘管希臘的法定結婚年齡是18歲，但在某些情況下，如果父母同意，又非強制性婚姻，18歲以下的青年仍然可以結婚。愛情是自由的，婚姻是神聖的，沒有任何人可以干預；特別是在充滿愛情神話的國度，愛情更是最為崇高聖潔的。

◆婚紗與婚戒

傳統的婚紗和婚戒依然流行如今，婚禮上的服飾已經多樣化。特別是根據婚禮的主題不同，希臘人也不是非要穿婚紗舉行婚禮。不過，如果選擇婚紗，他們還是會選擇最傳統的樣式——白色的長袍，搭配面紗和戴在頭頂的花環，這樣的裝束使新娘看起來像聖潔端莊的雅典娜一樣美麗。而新郎的服裝相對簡單許多，黑色或白色的西服即可。在一些偏遠地區，希臘人選擇穿民族服裝舉行婚禮。對於結婚戒指的選擇，依然偏好傳統樣式的鑽戒；對於戒指的質地，選擇黃金的新人依然比較多。希臘選擇結婚戒指時，需男女雙方共同挑選。在彼此的戒指內側刻上對方的名字，表示愛情的忠貞不渝。

◆結婚

希臘人非常重視婚禮，尤其是鄉村地區的婚禮場面熱鬧，形式隆重，事先要進行充分準備。在農村、山區，人們多愛選擇陽春3月或農閒季節的某個星期天舉行婚禮，在人們的傳統觀念中，這段時間的星期天是辦喜事的黃道吉日，帶來美滿幸福的婚姻生活。正式舉行婚禮

前一個星期，新郎新娘邀請一群天真活潑的小男孩小姑娘，組成報喜的隊伍；身著漂亮服裝手捧請帖甜食，敲鑼打鼓地邀請男女雙方的親屬朋友、左鄰右舍、社會名流，甚至鄰村代表，屆時參加婚禮。男女雙方的家庭則分別進行準備工作，甚至需動員左鄰右舍或全村的人幫忙。因為婚禮是在女方家舉行，女方父母除了為新娘準備婚禮服裝及嫁妝外，還需準備婚宴食品。新娘的婚禮服裝比較講究，穿在外面的素白拖地長裙須由未婚的姑娘們縫製。

◆婚宴

希臘人愛吃麵包，婚宴上不可缺少麵包，並且需要用獨特的方法烤製。按照傳統做法，供婚宴上食用的麵包和麵用的水，是由幾位漂亮姑娘取來的清潔泉水或河水；烤麵包用的柴火是幾位小夥子身背古琴、唱唱跳跳帶來的乾柏樹枝。當地習俗，婚宴吃了這種麵包，新婚夫婦可以過上豐衣足食的生活。宗教儀式結束，新郎新娘手挽著手，與雙方父母和各位來賓進入宴會廳，用豐盛的宴席款待嘉賓。希臘人的婚宴非常豐盛，除了本地風味外，並準備東南亞手抓飯、中國的炸春捲、義大利的空心麵條、法國的蝸牛菜等。希臘風味的菜餚中，最費事的是葡萄葉卷，這道菜由新娘烹製。

希臘人愛花，婚宴一般是在鮮花盛開、芳香撲鼻的庭院裡舉行。客人們邊飲邊吃邊談，頻頻舉杯向新婚夫婦表示祝賀。有時候，婚宴進行中，聞訊趕來的民間藝人以古老的樂器彈奏歡愉的婚禮舞曲。按照希臘古老的風俗，婚宴結束後要狂歡，眾人盡情跳舞，既有民間舞，也有交際舞。跳到高興時，有人舉起瓷盤摔在地上，人們高喊「歐巴」；婚禮中大摔盤子寓意碎碎平安，一場婚禮要摔幾十個盤子。希臘語中，「讓我們摔」是「讓我們歡樂」的意思。狂歡直到午夜時分結束，人們將新郎新娘送入洞房，婚禮結束。

現金是最受歡迎的禮物，贈送新婚夫婦禮物是希臘人的傳統，需要根據關係的親疏遠近而定。現在，在參加婚禮前，客人一般都會向新婚夫婦詢問是否應該給他們一個禮物或禮金的數額。在多數情況下，很多新人寧願接受現金，而不是禮物。不過，這依然是一個非常敏感的問題，一般只是私下討論。並且，賓客之間相互並不知道禮物的類型或者現金數量，這樣可以避免他們之間的尷尬。有時隨著婚禮的邀請，會附帶一個禮品提供名單，新人列出所需要的專案，讓賓客在指定的商店購買，或者在他們的銀行帳戶匯進一定金額。

希臘婚禮錢幣舞
資料來源：我愛購物網（2014）

希臘婚禮上，新郎新娘結束接待客人之前，都要跳一支紙幣舞。客人將紙幣揮撒在新郎新娘身上，或者把錢貼在新人的身上，這筆錢將作為這對新婚夫妻開始新生活的儲備金。這個希臘傳統在波蘭、墨西哥和尼日利亞也很流行（我愛購物網，2014）。

(十二)義大利婚禮

義大利人喜歡以傳統舞蹈接待賓客，傳統舞蹈名為「Tarantella」；他們同樣喜歡分派裹以糖衣的扁桃仁給參與婚禮的嘉賓，不同的是這些扁桃仁在義大利文化中象徵著甘與苦的婚姻。另外，義大利的新娘有一個名為「Busta」的小袋子，用來盛裝現金和禮物（八號甜蜜8 Sweet，2013；互動百科，2014）。

義大利有個很特別、很有趣的習俗，他們不流行送紅包，而是喜歡賀禮。婚禮前，新郎新娘到一家商店，這個商店專門承辦婚禮禮品的訂單和寄送，將所需要的禮品列張清單告訴商店，商店製作一個專門的本子，寫著新郎新娘的名字和結婚日期及禮品清單，同時把清單放到該店的網站上，親友們可在網路上預訂禮品。

義大利相互擁抱的禮儀
資料來源：攝影師的光影美學（2014）

傳統的婚禮在教堂舉行。結婚當天，新郎和雙方的親朋好友一般早些到教堂等候。新郎很高興地在迎接大家，並相互擁抱親吻，此為義大利的禮儀——好友多時未見或者在婚禮或節日相見，要相互親吻以示高興，先親左側臉頰後親右側，同時嘴巴發出波波的聲音；男女之間也是這樣。

大部分婚禮並不排場，一般就是一輛車。新娘由父親或哥哥挽著走進教堂，新郎在教堂裡等候，教堂走廊鋪著紅地毯，親朋好友在兩側鼓掌相迎，新娘走到新郎前，新郎掀開新娘頭上的白紗，婚禮正式開始。婚禮由牧師或神父主持，程序很複雜，禮儀很繁瑣；大致上是：神像前擺放好一個桌案，上面擺放著一些宗教禮儀用器，如酒壺、酒杯等，旁邊供著耶穌受難像，兩側擺著兩個大花束，新郎新娘站在桌案正前方，左側站著兩位新娘的女性親戚，右側站著兩位男士，一般是新郎的家人和上司。在一角，有一位鋼琴師演奏，一位歌手唱歌。神父先禱告，然後為新郎新娘祝福，再領著眾人讀聖經，每個人進教堂時都會得到一本小冊子，裡面是婚禮的程序和要讀的頌詞。完畢，新娘的兩位女性親戚分別致詞，之後神父繼續主持，詢問新郎新娘是否會愛對方一生等。接著頌詞，祭酒，然後舉起無酵餅，口中唸祝禱詞，之後神父吃一片，給新郎新娘各吃一片，其他的親友可以到一側排隊吃，每人一片。最後，神父、新人和兩側的新郎新娘雙方的證婚人分別在結婚證書上簽字。婚禮結束。大家走出教堂，手裡拿著大米和玫瑰花瓣在教堂門口等候，新郎新娘一出來，大家一起把大米和玫瑰花瓣撒向他們。大米在義大利語中發音和祝福相似，所以撒大米和玫瑰花瓣有祝福、幸福、美滿之意（京華婚禮，2014）。

新娘進教堂

資料來源：攝影師的光影美學（2014）

神父祝禱（左）；撒花瓣（右）

資料來源：攝影師的光影美學（2014）

在婚姻、家庭方面，義大利的情況與中國有所不同。在中國，男大當婚女大當嫁是再平常不過的事，在義大利，很多青年人晚婚、晚育、甚至不願生育，但義大利人對婚禮還是比較重視的。

義大利人實行婚姻自主，關於訂婚、結婚戒指，有不少傳說。一種傳說是：戒指用金子做成，非常結實，表明婚姻牢不可破，而其圓圓的形狀，又象徵婚姻圓滿。另一種傳說是：古時沒有自由戀愛，有錢有勢的人常常強迫婦女成親，甚至出現搶親。男子將搶來年輕女子戴上枷鎖。經過多年的演變，枷鎖變成了訂婚或結婚戒指。男子給女子戴上戒指後，表示她已歸他所有；這就是戒指的來歷。

義大利人習慣把婚期定在春、秋兩季，一般以3月、4月、7月、

9月、10月為多。婚禮分為兩種，一種是民政婚禮，另一種是教堂婚禮。無論哪種形式都需要進行婚姻登記，按照婚姻法的規定辦理（上海久久結婚網，2014）。

(十三)英國婚禮

傳統的英國式婚禮，新娘手持象徵好運的馬蹄鍊，若新人住在郊外，則須與觀禮嘉賓步經教堂，並在途中撒滿橙花。英國人的婚禮多在正午舉行，隨後安排午餐聚會，稱作新婚早餐。而英式的結婚蛋糕由大量水果製成，並在蛋糕面上飾以碎扁桃仁，頂層喚作「Christening Cake」，有「誕生之瓶」之意，並保留至第一個嬰兒出生（八號甜蜜8 Sweet，2013）。

英國人的婚俗豐富多采，從求婚到度蜜月均按自己的傳統方式進行。在英格蘭北部約克市求婚方式頗為奇特，繼承古代民間遺風。當女孩子長大成熟屆適婚年齡時，便穿上不同顏色的緊身服飾，向男性示意。不同的顏色表示不同的意思，綠色表示「來吧！我願意戀愛，大膽地追求吧！」；黃色表示「機遇是有的，如果合我的意還是有成功的機會」；紅色表示「目前我還不想談情說愛，不要追求我」。勇敢的男子會根據對方的服色，自己的選擇大膽地追求，絕不會被扣上行為不端的帽子。

一旦雙方確立戀愛關係，男方需送給女方訂婚戒指並舉行儀式。這種習俗遍及整個英國。英格蘭人在教堂裡舉行婚禮儀式時，新郎給新娘戴戒指是不可缺少的一項重要儀式。人們甚至認為不戴戒指的婚姻是無效的。當神父詢問一對新人是否願意成為對方的妻子或丈夫、能否相互尊重、白頭偕老後，新郎在新娘的無名指上戴上戒指，象徵丈夫對妻子的純真愛情，同時妻子表示接受並忠實於這種愛情。

戴戒指的習俗可以追溯到古代埃及、中國，它不僅作為一種信物也是一種裝飾品。婚姻戒指最初並不鑲嵌鑽石、翡翠，以及紅藍寶石等飾物。純潔的圓形象徵婚姻聯袂兩個人的團圓；在一些民族習俗，象徵魔力，保佑夫婦幸福長壽；同時，施予者表示對接受者的信任，接受者表示對施予者的忠誠。

金戒指
資料來源：藝術的私密的空間（2011）

金戒指象徵愛情的純真，銀戒指意味情感溫柔。英國人和西方各國一樣，訂婚戒指是金製而不鑲嵌任何寶石，結婚戒指應加裝飾物，至於戒指的質量則根據個人的經濟條件而異。訂婚、結婚戒指可戴在同一無名指上，也可由結婚戒指取代訂婚戒指。

英國在16世紀時，結婚戒指的內側經常刻示家族的圖案或箴言，諸如「上帝使我成為某某的妻子」；某位主教的妻子的戒指上刻上一隻手、一顆心、一頂主教冠和一個骷髏，銘文是：「前三個我賜予你，第四個使我超脫。」今天戒指上的銘文大多只刻上新郎和新娘名字的開頭字母。

英國人結婚須穿禮服；新娘身著白衫、白裙、頭戴白色花環，還需罩上長長的白紗，手持白色花束。總之，英國人崇尚白色，象徵愛情純潔、吉祥如意。戴頭紗的習俗可以追溯到西元前10世紀，當時兩河流域就已盛行女子戴頭紗。在古希臘，舉行結婚儀式時不僅新娘要戴亞麻或毛織品的頭紗，而且一對新人都須戴上花冠。到了羅馬時代，不同宗教信仰的人要戴不同顏色的頭紗以示區別。中世紀以後，宮廷貴族出現用珍珠裝飾的花冠。爾後，發展成為白色頭紗，並且尺碼日益延長，並遍及歐洲各地。

一旦舉行完婚，新郎新娘走出教堂時，人們需向新人祝賀，這種祝賀不是親吻、擁抱和握手，而是向他們撒五彩繽紛的紙屑。撒紙屑的習俗起源於撒麥粒。西元1491年英國國王亨利七世攜王后到布里斯托爾旅行，旅行途中，被一位麵包師的妻子看到，於是她從窗子裡向他們撒麥粒，並高呼：「歡迎你們，陛下！祝你們幸福、長壽！」

到16世紀時，這一習俗已廣為流傳；人們向新郎、新娘撒麥粒，有時染成各種顏色。麥粒象徵豐收和生活富裕，同時祝賀新婚夫婦幸福長壽、子孫滿堂。

度蜜月也是英國各地青年結婚的重要內容。度蜜月原是古代的習俗，在新婚之時一定要飲用一種用蜂蜜特製的飲料，象徵家庭美滿、愛情甜蜜和生活幸福。而這種飲料從結婚開始要喝三十天，因此就把新婚第一個月稱作蜜月（侑昇有限公司，2014；京華婚禮，2014）。

英國婚禮

資料來源：藝術的私密的空間（2011）

英國對於結婚紀念日十分重視，每年都需慶祝並有不同的稱謂。第一年是紙婚，第二年是棉婚，第三年為皮革婚，第四年為毅婚，第五年稱木婚，第六年稱鐵婚，第七年稱銅婚，第八年稱陶器婚，第九年為柳婚，第十年是錫婚，接下來分別是鋼婚、繞仁婚、花邊婚、象牙婚、水晶婚。從第十五年以後，每五年各有一個稱謂，依次為搪瓷婚、銀婚（第二十五年是個大典）、珠婚、珊瑚婚、紅寶石婚、藍寶石婚、金婚（五十年是第二大典）、翡翠婚、鑽石婚。鑽石婚（六十年）是第三大慶典，但很少有人能夠慶祝這個慶典（侑昇有限公司，2014；互動百科，2014）。

結婚紀念日稱謂表

時間	稱謂
第一年	紙婚
第二年	棉婚
第三年	皮革婚
第四年	毅婚
第五年	木婚
第六年	鐵婚
第七年	銅婚
第八年	陶器婚
第九年	柳婚
第十年	錫婚
第十一年	鋼婚
第十二年	繞仁婚
第十三年	花邊婚
第十四年	象牙婚
第十五年	水晶婚
第二十年	搪瓷婚
第二十五年	銀婚
第三十年	珠婚
第三十五年	珊瑚婚
第四十年	紅寶石婚
第四十五年	藍寶石婚
第五十年	金婚
第五十五年	翡翠婚
第六十年	鑽石婚

(十四)捷克婚禮

捷克婚禮，伴娘會把迷迭香的小樹枝扣在賓客的衣服上，象徵生活美滿及堅貞不變。禮成後，神父在教堂外將新娘交予新郎，並訓示新人要努力完成對方的心願。之後新人踏過一段鋪滿絲帶的路，新人的親友要付款讓新人通過（八號甜蜜8 Sweet，2013）。

朋友們溜進新娘的院子種一棵樹，再用彩帶和彩繪的蛋殼將樹加以裝飾；傳說新娘將與這樹活得一樣長。鄉村的新娘保留著佩戴迷迭香花環的古老習俗，以表懷念之情；花環是在婚禮前夕由新娘的朋友編織而成，象徵著智慧、愛情和忠誠（上海久久結婚網，2014）。

捷克婚禮

資料來源：：歡迎光臨jeveux愛朵婚卡（2007）

(十五)蘇格蘭婚禮

傳統的蘇格蘭格子裙是新郎必穿的禮服，富於蘇格蘭特色的風笛聲響徹整個婚禮會場。和中國人相似，蘇格蘭人放鞭炮趕走不祥及邪惡之物（八號甜蜜8 Sweet，2013）。

蘇格蘭新娘穿上白色或者是奶油色的婚紗長裙。而新郎親友及新娘的父親穿著蘇格蘭格子呢縫製成的傳統服飾。新娘可能在胳膊上戴上一塊馬蹄鐵，希望能有好運；也可以在新娘到達婚禮地點時，由小花童送上馬蹄鐵（台中婚紗｜Queena Wedding，2013）。

在巴拉島（Barra），通常在婚床上灑水祝福新人。在馬爾島（Mull）的新婚之夜，新郎新娘應該睡在馬廄裡。而在路易斯島（Lewis），新人必須和父母住上一週後才能回到自己的家。

發端於異教儀式的凱爾特人的習俗多年來一直是婚慶典禮的一部分。新郎新娘會將蘇格蘭格子呢的披肩撕開，拴在一起，象徵兩個家族的結合。根據凱爾特人的傳統，在5月或者是月虧的時候結婚是不吉利的。

而在亞伯丁郡（Aberdeenshire），「塗黑」（Blackening）至今也是一項十分流行的傳統風俗。已經訂婚的準新郎和準新娘可能在某一天晚上被一群「朋友」逮住，新人渾身被塗滿蜂蜜、羽毛、煤灰等東西，並被強行圍繞村子或者酒吧遊行示眾。被塗黑的人往往要花好幾天才能清洗乾淨。

蘇格蘭婚禮

資料來源：歐越的博客（2010）；直觀中國（2015）

將頭髮縫在結婚禮服的褶邊上，祈求好的運氣，將血滴在裙子的內接縫上，這些都是一些很有意思，但已經不大流行的習俗。新娘在婚禮日之前不能穿很華麗或者複雜的裙子，為了適應這一習俗，結婚禮服有一部分的褶邊是到最後一刻才縫上。

新娘在作為單身姑娘最後一次離開家時，應該用右腳先踏出屋子，這樣才比較吉利（八號甜蜜8 Sweet，2010；互動百科，2014）。

(十六)瑞士和荷蘭婚禮

現在的瑞士和荷蘭的新人具環保意識，新人在新居種一棵松樹，象徵好運及百子千孫。

瑞士婚禮（左）；荷蘭皇家婚禮（右）
資料來源：新華網（2013）；大紀元（2014）

(十七)羅馬尼亞婚禮

羅馬尼亞的新娘在結婚時需淨身，淨身的水必須是母親清早第一次打來的河水或泉水，水中需放些牛奶、蜂蜜和玫瑰花等，以求今後的愛情生活美滿甜蜜（八號甜蜜8 Sweet，2010）。

羅馬尼亞人性格開朗，待客熱情，擅於交際也容易交往，常常給人一見如故的感覺。羅馬尼亞的風俗習慣也是妙趣橫生，尤其是羅馬

尼亞結婚風俗文化。近年來，羅馬尼亞出現一種新興結婚風俗，即在婚禮舉行時親友團會集體「綁架」新娘，過一兩個小時後才把新娘送回去，為婚禮增添更多樂趣。

這個羅馬尼亞結婚風俗已經流傳一段時間，雖然大家都知道，綁架新娘只是事先編好的故事，卻仍很樂意配合演出。而新娘也很享受「被綁架」的過程，因為遭綁架的一兩個小時內，新娘可以盡情地與朋友暢飲作樂（上海久久結婚網，2014）。

羅馬尼亞結婚風俗之「綁架新娘」的玩法

婚禮開始不久，親友便需計畫綁架新娘，用轎車把新娘帶到某個地點，在那裡飲酒作樂。同時，綁架者們需同時與婚禮現場保持通話，告訴婚禮主持人，新娘在他們手中，對方必須送來幾瓶葡萄酒，或者新郎必須當眾再次向新娘表達愛情，才能釋放新娘。

羅馬尼亞婚禮——綁架新娘
資料來源：結婚趣婚禮事務所（2014）

(十八)西班牙婚禮

西班牙的馬爾達市，自古以來有獨一無二的婚俗：結婚那一天，新郎新娘被親友將頭朝下把腳吊起來，考驗新人巧施才能，直到能在

空中長時間接吻為止，否則所有參加婚禮的來賓都不准入席開宴（八號甜蜜8 Sweet，2010；互動百科，2014）。

西班牙的吉普賽人舉世聞名的婚禮需把新娘的衣服脫光，檢查是否守節。而在尼格利亞地區，男方父母也有「驗收媳婦」的風俗。

在西班牙，不存在父母包辦兒女婚事的情況，有些父母甚至完全不過問。年輕人戀愛的方式非常自由。西班牙社會中不存在找不到伴侶的情況，幾乎沒有徵婚，即使偶爾出現徵婚廣告，也只限於大齡青年。

◆扇子傳情

在西班牙某些社交場合，不少女性，尤其是年輕美貌的姑娘，手裡總是拿著一把扇子。當地氣候並不算炎熱，手中的扇子顯然不是為了涼快。原來，男女之間是用扇子傳情的，透過用扇子做出各種動作，表達不同的感情涵義，特別是一些不便當面用言語表達的意思，可以用扇子的動作加以說明。如果姑娘已有情郎，或者是她沒有相中求愛者，便將扇子往桌面上一擲，這是向對方表明「我已有心上人」，或者是「我對你產生不了愛」，男子見狀，便會知趣地離去。如果一名已婚婦女遇上表示情愛的男子，便用力搧動扇子，這是告訴對方「請你離開我！否則，我的丈夫會跟你決鬥的。」男子一看，自然也就明白該怎樣做了。如果姑娘對一名求愛的男子做出用扇子將自己臉的下半部遮起來的動作，則是向對方表示「我愛你」或「我對你一見鍾情」，男子見狀，會熱情地與姑娘擁抱接吻。男女約會分手時，姑娘打開扇子，支著下頦，是告訴對方「我希望能夠早點再見到你」。

◆椅子做第三者

在西班牙另外一些地方，青年男女談情說愛時，總愛在身邊放一把椅子或者一個小凳子，上面不坐人也不放東西。原來這是虛構的第

三者在場，象徵著身邊有監護人。

◆合法婚齡：14歲和12歲

西班牙法律規定最低的結婚年齡是男性14歲、女性12歲，只有達到法定婚齡才被視為具備適合的生理條件和心理條件，才能履行夫妻的義務，承擔對家庭和社會的責任。

在西班牙雖然不存在「父母之命、媒妁之言」的社會現象，但青年男女要結婚須取得父母或合法監護人的書面同意，並辦理結婚登記手續。從登記之日起，三個月內可以舉行婚禮。婚禮前兩三個月與教堂的神父取得聯繫，向神父出示男女雙方的受洗和接受堅信禮的證明書，神父填寫婚前查詢表，並對未來的夫婦進行認真詳細的指導。

西班牙居民中，絕大多數人信奉天主教。按照慣例，婚禮由女方父母主辦，婚禮的宗教儀式在教堂裡舉行，一般定於下午三點到五點，新婚喜宴則在家中舉行。

◆切蛋糕前新郎新娘爭奪家庭主導權

西班牙人婚禮上最隆重也是最熱鬧的時候，是新郎新娘切結婚蛋糕。當宴會進行到一定時間，服務人員端上一盤巨大的蛋糕。蛋糕做工精細，表面用彩色奶油製作的圖案和西班牙文的「幸福」字樣。新人雙雙走到蛋糕前，在眾人的歡呼聲、鼓掌聲中，共同持著一把不銹鋼長刀；西班牙人的婚禮上，新郎新娘需智鬥一番，看誰能夠巧妙地脫下對方的一隻新鞋，誰就是勝利者。據說，誰在婚禮上取得勝利，誰就會在今後的生活中掌握家庭主導權。

切蛋糕儀式開始，新郎急於切蛋糕，新娘極力反對，由於新郎手腕的力氣要大一些，眼看蛋糕就要被切開，新娘慌忙中抬起一隻腳，踩在新郎的腳面上，以便分散新郎切蛋糕的注意力。誰料到，新郎借機用力切下去，蛋糕被切成兩大塊，同時順勢彎腰伸手脫下新娘的一隻鞋，高高舉起，讓眾人觀看。客人們熱烈鼓掌，歡呼新郎得勝，並

分享結婚喜慶蛋糕。其實，這是新娘為了不使新郎在眾人面前失面子，有意作出犧牲，她故意將腳抬高，而且鞋子沒有繫上鞋帶，以便讓新郎迅速地脫下來。

客人們分享蛋糕時，總想出許多點子逗新郎新娘。新郎新娘為了增加婚禮的喜慶氣氛，對客人的種種要求，表面上扭扭捏捏，最後還是滿足客人的要求。有的客人要求新郎新娘當眾擁抱接吻，有的客人要求新婚夫婦透過打手勢、表演默劇的形式介紹戀愛經過，有的客人要求他們用繪畫的方式講述今後生活的打算，戲逗新婚夫婦方式巧妙，形式新穎，涵義深刻，便能博得一陣熱烈掌聲。

西班牙婚禮
資料來源：上海久久結婚網（2014）

最後，新郎新娘翩翩起舞，賓客也成雙成對地伴著新郎新娘跳舞，新郎新娘的父母亦高興地進入舞池跳舞；熱鬧歡樂的家庭新婚舞會一直進行到次日天明結束（上海久久結婚網，2014）。

(十九)芬蘭婚禮

芬蘭的初夏，一群年輕的男子或姑娘用繩子拖著一個人在公共場所遛達；這個被繩子拖著的人帶著面具，而且衣衫不整，就是將要成為新娘或新郎的人。在芬蘭，初夏時節正是舉行婚禮的最佳季節，這些年輕人實際是在歡送他們即將結婚的朋友，結束單身生活，開始新的生活。

這種風俗起初只有芬蘭某些市區極少的人瞭解，但是在上個世紀80年代突然開始流行於各地。從上個世紀70年代開始，芬蘭人開始摒棄很多傳統儀式和風俗，這種做法持續一些時間後，芬蘭人又開始追求傳統習俗增添樂趣。因此，80年代以後，人們在舉行婚禮和其他家庭活動時加入一些傳統習俗。

早期芬蘭人訂婚和結婚都需取得雙方家長認可。男女雙方家長相互握手訂婚，舉行婚禮則是確認兩家正式締結姻親關係。芬蘭人的婚禮風俗的形成，不但受到民間傳統的影響，並受到教堂和教會宗教規定的影響。

從西元前開始，人們便已經形成交換訂婚禮的風俗。西元1686年，教會法規定訂婚相當於有法律效力的婚約協議。實際上，在鄉下很多年輕人訂婚後便開始真正的婚姻生活。16世紀，在一些貴族中開始流行訂婚戒指，但是在貧窮的鄉村，只能以相互握手表示訂婚。

西元1988年婚姻法重新修訂，取消訂婚的法律效力，但是訂婚的傳統並未從此消失。

從18世紀一直到西元1917年，只有在教堂舉行的婚禮才具有法律效力。現在，大概86%的芬蘭人都信奉路德教會，新人在舉行婚禮時一般都到教堂或者小禮拜堂進行，有時會在家中或婚宴上舉行。

將現代婚禮和舊時芬蘭鄉村中舉行的傳統婚禮進行比較，便可以發現芬蘭人的特別婚禮風俗。

在芬蘭鄉村，年輕人選擇結婚對象需受到父母的影響和限制。而婚禮則是向他人展示自家財富和社會地位的大好時機。鄉間的婚禮歡宴經常會持續幾天，新娘和新郎家分別舉行熱鬧的慶典。一般在秋天和耶誕節期間舉行婚禮較多，因為這時沒有多少農活，且食物較其他季節充沛。籌備婚禮時需請專業人士，例如媒人、新娘化妝師、廚師和歌手等。

一些鄉村地主家舉行婚禮非常鋪張，有時婚禮慶祝可長達兩週。芬蘭人舉行的「王冠婚禮」很特別，意指新娘頭帶著漂亮的王冠。婚禮歡慶隊伍要經過一個拱門到大婚禮舉行現場，新人在天篷下舉行婚禮。婚禮到達高潮時，眾人開始狂歡、跳舞、唱歌，直到精疲力竭。

並非所有人都能承擔如此豪華奢侈的婚禮，窮人只能在牧師住處舉行簡單婚禮，參加婚禮的客人有時還需湊一些禮錢支助新婚夫婦。

在19世紀，芬蘭各階層的社會差距越來越大，這種差距尤其表現

在婚禮風俗中。極少數貴族舉行的婚禮明顯模仿歐洲大陸人的婚禮風俗儀式。

芬蘭婚禮
資料來源：柯乞寥的日志（2011）

現代芬蘭人舉行婚禮不但需創新，具特色且需反映傳統風俗，例如拋撒大米、切婚禮蛋糕等。現代婚禮是古典與浪漫的結合；豪華婚禮轎車上裝飾著叮噹作響的錫罐，新郎需抱新娘跨過門檻。對於現代芬蘭人來說，這些都是真正的傳統（八號甜蜜8 Sweet，2010）。

(二十)丹麥婚禮

丹麥王儲婚禮
資料來源：新華網（2004）、yoka時尚網（2011）

丹麥籌辦婚禮需好幾天，在舉行婚禮的時候卻是秘密進行的。據說是因為公開籌辦會觸怒鬼怪或引起他們的嫉妒。在婚禮快結束的時候，人們把一大罈啤酒抬到花園，新人的手握在酒罈上方，然後把酒罈打得粉碎，在場的適婚女子需把碎片撿起來，撿到最大的碎片的女子註定會第一個結婚，而撿到最小的註定會終身不嫁，與台灣丟捧花的意思差不多（Rose創意婚禮搜查線｜婚禮情報特搜｜婚禮IDEA分享，2010、上海久久結婚網，2014）。

(二十一)埃及婚禮

在埃及，向新娘求婚的人不是新郎本人而是新郎的家人；埃及許多婚事仍是父母之言。婚禮（Zaffa），不是簡單的儀式，而是充滿音

樂的列隊遊行，鼓、風笛、肚皮舞、男人們手持火紅的劍，宣告新人婚姻開始（C'EST BON金紗夢婚禮，2013）。

◆古埃及婚禮

古埃及人非常重視婚姻的意義，認為結婚是人生中最重要的事情之一，是精神和身體的歸宿，是天人合一的結果；結婚是宗教義務，是敬神的表現，也是對家庭的責任，為《古蘭經》及先知先覺的訓勉。

古埃及是世界上最早訂立婚姻法、規定婚姻權利與義務的國家。早在中世紀，埃及就有了婚姻法，並且規定：結婚必須訂立婚約，由當事人和三名政府官員簽署；男女都具備結婚和離婚的權利；丈夫必須善待妻子和子女。不僅如此，婦女享有較高的地位，普遍受到人們的尊重。

古埃及人的婚俗不像人們想像的那樣刻板；男女在訂婚前可以自由交往，男士可在清真寺或節日慶典上結識，甚至追求自己心儀的姑娘。客人到家中拜訪時，待字閨中的姑娘藉機會端茶送水，招待客人。

若男子相中哪家姑娘，男方父母便攜帶禮物與媒人到女方家拜訪求婚。若女方家長同意，雙方便商定聘禮數量和訂婚日期。聘禮由男方支付，用於添置傢俱和嫁妝，其數量取決於雙方家庭地位和富有程度。

訂婚是熱鬧而隆重的儀式。這一天，男子在親友的陪伴到女方用鮮花和毛毯裝飾的家。未婚妻穿著豔麗的「訂婚服」，打扮得光彩照人。男子當著雙方親友，將象徵永不變心的戒指戴在姑娘手上，並且把珠寶和禮物送給未來的岳父母。年輕的男女載歌載舞，盡情歡唱，表達對新人的慶賀和祝福。

婚禮的前一天晚上是古埃及人傳統的「哈納之夜」，新人家中須分別舉行慶祝活動。男性親友到新郎家，女性則到新娘家。在女方家，新娘穿粉紅色的絲綢嫁衣，雙手和腳趾染上鮮紅指甲油，妝扮得花枝招展。年輕姑娘們競相展示美妙歌喉和優美舞姿，持續一整夜的熱鬧慶祝活動。在新郎家，男人們載歌載舞，徹夜歡歌。舉行婚

禮當天，在清真寺阿訇的主持下，新人在眾親友前簽署婚約。日落時，在親友團陪同和樂隊伴奏下，新郎騎著駿馬或駱駝將新娘迎娶至新房。伴郎、伴娘將象徵衣食豐足的青麥撒在新人頭上，為他們祝福。人們享用豐盛的婚宴，歌手們彈起叮咚的冬不拉，邊唱邊跳，一直到深夜。第二天早晨，新娘的母親和姊妹們須探望新娘，帶著自家的食物，以示想念。婚後第七天，新娘的朋友和親戚再探望新娘，並攜帶精美的食品和禮物，新娘則以水果和甜點招待他們（八號甜蜜8 Sweet，2010）。

◆南部地區婚禮

埃及在地理和文化上大致可分為南北兩大部分。其中，從吉沙至阿斯旺的廣大南部地區被稱為「上埃及」，佔據埃及一半以上的國土。當地主要是山區和草原，居民以農牧業為生，被稱為「賽迪人」。由於受外來文化影響較小，當地的婚俗依然保持著古老純樸的埃及傳統文化。

上埃及人通常外表獨特，個頭高挑，身體強健，性格溫和，熱情好客，操著濃重的地方口音。上埃及人在生活方面是保守的；成年男女均以寬大的長袍將自己包得嚴實；男人通常穿藍色或棕色長袍，婦女則身穿黑色長袖大袍，並用黑頭巾把頭臉包起來，只露出兩隻眼睛。

由於當地傳統是男女授受不親，不允許不同性別的年輕人相互交往，也沒有男女共同參加的社交場合，因此年輕男士平時很難見到年輕姑娘，更別想自主擇偶和自由戀愛；找對象的主要途徑是透過媒婆和親友介紹。在上埃及，媒婆被稱作「阿卡巴」，是特殊的職業，受到人們的尊敬，有著不菲的收入，只有那些能說善道、有著廣泛社會交際的成年婦女才能勝任。阿卡巴的職責就是走東家、串西家，不斷地瞭解誰家的姑娘長得標緻，又能織一手好毛毯；誰家的小夥子又勤快又能幹，並為他們牽紅線、搭鵲橋，成就一段好姻緣。

在上埃及，近親結婚是允許的，因為這樣可以親上加親，既能保

證避免娶錯姑娘嫁錯郎，同時維持家族血統純正；特別是對於官員、貴族和富有階層，從自己的家族中選擇配偶可以保證財產不縮水、不外流。因此，上埃及人絕不會輕易將女兒嫁給陌生人。女婿的首選是堂親，也就父親的子侄們；其次是表親，即母親的子侄；這兩種婚姻的比例最高，這就是為什麼很多賽迪人長得很像的原因。

若既非堂親，亦非表親，則須講究門當戶對，主要看雙方家庭的宗教信仰、社會地位和富有程度；尤其是宗教信仰，若雙方信仰不同，絕對不可能結婚。

上埃及人早婚現象十分普遍；儘管當地法律和宗教明確規定15歲以下禁止結婚，但許多女孩在9歲、10歲時就戴上耳環，表示她們已經訂婚「明花有主」。上埃及人的婚姻一般由父母包辦；若雙方家長都同意，這樁婚事就定下來，並通知小夥子和姑娘。男方須出一筆可觀的聘禮，並為未婚妻購買戒指、腳鐲等珠寶和衣服，女方則負責蓋新房，添置傢俱和婚後生活必需品。

婚禮一般持續七天；第一天，新娘的雙手和雙腿被塗上象徵幸運和吉祥的紅色指甲油，象徵婚禮的開始。第二天，女方親友將傢俱、衣物等嫁妝裝上馬車或卡車，浩蕩地送到新房。接下來的幾天須舉行各種名目的慶祝活動。到第七天，正式婚禮當天，新人家中須分別舉行最熱鬧的宴會和慶祝活動；尤其是新郎迎娶新娘時，是婚禮的高潮。新郎帶著龐大的迎親隊伍，一路吹打、載歌載舞地到新娘家，以漂亮的彩車將新娘接到新房；熱鬧的慶祝活動持續到深夜。

隨著時代的進步和教育、法律的普及，上埃及人的婚姻觀念和習俗悄然改變。現在年輕人在選擇配偶方面已經有一定的發言權；尤其是婦女的地位提高，可以拒絕不合己意的婚事。儘管如此，男女隔離現象依然十分嚴重，年輕人自由戀愛、自由結婚的仍然比較少見（八號甜蜜8 Sweet，2010）。

◆北部城市與沿海地區婚俗

沿地中海和紅海的北部地區是埃及的政治、經濟中心，受西方文化影響較深。尤其是以開羅和亞歷山大中心的尼羅河三角洲和蘇伊士運河兩岸地區，更是埃及最為開放的地區，其婚姻習俗與南部地區有很大不同。

在城市和沿海地區，由於婦女擁有與男人平等的學習和工作機會，性別隔離與歧視現象不如傳統的伊斯蘭社會那麼嚴重，因而男女可以自由交往，自由戀愛和自主婚姻較為普遍。年輕的男士可以與心愛的姑娘在公眾場合認識，可以一起上學，一起工作，一起用餐、休閒和娛樂。

若感情成熟，一般須舉行由雙方父母和親友參加的訂婚儀式，既可在賓館亦可在清真寺舉行，由專門的主持人或阿訇主持。其內容與傳統的埃及訂婚儀式大致相同，一是簽署婚約，二是確定婚期，商定聘禮，舉行熱鬧的慶祝儀式。

結婚前，一般須有較長的結婚準備時間；主要是因為埃及城市的房價普遍很高，超出普通老百姓的經濟承受能力，因此年輕人需要較長時間攢錢，購置新房及準備婚禮。

婚禮一般在賓館舉行；當天新娘身穿漂亮的西式白色婚紗，新郎則穿黑色西服與白色襯衣，並打上領帶。來賓們坐在租來的賓館大廳裡，男女可以混坐。結婚進行曲響起，新人在伴郎和伴娘的陪同下手挽手緩緩步入廳堂；人們一面歡呼，一面在新人頭上撒下祝福的鮮花。新人在廳堂正中坐定，婚禮主持人為他們獻上象徵幸福美滿的玫瑰露，宴會和慶祝活動正式開始。小樂隊開始伴奏，能歌善舞者為大家表演歡愉的節目；宴會中，新人需親手切開結婚蛋糕與來賓分享，並向眾人散發甜點和小禮品。婚禮結束時，新人站在賓館門口歡送客人，而後返回賓館房間或自己的新房共度良宵。

在埃及城市和沿海地區，結婚費用非常昂貴，普通收入者難以承

受。因此普通家庭為了舉行一場體面的婚禮，年輕人不得不想盡辦法賺錢，亦滋生許多社會問題。

儘管結婚花費昂貴，埃及城市與沿海地區的婚姻習俗仍受到人們普遍歡迎，並向農村地區擴散。近年來，比較封閉的南部地區漸漸舉行新式婚禮（八號甜蜜8 Sweet，2010）。

埃及婚禮
資料來源：南方網（2005）

(二十二)阿拉伯婚禮

阿拉伯人的結婚儀式一般先在女方家舉行，後移至新郎家繼續慶祝。婚禮場所張燈結綵，鑼鼓喧天，歌舞不斷。儀式持續的時間根據財力而定，一般不少於三天。

阿拉伯「慟哭」婚禮，當天新娘穿著裝飾華麗的土耳其長袖袍子，手腳畫上紅褐色的格子花紋裝飾。阿拉伯人將觀禮的嘉賓分男女接待，觀禮女士依習俗為新娘出嫁慟哭。

阿拉伯婚禮
資料來源：結婚進行曲（2014）

(二十三)阿根廷婚禮

在阿根廷一些地區，青年男女在訂婚或結婚時，舉辦洗「花水浴」的習俗，就是在入浴前把整籃鮮花撒在水面，灑浴時用花瓣揉搓全身，表示水是聖潔的，花是喜慶的；而「花水浴」代表美滿和吉祥。

花水浴
資料來源：女人世界（2013）

(二十四)墨西哥婚禮

傳統的墨西哥吉普賽婚禮，新人被餵以拌鹽的酒和麵包，表示除非世界上再沒有鹽、酒和麵包，否則，這對夫婦的愛是不會消失的。

該國索拉夫族人結婚，必須先相互猜出對方的生辰，如果猜錯，族長便宣布婚約無效。這種猜婚看來不大容易成功，實際上有心人早已交換過情報。因此，到墨西哥旅遊，需記住這些忌諱：千萬不要向索拉夫族人打聽對方的生辰，以免引起誤會（八號甜蜜8 Sweet，2010；互動百科，2014）。

墨西哥婚禮（左）；墨西哥婚禮麵包（右）
資料來源：JustSay【YES】就是要幸福 婚禮顧問主持（2012）；食譜秀（2014）

(二十五)菲律賓婚禮

菲律賓人通常在婚禮會場掛裝飾鮮花的巨型大鐘，裡面藏著一對白鴿，完成所有程序之後，新人拉動大鐘的絲帶，白鴿自由飛翔，象徵永恆的愛。觀禮的嘉賓輪流與新人跳舞，把金錢釘在他們的衣服上，雙方親戚朋友並比賽哪方得到的金錢較多。

菲律賓人的婚禮儀式通常在教堂裡舉行。除了週日「做禮拜」，教堂可以包場舉辦隆重婚禮。在菲律賓，人們多喜歡在5月豐收節舉辦婚禮，寓意吉祥幸福。由於結婚時段較集中，婚禮現場人群將街道壅堵得只能緩緩前進。新人乘坐的彩車隊徐徐行駛，圍觀人們報以熱烈掌聲與歡笑聲，相遇的車輛鳴喇叭表示祝賀，沉浸在喜氣洋洋的氣氛。

在菲律賓參加婚禮者的服裝不是黑色就是白色。原本傳統的教堂婚禮上新娘應該身穿白色婚紗，新郎則身著別緻的菲律賓傳統男士禮服（Barong），這種禮服是一種透明的男式襯衣，通常用來參加特殊聚會或重大場合。現今，更多年輕的新婚夫婦已經放棄傳統服飾而選擇更多色彩斑斕具有濃厚民族特色的禮服。

菲律賓至今在傳統婚禮上還保存特殊的風俗，例如在婚禮的「牽繩」儀式，即在婚禮進行到一定階段，一男一女成為「栓蓋頭

牽繩
資料來源：優博留學網（2014）

的人」，將一塊巨大的面紗小心地栓在新娘頭頂和新郎肩上。這個蓋頭象徵新婚夫妻像這塊面紗一樣合二為一。當新娘和新郎被栓好蓋頭後，牽繩人便用一根白線以「8」字形，輕鬆地繞過新娘和新郎的脖子；這根白線意味新人將一生不分離（八號甜蜜8 Sweet，2010；互動百科，2014）。

「點蠟燭」乃是傳統婚禮中的必要項目。儀式前，新人雙方家長提前點燃一根蠟燭，放在結婚蠟燭兩側。新人在儀式須分別拿父母點燃的蠟燭點燃結婚蠟燭，象徵兩個家庭從此因兒女的愛而結合。婚禮中尚有重要的傳統風俗，乃是牧師向新人手上拋撒硬幣，硬幣被稱為「定金」，象徵忠誠與財富。

婚禮結束，伴著悅耳的樂聲，親朋好友須向新人拋撒大米和糖果，祝福新人生活富裕。教堂外的街道擺放桌椅和餐具，宴請參加婚禮的親朋好友用餐。

(二十六)不丹婚禮

全球「快樂指數」排名第八的小國不丹，位於中國和印度之間的喜馬拉雅山脈東段南坡的內陸國。不丹人多信奉佛教，結婚時，多數不丹人須聽取佛的旨意。在雙方父母確定婚事後，需請喇嘛佔卜二位新人的生辰八字，若八字不合，則以道場化解。不丹人很多婚禮需在半夜舉行，表示這個時候，人的心靈十分純潔，乃舉辦婚禮的良辰吉時（C’EST BON金紗夢婚禮，2013）。

不丹國王婚禮
資料來源：久久結婚網（2011）

(二十七)峇里島婚禮

峇里島地區的搶婚習俗乃指女方帶著簡單的行李，在事先預定時間和地點等候男方「搶」新娘，女方在被搶時，需假裝反抗，而旁人不伸手搭救。按習俗，男女雙方藏身於鄰村朋友家，經一定期限，透過調解兩人才恢復正常的婚姻關係，為男女雙方自願的搶婚行為（C'EST BON金紗夢婚禮，2013）。

峇里島婚禮
資料來源：Plus Priority的相簿（2014）

(二十八)馬來西亞婚禮

馬來西亞雖然是伊斯蘭教國家，由於受全球化影響，如今的馬來人在婚姻上已經相當開明，自由戀愛非常普遍。但在傳統的馬來族家庭裡，正式結婚卻仍然須經過一系列古老而繁瑣的儀式。

◆相親

須正式的相親。在約定的這一天，男子帶著禮物和父母、媒人一起到女方家，見過女孩全家；雙方家長初次會面，閒話家常，相互瞭解。如果沒什麼問題，當天便可以將送給姑娘的聘禮、結婚的日期等具體確定，以便儘早安排和準備；一般一年後就可以舉行婚禮。

◆婚前準備

婚禮一般定在週末，並提前一段時間通知親友，以便路遠的親友能及時趕到。馬來人非常重視婚禮，並當作一生中最重要的一天。當天，人們須將新郎、新娘打扮得漂亮、富麗堂皇，讓新人過一天「國王和王后」的生活。婚前須舉行重要的儀式「塗指甲紅」，象徵吉祥、幸福和美滿。姑娘們從新鮮的指甲花中擠出紅色的汁液，將新娘的指甲、手掌和雙腳塗得鮮紅。之後，新郎穿著光彩照人的傳統服飾，坐在綴滿棕櫚葉和各色鮮花的彩棚下，由專業攝影師拍照，作為饋贈親友的禮物和一生的留念。彩棚裝飾極其精美，就像古代皇帝的華蓋般華麗；新人在眾人的簇擁和歡呼聲中享受終身難忘的美妙感覺。

◆訂婚儀式

「訂婚」是指宗教意義上的一個口頭、非正式的儀式，由當地教區的教長主持。正式的訂婚已經在此前完成，並領取具有法律意義的結婚證書。按照數百年的傳統，新郎須向女方奉送一定數量的聘禮，現在一般為幾十馬元。教長對新郎說道：「我將○○○許配給你，聘禮××馬元，願阿拉保佑你們！」新郎回答：「我願娶○○○為妻，聘禮××馬元，感謝阿拉！」有些地區，對話在新郎和岳父之間進行，由教長或族中長老主持，內容亦大致相似。說話者的吐字必須清晰，聲音亦須洪亮，使在場的證婚人和所有親友們都能聽得清楚。

事後，教長需送給新郎一本關於婚姻義務的小冊子，提醒新郎婚後必須全心全意地盡到做丈夫的責任。並且說明，如果新郎以後沒有

按教規給予妻子精神和物質上的保護和關愛的話，其婚姻關係將可能被伊斯蘭教法庭予以解除。

實際上，這次的聘禮只是很小的象徵性的數目，意義在於宣示一個道理：無論貧富，真主都給予新人結婚的權利。之後還需一筆數目更大更具意義的聘禮，通常需高達數千馬元，用於購置珠寶、衣服和嫁妝等。

◆結婚典禮

馬來人的婚禮一般需持續三天。第一天在新娘家中舉行，或在當地清真寺中舉行。一般定在穆斯林的休息日星期五，由一名教長主持。在龐大親友團的擁簇下，新郎帶著鑽戒、珠寶等禮物到新娘家（或清真寺），見過教長、證婚人及新郎家的長輩。教長問新郎：「以真主阿拉的名義，你願意娶○○○為妻嗎？」新郎回答：「以真主阿拉的名義，我願意娶○○○作為我的妻子。」教長接著問新娘：「以真主阿拉的名義，你願意嫁給×××為妻嗎？」新娘同樣回答：「以真主阿拉的名義，我願意。」雙方交換禮物，在教長的領讀下共誦《古蘭經》，為未來祈福。

新郎送給新娘的彩禮被放在洞房裡，向賓客們展示。有各式各樣的衣服、化妝品等，甚至包括祈禱用的跪墊（以表示對阿拉的忠誠），都被裝在精美的盒子裡，或疊得整整齊齊，讓眾人一飽眼福。

星期天是正式成婚和大宴賓客的日子。其中，最熱鬧的要屬鬧婚。一群未婚青年敲著手鼓，載歌載舞地簇擁著新郎到新娘家門前，後面跟著龐大的迎親隊伍。伴娘和新娘家的親友們蜂擁而上，攔住新郎索要「入門費」。只有新郎給足錢，才會放他過去。這樣「過五關、斬六將」，新郎才能一睹新娘的芳容。之後，新郎、新娘身穿華麗的服飾，像國王和王后一樣端坐在裝飾精美的花床上，老年人在新人頭上撒下鮮花和大米，並唸經為新人祈求幸福。

宴會一般設在庭院裡，以便招待所有賓客。庭院被前來幫忙的親友們裝飾一新，到處是鮮花、食品和吉祥物。婚宴一般都非常豐盛，不僅有回教傳統的肉食，並有各種新鮮水果、飲料等。身著民族服裝的賓客一面享受著琳琅滿目的美味佳餚，一面與端坐在房門洞開的新房裡的小夫妻逗樂，旁邊並有僱來的小樂隊演唱和伴奏，氣氛十分熱鬧。

參加宴會的每位賓客都會得到一份禮物。過去，一般贈送一個下盛米飯、上放紅雞蛋的小杯，並有漂亮的紙花。其中，雞蛋象徵新娘健康多產、家庭人丁興旺，米飯預示著衣食豐足、生活美滿。現在則多以新式禮品代替，例如巧克力、果凍和蛋糕等（八號甜蜜8 Sweet，2010）。

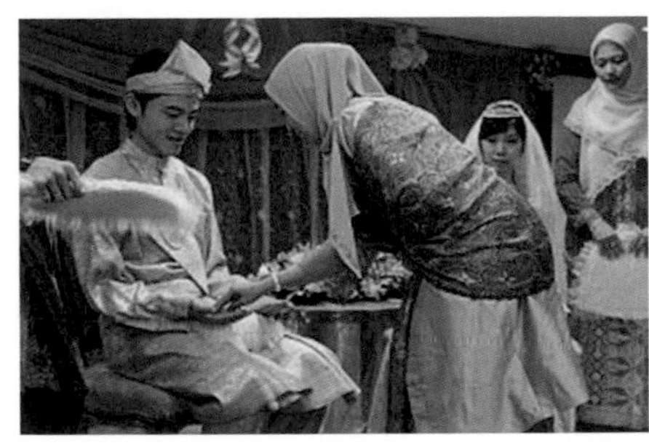

馬來西亞婚禮
資料來源：美合網（2014）

(二十九)蘇丹婚禮

蘇丹是一個保守的阿拉伯穆斯林國家，人人篤信伊斯蘭教，其婚禮也有著較強的宗教色彩。

蘇丹的主要民族為貝都因人的一支「拉沙德人」。按照當地傳統，小夥子要想娶親，必須送給女方家庭一定數額的財產作為交換；既可為現金，亦可用牲畜代替。同樣的，姑娘的父親需將家裡的相當一部分財產給女兒當作嫁妝，包括牛羊、珠寶和衣服等。而當父母亡故時，女兒沒有權利繼承遺產，只有兒子才可以繼承。如果離婚，妻

子則有權保留其珠寶，並從丈夫那裡得到一筆現金作為補償，而所有的牲畜將全歸丈夫所有。

蘇丹婚禮一般至少持續兩天，主要在女方家舉行。雙方親朋齊聚一堂，舉行盛大的宴會和熱鬧的慶祝活動，這與其他穆斯林國家的婚俗很相似。最大的特色是：婚禮成了年輕人之間公開競賽和自我表現，特別是吸引異性的重要場合。婚禮第一天，小夥子們競賽屠宰牲口的技術，看誰殺得又快又好；第二天，小夥子們賽駱駝、比唱歌，而姑娘們則比賽歌舞。

賽駱駝由女方家庭組織。吃過早飯後，新娘的諸位叔叔和堂兄弟帶領小夥子們騎上駱駝直奔沙漠深處，到了一定的距離便折回來，看誰的駱駝跑得最快。新娘的父親陪同客人在終點觀看和等待，並向優勝者頒發獎金。而這份獎金將由優勝者作為賀禮還給新郎、新娘。新郎也必須參加比賽，但不一定非贏不可。

下午並舉辦其他賽事，其中最熱鬧的要屬歌舞比賽。先是小夥子們之間的舞刀與賽歌。小夥子們面對面站成兩排，齊唱牧歌。歌聲抑揚頓挫，十分動聽。他們輪流出位，拿著阿拉伯彎刀在兩隊之間邊唱邊舞。表演者時而引頸高歌，時而吟誦伊斯蘭教經文，舞刀的節奏隨歌唱的韻律變化。其他人則擊掌相和，隨著表演者的節奏跳著腳踏舞。表演的時間由小夥子的舞技而定。如果舞得不好，或者其他人厭倦，人們便停止伴唱、和拍，表演者知趣而退，緊接著由下一位青年表演。

之後是姑娘們之間的比賽。當她們在帳篷裡聽到小夥子們開始歌唱時，便盛裝打扮。她們用烏色的銻描眉，穿上豔麗的節日服裝，戴上黑色的面紗和各式各樣的金銀首飾，例如項鍊、手鐲、戒指、耳環等。小夥子們表演完的時候，姑娘們便出場。這時，小夥子們中會有一個領舞者站出來，以優美的聲調朗誦詩詞，其大意是：「婚禮伊始，我們就在歡歌暢舞；亞當的女兒們，你們觀看已久，請與我們盡情歌舞吧！」小夥子一語道破了所有年輕男子的心聲，於是眾男子一同大聲附和，附和之聲一浪高過一浪。在這種熱烈的氣氛下，一位年

輕俊美的女子終於跳著歡快的舞蹈出場。羞澀的她不說也不唱，只是抬起手臂，不停的拍擊著戴滿銀飾的雙手，伴著腳下輕快的舞步，彩衣彩袖隨風舞動，嫵媚動人。一位小夥子會把劍從肩上拔下來，必恭必敬的獻給她。姑娘則雙手接過，很有技巧地一手握劍柄，一手執劍尖，把它高舉到額頭上。姑娘接到禮物，舞得更加起勁兒。小夥子們也深受感染，唱跳個不停。

之後，又會有三位女性加入，最後一位的手中持有一個盛滿香水的瓶子。她緩緩走到周圍的小夥子身邊，將香水噴灑在他們的手上和白色頭巾上。小夥子們則雙手承接，並將香水抹在自己臉上和短短的鬍鬚上。

年輕的姑娘們在小夥子的隊伍與和聲中載歌載舞，嬌嫩的聲音與美妙的舞姿博得人們的稱讚，金屬首飾相撞發出悅耳的聲音，這時小夥子們便跳得更加起勁。

當姑娘們跳累了的時候，便停下休息，她們要藉機摘掉頭上沉重的銀飾包頭與圍巾。這時一名男子受主人的委託，用一隻精緻的針紮著一疊鈔票送給一名被公認為跳得最好的姑娘，作為對她優美舞姿和靈巧雙手的獎賞。當然這種獎賞只是象徵性的，得到錢的這名女子並不真正擁有它，一會兒還要把它當作禮物送給新娘，寓意希望新娘同樣心靈手巧。同時，跳得好、唱得美的小夥子也得到主人的禮物。同樣，這份禮物也需在宴會後交給新郎，作為對他新婚的慶賀與祝福。

從蘇丹婚禮的表演和獎賞中，我們可以觀察到當地人們生活的現狀。表面上看來男女是平等的，最佳表演者都得到獎賞，但事實上拉沙德人仍較尊寵男性。因為凡是男人們用的東西，例如駱駝、木鞍和家畜等都可賣到很好的價錢。也就是說，他們能夠得到貨真價實的金錢獎賞。而女人們的東西，例如美味食品、皮革製品和帳篷用布，雖然同樣都是辛勤勞動的成果，卻很少能拿去賣錢補貼家用。儘管她們可能是很好的廚師、織工或裁縫，但她們只能得到名譽上的認可和讚美（八號甜蜜8 Sweet，2010）。

蘇丹王室婚禮
資料來源：合訊網（2014）

(三十)科威特婚禮

科威特有一種婚俗，新人在結婚儀式舉行後，需在洞房裡舉行「格鬥」。新郎向新娘行跪拜禮，然後用力拉新娘，顯示自己威武有力，而新娘也需不甘示弱，奮力還擊。「格鬥」越激烈，婚禮越隆重（八號甜蜜8 Sweet，2010）。這種「格鬥」越激烈，姑娘家裡的人越高興。新郎如果鬥不過新娘，則被認為是奇恥大辱（互動百科，2014）。

科威特婚禮
資料來源：新浪四川（2012）

(三十一)印尼婚禮

印尼爪哇島上流行有趣的婚俗。當新郎到新娘家迎親時，新娘家人需在新郎面前擺一只銀盤。盤中放一個生雞蛋，新郎需當眾赤著腳踩破它，表示新郎永遠愛新娘，哪怕粉身碎骨也不變心。隨後，新娘面帶笑容，取水跪地，為新郎洗腳，表示感激和服從（八號甜蜜8 Sweet，2010；互動百科，2014）。

印尼婚禮——踩雞蛋
資料來源：IDO99（2013）

(三十二)葉門婚禮

葉門位於阿拉伯半島東南端，瀕臨浩瀚的印度洋，是典型的阿拉伯社會和伊斯蘭國家。葉門人把婚禮當作歡樂的慶典和重要的社交活動，葉門的婚俗至今保留許多古老的阿拉伯傳統和特有習慣。

◆找對象

在葉門的傳統家族，娶嫁不由己，基本由父母做主。父母是一家之主，尤其是父親擁有絕對權威。按照伊斯蘭教教規，男女授受不親，除了家庭和親戚關係外，小夥子很少有與女性接觸的機會，與姑娘們更是難得一見。因此，選擇未婚妻只能依賴父母和親友。

在葉門，小夥子們到了17、18歲，父母便開始為兒子張羅婚事。

首先，母親在親友和鄰居的子女中留意適合的對象（如果是表兄妹，親上加親也是允許的）。在葉門，婦女們有自己的社交活動，她們在閒談、煮飯、做禮拜、編織毛毯之類的集體活動中互相交流，增進瞭解，母親大多透過這種方式物色未來的兒媳婦。如果相中某位姑娘，母親便與父親商量，父親對女孩家的男性成員一般比較熟悉。如果不太熟悉，找個朋友打聽，或到女家附近實地考察，看看房子的外表便大致清楚其經濟狀況。父母都同意，才會徵求兒子意見。至於女家姑娘，如果兩家是親戚的話，還會知道一點小夥子情形，否則便一無所知。

◆相親

徵求兒子意見後，父母便託人至女方家提親，女方需經過一番考察，若同意，則定下相親日期。當天，小夥子和父親一起帶著禮物到女方家，目的在讓女方家庭特別是女孩本人近距離地觀察和瞭解男方。當天女孩有機會向客人獻茶或椰棗，但必須戴上厚厚的面紗。

相親結束時，女方父親一般不會立即答應這樁婚事，而是要求給一段時間考慮和商量，並需徵求女兒的意見。若雙方都沒什麼意見，便是正式地求婚。

◆求婚

求婚的日子一般選在星期四或星期五。這一天，小夥子和父親在三至四名男性親友陪同，帶著葡萄乾、椰棗和其他禮物再次到女方家。小夥子透過父親把求婚戒指和送給未婚妻，以及準岳母的衣服恭恭敬敬地送到女孩父親的手中。雙方商訂婚禮的具體日期和聘禮數量。聘禮大部分由小夥子的父親承擔，主要用於新娘購買珠寶和衣服。按照葉門風俗，結婚以後這些珠寶和衣服便成了新娘的私有財產，即使婚後多年丈夫也不許碰這些東西；即使離婚，也完全歸妻子所有。如果男方暫時湊不齊這筆錢，可以稍延後處理，但必須在結婚

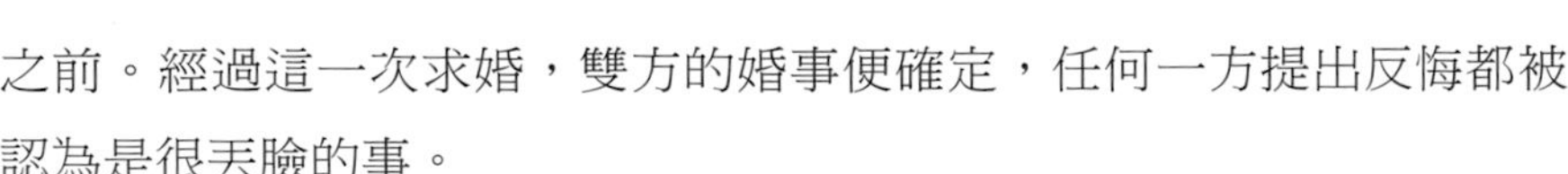

之前。經過這一次求婚，雙方的婚事便確定，任何一方提出反悔都被認為是很丟臉的事。

◆訂婚

在葉門，訂婚是婚禮的一部分。結婚典禮一般持續三天，從星期三至星期五。星期三的下午是雙方正式簽署婚約的時間；星期四雙方準備，招待近親；星期五是當地人的休息日，新郎新娘正式成婚。訂婚儀式在女方家進行。由阿訇主持，新娘與新娘的父親面對面地坐下；新郎懇請未來的岳丈：「以真主阿拉的名義，您願意將您的女兒嫁給我嗎？」岳丈回答：「以真主阿拉的名義，我願意將我的女兒嫁你為妻。」阿訇問新娘的父親：「女兒是否同意這樁婚事？」回答當然是肯定的。接著，新郎與岳丈都伸出右手，緊緊握住對方。阿訇手捧一條白布，將其放在他們的手上，開始唸誦《可蘭經》第一章，為新人祈福。

儀式的高潮是新娘的父親將象徵婚姻幸福美滿的葡萄乾撒向空中。在場的親友特別是孩子們便爭先撿食落在地毯上的葡萄乾，誰撿得最多便預示誰將來最幸福。按照當地風俗，凡是撿到葡萄乾的人都必須或多或少地拿出賀禮。而在婚禮現場，會專門有人高唱來賓的姓名和賀禮的數量，太少也拿不出手；這些賀禮主要被用來支付盛大婚宴的費用。

◆成婚

星期五是婚禮中最重要、最熱鬧的一天，新郎新娘在這一天正式成婚。廚師一大早便帶著廚具趕來，殺羊宰牛，烹菜煮飯，為中午的豐盛婚宴準備。當天，鄰近的婦女們隨身帶來自家的餐具，並協助女主人準備工作。事先收拾幾間淨室，甚至是好幾座房子，午宴之前新郎在全家男子和來賓的陪同下在這裡做禮拜和祈禱。出來時，樂手們奏起歡愉鼓樂，一群年輕男子載歌載舞，擁簇著身穿嶄新的阿拉伯長

袍、手拿金色寶劍的新郎進入洞房。客人們席地而坐，盛大的婚宴在歡呼聲中開始。

阿訇不時地吟誦經文，為新人一生的幸福安康祈禱。樂手們打起手鼓，彈著琵琶，吹響胡笙。小夥子們隨歌起舞，放聲歌唱。來賓們在薰香繚繞席地而坐，或悠閒地抽著旱菸，或嚼著椰棗和葡萄乾。直至夕陽西下，人們才漸漸散去（八號甜蜜8 Sweet，2010）。

(三十三)土耳其婚禮

土耳其是穆斯林國家，伊斯蘭教允許一夫多妻制。凱末爾革命後，法律禁止一夫多妻制，現在是一夫多妻與一夫一妻並存。對正式的、非宗教的結婚儀式不重視，而由教長主持的穆斯林儀式的婚禮相當隆重。

土耳其農村和小城鎮買賣婚姻仍然存在。搶來的婚姻屢見不鮮，往往是男子把自己的意中人搶走藏起來。被搶的姑娘被人們視為不潔的女人；等到姑娘的父親成為外公時，兩家的關係也就和解了。

在土耳其，並有「勞役婚姻」，即家境貧困的男子由於付不起結婚聘金，便當「入贅女婿」，在未來的岳父家服兩、三年勞役後，再結婚。

土耳其尚存在兩家互相交換新娘的婚俗。男子家有已到結婚年齡的妹妹，他所看中的姑娘又有兄弟，在這種情況下便實行換婚；在土

土耳其婚禮

資料來源：土耳其旅遊部落格（2014）

耳其農村也流行弟弟娶兄長遺霜為妻的婚俗，因為寡婦再嫁是得不到聘金的，也避免寡婦外嫁帶走家中的土地、牲畜和財產。在土耳其，有些地方婚禮需持續好幾天，有些地方結婚儀式卻非常簡單文雅（八號甜蜜8 Sweet，2010；互動百科，2014）。

(三十四)泰國婚禮

泰國人篤信佛教，佛教被定為國教。每個男子到一定年齡，都需出家當一次和尚，少則三個月，多則三、五年，甚至終身，就連國王也不例外。如果男子沒當過和尚，則不能視為成人，不但親友看不起，就連找女朋友也很困難。可見佛教在泰國的影響力；佛教禮儀甚至表現在婚禮儀式。

泰國南部，經常可看到一些人圍著一棵大樹吹吹打打，歡歌曼舞，原來是當地男子在舉行與大樹成親的儀式。成親的對象是不會說話的樹，但儀式卻與真正的男女結婚儀式一樣隆重熱鬧。

與大樹結婚，男方送的彩禮盛在銀製的大碗，稱為「龕瑪花」或「龕瑪菜」。龕瑪花通常是25個檳榔果，龕瑪菜則多為人們喜愛的點心、糖果和枕頭、蓆子及蠟燭等。

婚禮儀式開始前，新郎身著華麗的禮服，在眾多打扮得花枝招展的少女簇擁下，由長鼓開道，浩浩蕩蕩到村中長老選定的大樹前，少女們將彩禮陳列在「新娘樹」前，長老宣佈婚禮開始。這時，新郎拿出一打蠟燭，逐個點燃，一一插在龕瑪旁邊，並傾聽長老朗誦經文的有關章節。接著，新郎的父親將一些鮮花、檳榔和幾枚銀元放在龕瑪的枕頭裡，村中最為年長的老夫人代表「新娘樹」接受禮物，蠟燭熄滅時，婚禮儀式結束。人們開始向新郎祝福，並一起進餐，一起歡歌舞蹈，直到夜幕降臨。

依據當地習俗，凡年滿21歲的男子都需舉行與大樹結婚的儀式。完成儀式後，便出家當和尚，直到還俗後與女子戀愛結婚，建立家庭。在當地的傳統觀念中，樹木具有旺盛的生命力，與大樹結婚，可

以得到佛祖的保佑，獲得忠貞的愛情，建立幸福美滿的家庭（八號甜蜜8 Sweet，2010；互動百科，2014）。

泰國人舉行婚禮，需經過戴雙喜紗圈、灑水、拜祖宗神靈、鋪床、守新房和入洞房等儀式，最後完成整個婚禮。

雙喜紗圈，又稱「吉祥紗圈」，用紗做成如同碗口大小的兩個紗圈，並有一條連接紗圈和聖水缽的聖紗，由參加婚禮的和尚拿著，雙喜紗圈須在行灑水禮前進行，由雙方新人的長輩或者婚禮主持人分別戴在新郎新娘的頭上。泰國人認為，經和尚唸過經或符咒後的聖紗，具一定的法力。依泰國人的習慣，先脫新郎的紗圈，預示將來丈夫掌握家庭大權；如果先脫新娘的，則妻子掌大權。

泰國是傳統的佛教國家，人們生活起居、生老病死都離不開佛事活動，婚姻大事更不能例外，因此，泰國的婚姻首先需在宗教上得到承認，才能得到父母親朋的承認，以及政府的承認。因此在新房中，新人需擺放佛像和國旗，並掛泰國國王王后御相。泰語中新郎和新娘分別被稱為「詔寶」和「詔韶」，新娘穿著紗緞製成的泰式裙子，梳著傳統髮型；新郎則穿著緞面泰式上衣、白色褲子。婚禮當天，新娘需早起精心打扮，換上泰國傳統服裝，梳個傳統髮型，戴上最精美的首飾。按照泰國拉那王朝婚禮的習俗，為顯示誠意，在迎娶新娘時，新郎必須用曼妙的音樂和舞蹈，以及精美的禮物打動新娘。

灑水儀式

資料來源：婚戀百科（2011）

灑水前，新人需先點香、拜佛，然後坐在矮榻上，頭部朝向星相家規定的方向，多為東方，新娘坐在新郎的左側，伴郎伴娘坐或站在新人後面。新人雙手合掌向前伸出，接受灑水，下方需擺放接法水的盆。灑水儀式的主持者，

需先替新人頭上戴上吉祥紗圈，然後，將法螺水灑在新人的手上，祝願新婚夫婦白頭偕老，相親相愛。參加婚禮的賓客需依次上前為新人灑水祝福，親戚最後灑水祝福。長者拿去吉祥紗圈後，結束灑水儀式。

灑水儀式結束後，儀式主持人需分發小禮物給客人作為紀念；並請新郎進入室內，女方父母將白布鋪於室內中間，並擺上椰子酒和拜神布，新郎點燃兩支蠟燭，兩支佛香，與新娘一起禮拜祖宗神靈。禮拜時，新郎舉右手與新娘舉起的左手交握，跪拜祖宗神靈三次。三拜祖宗後，新郎需跪拜女方父母及女方長輩；長輩接受跪拜後，需祝願新人幸福，並贈送禮物。

跪拜父母

資料來源：婚戀百科（2011）

鋪床儀式又稱擺枕儀式，一般在新婚灑水儀式的當日晚上進行。鋪床的人由新娘請來，鋪床人必須是兒女雙全、德高望重、具身分的恩愛夫妻。鋪床人要為新郎新娘掃床鋪、鋪被褥、擺枕頭、掛蚊帳。由新娘準備一顆冬瓜、一塊研藥石、一隻白貓、一口鍋，鍋裡盛滿清水，一個托盤，托盤上放著成包的綠豆、芝麻、稻穀及彩禮等，將這些東西放置在新人床邊，這些東西都具寓意。清水、瓜果象徵新郎新娘心靈純潔、冷靜；研藥石比喻恩愛之情深重；綠豆和芝麻象徵日後事業發達，並表示自此與父母分開，獨立生活；白貓則為新家捕捉老鼠之用。鋪好床後，鋪床人需在新床上躺一下，妻子躺在左面，丈夫躺在右面，並互相交談，內容是祝新郎新娘幸福、白頭偕老等。至此，鋪床儀式即告結束。

鍋裡盛清水

資料來源：婚戀百科（2011）

鋪床儀式結束後按習俗，新郎需單獨守新房數日。傍晚，新娘需

為新郎送替換的睡衣一套。新郎守洞房為三夜、五夜或七夜不等，直至送新娘入洞房的良辰吉日。屆時，由新娘父母或鋪床夫妻送新娘入洞房，交給新郎，並教導新娘需忠誠丈夫，夫妻需相親相愛等。現代泰國人結婚程度簡化，多在一日內完成，故新郎不再守新房（上海久久結婚網，2014）。

(三十五)越南婚禮

傳統的越南婚禮有很多複雜的禮節，現代的越南婚禮簡單得多，主要包括提親和婚禮兩個儀式。

提親儀式前，男方的家長需託人依據男女雙方的生辰八字選擇訂婚的良辰吉時。在越南人眼中，5、7、9等單數被視為吉利的數字，而大多數越南人結婚時多喜歡選擇7。因此，提親當天，男方需挑選7位未婚的男子和7位家庭幸福、美滿的老人，分別坐在7輛越南特有的三輪車上，7位老人的手中都抱個大托盤，托盤上放著檳榔、茶葉、餅乾等喜禮。吉時一到，7輛三輪車自男方家出發前往女方家接親。挑選7位家庭幸福美滿的老人，是希望能將福氣和好運帶給新人。乘坐越南特有的三輪車，一方面是為繼承越南婚俗的傳統，另一方面則是因為這種三輪車予人浪漫的感覺。到女方家後，女方需派7位未婚女子從7位老人手中接過托盤，引領男方貴客進入堂屋，大家圍坐一堂，由女方派出一名德高望重的人致歡迎詞，並一一介紹女方家代表，並簡單介紹男女方的戀愛過程。最後雙方家長訂下黃道吉日舉行婚禮。參加的人都穿越南國服，整個訂婚儀式彷彿越南國服的時裝秀。

三輪車

資料來源：大紀元（2014）

與提親儀式相較，婚禮儀式有許多講究。新人不再著越南國服，而是筆挺的西裝和潔白的婚紗。當天清晨，新郎家的親友協助，在新

郎家門前貼上大大的紅雙喜字。清晨7時，新郎在長輩的帶領下迎接新娘，在迎娶前，新郎的母親必須帶聘禮提前到新娘家，隨後新郎在親戚朋友的簇擁下手捧鮮花前往新娘家迎娶新娘。到新娘家後，雙方的父母還需再次向親友介紹新人的戀愛經過，並祝願新婚夫婦白頭偕老。迎娶新娘返回新郎家時忌諱按照原路返回，一般都繞道而行；告知街坊鄰居家裡有喜事。在新娘跨進新郎家門的那刻，新郎的媽媽是不能出現的，據說能避免婆媳往後發生口角。進屋後，男方家長需向親戚朋友簡單介紹新娘，並請親朋好友吃喜糖、喜餅。隨後，新人必須祭拜祖宗，並祈求祖先保佑新人天長地久。

現在的越南人喜歡將婚宴設在星級賓館，更喜歡在自家門口用一個藍色棚布搭建房子，以便親友在此用餐。在賓館門口，擺放紅色的心形紙盒。一個寫著「新娘」，一個寫著「新郎」，這兩個盒子告訴賓客婚宴是由新娘、新郎兩家合辦的，男女各方的親朋好友須將禮金分別放入各自的盒子中，最後各歸其主。隨著婚禮進行曲的奏響，新人手挽手，在掌聲中緩緩邁上紅地毯。此時，音樂聲、祝福聲、歡呼聲充滿整個賓館（互動百科，2014）。

越南北部蠻族的部落，結婚時存在讓舊情人先佔「初夜」的「謝恩」婚俗。新娘在婚前，往往有舊的情郎，如果確定與別人訂婚，便需與其他情人斷絕關係。按傳統習俗，新婚之夜新娘並不住在新郎的洞房，而是和舊情人共枕最後一夜。

越南婚禮

資料來源：新華網（2010）

居住在越南北部的康族人的婚姻，都是由父母或者親叔安排。依據民族習俗，男方家長第一次到女方家提親時需給女方帶兩隻小雞、一隻肥豬和一籃子大米為見面禮。此後，這個男孩需到女方家中住一段時間，至少是兩年，多者長達十二年，一直到女方家長同意他與女兒結婚。此後，男方必須再次帶禮品到親家，其中包括50公斤豬肉、4隻小雞、5公斤鹽、40公斤大米、20瓶酒和一些錢。女方的父母必須將女兒送到新郎家，告訴新郎及其家人新娘有什麼本領，以及身體健康狀況等；此後新娘便正式成為丈夫家的一名成員，並且隨丈夫的姓氏（上海久久結婚網，2014）。

(三十六)印度婚禮

對印度教徒而言，結婚的首要目的是完成宗教職責；其中以祭祀最重要，男子必須結婚生兒子才有資格向祖宗供奉祭品。因此，在結婚儀式上，新人雙方為此唸咒、祈禱、發誓；丈夫對妻子明確說道：「我為了得到兒子才與你結婚」；祭司等人也為此而祝願他們（上海久久結婚網，2014）。

結婚前一天，新娘的手和腳須用Henna的天然植物顏料畫上類似紋身彩繪，印度話叫Mendhi，這種圖案，可維持一兩個月不被洗掉，上彩的時間需三至四小時或更長，連同著衣，化妝和全身上下厚重的飾品和純金的掛飾，新娘仍須保持優雅的笑容。

結婚當天，新郎家需大宴賓客，時辰一到，新郎需引領壯觀的迎親隊，西式鼓號隊，吹吹打打到女方家接新娘；一路上唱唱跳跳，當新郎和迎親隊抵達，新郎須將朱砂塗在新娘的頭髮分縫處，朱砂最好是水狀的，讓它流到額頭上一些，這樣子才可以使夫妻相愛到老。

迎親隊伍
資料來源：背包客棧（2009）

迎親隊伍回到新郎家後，祭師已

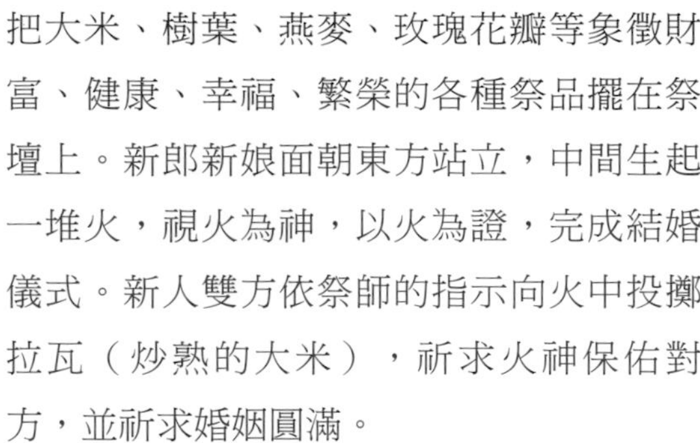

把大米、樹葉、燕麥、玫瑰花瓣等象徵財富、健康、幸福、繁榮的各種祭品擺在祭壇上。新郎新娘面朝東方站立，中間生起一堆火，視火為神，以火為證，完成結婚儀式。新人雙方依祭師的指示向火中投擲拉瓦（炒熟的大米），祈求火神保佑對方，並祈求婚姻圓滿。

以火為證
資料來源：背包客棧（2009）

另一種儀式是新人遶火轉圈，新人朝拜火神，祭師要新郎向新娘以梵文說道：「我如拉瑪神一樣值得稱頌，你如同梨俱吠陀（全名《梨俱吠陀本集》，是雅利安人來到印度河兩岸，對神的讚歌）一樣值得讚揚，你猶如地球，我好似太陽。我倆歡歡喜喜地結婚，早生貴子，兒孫滿堂，各個長大成龍成鳳，我們自己也健康長壽。」祭司對祭品和新人表示祝福，並把新人的手握在一起，隨後新郎新娘需圍繞火堆走七步，被稱為「七步神」。

最後，新郎新娘向長輩行「觸腳禮」，即跪在地上以前額觸長輩的腳，或用手先觸長輩的腳再觸自己的額頭，同時接受長輩的祝福。

印度傳統婚禮是印度傳統特色的文化之一，在新人舉行婚禮時，所有的家庭成員都須參加。新娘的雙手需畫上華麗的散沫花圖案，穿金邊的紅色和白色的婚紗，配戴黃金首飾和珠寶；新娘的脖子上還須配戴用玫瑰花和金盞草編成的大花環，表示幸福吉祥。

印度人舉行婚禮儀式的前幾天，牧師需到新娘家中祈禱，在婚禮前一天新娘的父母須舉行小的典禮，歡迎新郎的家人和親屬；而且新娘的母親需送給新郎母親禮物。在這段時間內新娘和新郎雙方是不能見面的。

傳統的印度婚禮通常在由四根竿子支撐起來的帳篷下進行，新娘的舅舅需將新娘送到帳篷裡，伴郎和一名年輕的女孩則將新郎送到婚

禮場地。陪同新郎的女孩不斷的搖晃裝硬幣的金屬壺，讓新郎保持充沛的精神狀態。

牽手
資料來源：大紀元（2014）

1.洗腳：新娘的父母用牛奶和清水為新人洗腳，並對新人進行祝福。
2.牽手：新娘的右手被交到新郎的右手裡，牧師讀完聖經後在新人的肩頭纏繞24圈白布；之後在帳篷中央點燃一堆小火焰，新娘的兄弟、表兄弟領著新人圍繞火焰走數圈；而且新人的手中必須拿著大米、燕麥和樹葉等，象徵財富、健康、幸福和繁榮。
3.撒花：繞火焰儀式結束後新郎的兄弟向新人拋撒玫瑰花瓣，表示慶祝。

撒花
資料來源：搜狐旅遊（2009）

4.餵糖：新娘需餵新郎五顆印度糖果，表示從此替全家做飯，照顧丈夫是她應盡的義務；之後新郎餵新娘五顆印度糖果，表示從此負責供養妻子及全家人。
5.親人祝福：最後新人雙方的親戚在新人額頭上點紅點，並拋撒大米，祝福新人生活幸福美滿、長長久久。

眾所周知印度是世界上最大的珠寶首飾出口國，因此婚禮上的首飾都以24K黃金為主，造型極具民族特色，精湛做工、古典、複雜、華美集聚一身（上海久久結婚網，2014）。

(三十七)巴基斯坦婚禮

巴基斯坦人喜歡選擇4、5月結婚，除了考慮宗教因素，氣候也

是重要原因。由於巴基斯坦大部分地區炎熱，夏季比較漫長，迎親、送親和婚禮的安排會有諸多不便。因此大多數人家願意將結婚慶典安排在氣候溫和的季節進行。4、5月的巴基斯坦氣候相對溫和，綠意盎然，因此很多家庭會把辦喜事的日子定在這個時候，這也就形成了熱鬧的「婚季」（搜狐旅遊，2010）。

巴基斯坦傳統婚禮給人最深刻印象就是時間長，普通人家也至少要辦上三天，而富裕的大戶人家則持續一、兩週，甚至一個月。在這段時間，男女雙方會舉辦名目繁多的儀式，巴基斯坦人的家族觀念很重，婚禮上幾乎所有的親戚朋友都會到場，甚至是在海灣國家工作的親戚也會大老遠趕回來。巴基斯坦人對婚姻牢固性和穩定性看得很重，所以在婚禮的排場、嫁妝和聘禮等方面都不甘人後，這也在一定程度上助長了攀比風氣（我愛購物網，2011）。

巴基斯坦婚禮有一個習俗，新郎手裡捧著紙錢編成的「花圈」這是代表祝福和好運，有的新郎會戴著紙錢製成的花環，上面點綴著五顏六色的彩紙，也有人戴鮮花花環（我愛購物網，2011）。

花圈
資料來源：環球網（2014）

巴基斯坦的婚禮通常在新娘家舉行，但現代的婚禮已經不那麼嚴格。與其他一些伊斯蘭國家一樣，巴基斯坦新娘需在婚禮的前五天進行一次正式的沐浴。沐浴之後，由女性至親好友為其梳妝打扮，並在手上和腳上染指甲花油。她們還用一種特製的褐色樹脂油在手背、手腕和腳背、腳腕上繪出美麗的花紋，表達自己喜悅的心情。

歌舞演出
資料來源：FT中文網（2013）

傍晚時分，賓客陸續到來入座，

一邊攀談一邊欣賞小舞台上動人的歌舞演出，來賓如果有意粉墨登場，可趁著這個機會一展歌喉或舞姿。在婚禮這樣的場合「獻藝」被看作是對主人的尊重和對新人的祝福，主人會很高興的。

月上中天，新人開始與賓客見面；先是盛裝的新娘在自己親姐妹的攙扶下圍著新家遶三圈，意味從今往後將成為這個家庭的一員。

接著，新郎新娘坐在小舞台上用鮮花和樹枝編製成的「鞦韆座椅」，每一位來賓都須走到新人面前呈上自己的溫馨祝福。按照巴基斯坦的風俗習慣，新娘在整個婚禮中即使心裡充滿喜悅，臉上也必須表現出哀愁的樣子，而且愁容越重越受到人們的尊重；表現新娘對自己娘家人的戀戀不捨的心情。

新娘面帶哀傷

資料來源：中國警察網（2012）

新婚男女在接受完所有來賓的祝福後必須共同喝一杯「結髮酒」，然後用全身力氣把酒杯摔碎，碎片越小越多，意味夫妻生活越和諧圓滿；此時新郎的兄弟向新婚夫婦拋撒花瓣，賓客們齊聲歡呼：「祝你們幸福！」新郎的父母小心地拾起碎片贈送給自己的兒子兒媳，有的夫妻一直珍藏著這些「愛的證物」直到過世。

(三十八)緬甸婚禮

緬甸是個佛教國度，緬甸人的婚禮充滿佛教色彩，又保存許多禁忌。緬曆4月15日至7月15日的三個月為佛教僧侶安居期間，緬甸人不許舉行婚禮。此外，緬甸人也忌諱在緬曆9月、10月、12月內結婚。

他們認為，在9月結婚，將會不育，一輩子無兒女；在10月結婚，會破產；在12月結婚，夫妻會兩地分居，不得團聚。出席緬甸人的婚禮，不能穿藍色、灰色和黑色的衣服，否則會帶來不吉利。

緬甸的特別習俗，在婚嫁之前，雙方需經過很長的「相互認識」

緬甸婚禮服裝
資料來源：新華網（2011）

階段。假如小夥子想娶某位姑娘，便將心事告訴自己的父母，男方派人至女方家提親。如女方父母不反對這門親事，年輕人便在一起生活。這不等於開始夫妻生活，只是「認識階段」。兩三年後，如果年輕男女雙方發現對方初衷未變，才考慮結婚之事。新娘在婚後仍是獨立自主的，對自己的財產有所有權，萬一離婚，可以帶走。

緬甸人喜歡鮮豔的色彩，舉行婚禮時需穿著豔麗，無論男女，下身都穿紗籠，男士的稱為「籠基」，男士頭上戴用一條素色的薄紗或絲巾裹紮好的「崗包」。女士穿紅色的服飾，梳上高而光亮的髮髻，並戴鮮花。婚禮現場擺滿鮮花、水果、菸草、棕櫚葉，象徵家庭的幸福和睦。

整個婚禮由新娘的姑母主持，新郎新娘、新娘的雙親和客人們都恭順地聽從吩咐。新郎新娘在席上坐一會兒後，就彼此掌心相對著搭起手；之後，新娘的朋友用一根彩帶捆住兩隻手，從花瓶裡拿出幾朵花，用花莖向新人灑水珠，祝福新家庭多子多孫，婚禮即告結束（上海久久結婚網，2014）。

新娘姑母主持婚禮
資料來源：新華網（2011）

(三十九)柬埔寨婚禮

柬埔寨農村的女子一般在15、16歲，男子則在20歲左右便要結婚，其婚俗十分獨特；當今許多國家都有反吸菸行動，柬埔寨的少女卻必須學會吸菸。

與中國傳統婚禮一樣，柬埔寨人的婚禮也很講究；舉行婚禮前，男女青年需在雙方父母和兩位證婚人陪伴下，到街委員會或鄉政府進行結婚登記，向登記處官員宣佈情願結為夫婦，領取結婚證書。

在柬埔寨，通常是男子「嫁」到女家，婚禮的全部儀式都在女方家舉行，需連續舉行三天。第一天叫「入棚日」；上午，男方長輩需到女方家搭建新郎棚、迎賓棚和炊事棚；稍後男方家請樂隊演奏「送郎曲」，新郎在其父母的陪同下，帶著蓆子、被褥和其他結婚用品，到女方家，住進新郎棚。

入棚日

資料來源：tinayann的部落格（2010）

第二天是「正日」，是婚禮最重要的一天。當天清晨，男女雙方親朋好友都歡聚一堂；首先，新娘父母將長輩們請到堂屋裡舉行「祭祖儀式」。下午四時舉行「理髮儀式」。理髮儀式結束後，需請四、五位僧侶為新郎新娘舉行約半小時的「誦禦禍經儀式」；接著，舉行結婚喜宴。午夜十二時，舉行「拴線儀式」，新人雙手合十，雙方父母和長輩將兩三根絲線纏繞在新郎新娘的手腕上，表示把兩顆純真的心和兩個家族緊緊地聯結在一起。

拴線儀式

資料來源：tinayann的部落格（2010）

樂隊演奏

資料來源：tinayann的部落格（2010）

第三天為「拜堂日」，是婚禮的最後一天。清晨時分，新郎被「良辰吉日老人」請到擺好祭品的拜堂處，新娘藏在帷幕後面；此時樂隊開始演奏「拜堂曲」。歌手唱起古老歌曲，唱畢，新娘在伴娘的陪同下，由幕後走出，與新郎並肩而坐，一起叩拜。拜堂儀式後，歌手唱起「收蓆歌」，唱畢，歌手把鋪在地上的蓆子捲起來，走來走去，高聲叫賣，新郎新娘用一點錢把蓆子「買下」，抬進洞房，眾賓客則陸續退出，婚禮結束（上海久久結婚網，2014）。

(四十)早期非洲裔美國人婚禮

美國的黑奴時代，黑人男女是不允許正式結婚生活在一起。為了向世人宣布他們的愛情和婚約，一對黑人男女和著鼓聲的節奏，一起跳過一把掃帚。

掃帚對各種非洲人長期以來都具有很重要的意義，因為它意味著新婚夫婦組成家庭的開始。在南部非洲，新娘在婚後的第一天要幫助夫家的其他女性清掃院子，以此表明在住進自己的新家前，她願意盡職地幫助丈夫的家人承擔家務勞動。直至今日，一些美國黑人還在他們的婚禮上舉行這種象徵性的儀式（上海久久結婚網，2014）。

(四十一)馬里婚禮

馬里是非洲西部的國家，那裡的婚俗極具特色。

依據馬里風俗，婚禮前，男女雙方家庭各自進行緊張且充分的準備。男方家庭自然是打掃庭院、佈置新房、邀請賓客、準備婚禮宴會等。女方家庭則準備嫁妝和打扮新娘；馬里的新娘非常注重髮型，為了讓自己顯得更加活潑有朝氣，新娘常常把捲曲的頭髮拉直，並用假髮將頭髮加長，再編成無數根小辮子，並將這些髮辮紮成各種圖樣的髮型。她們還須用各種各樣的獸骨片和五光十色的貝殼裝飾頭髮，更顯俏麗多姿。新娘梳完頭，還須佩戴項鍊、耳環、手鐲、腳鐲，甚至鼻環，又大又重的鼻環，十分引人注目。新娘並染足、畫手和塗牙齦。在馬里，黑色被認為是美的象徵。出嫁的姑娘都喜歡將足、手、牙齦塗成黑色，展現自己的美

馬里婚禮
資料來源：重慶結婚網（2014）

麗。婦女們採來散沫花樹葉製成塗料，將其塗在手腳上，手腳便成了灰色或黑色。塗牙齦是先用針將牙齦刺出血，將塗料抹在出血處，塗料隨傷口浸入皮肉，一次染黑，終身不褪。染足、畫手和塗牙齦既費神費時，還需付出血的代價；但為了美，馬里新娘甘願犧牲。最後，新娘要進行沐浴，撒上香水，穿上漂亮的婚禮服裝，戴上豔麗的頭巾，等待新郎迎娶。

馬里的迎親帶有搶婚的色彩，尤其在山區，這種風俗更為盛行。舉行婚禮的夜晚，新郎約上幾位身強力壯的好友和鄰居，憑著夜幕的掩護到新娘家，輕輕推開虛掩的門，悄悄進入新娘房間，兩三個人架著新娘飛快出門，任憑新娘怎樣掙扎和哭喊，都不放手。在新郎的帶領下，一夥人簇擁著新娘離開家門，匆匆朝著男方家飛奔而去（八號甜蜜8 Sweet，2010，互動百科，2014）。

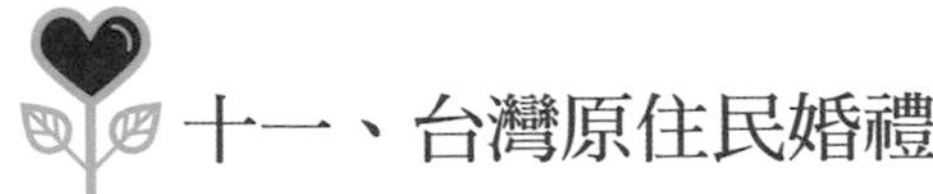

十一、台灣原住民婚禮

台灣原住民是指17世紀漢人移入前即已在此定居的族群，為南島民族的分支。台灣原住民並非統一的民族，而是由分布在台灣各地之數個語言及生活方式不同的部族構成，目前有16個部族獲官方認可其地位。在漢人移入台灣前，原住民族廣泛居住於整個台灣，現今則主要分布在台灣本島山區與東部地區。截至西元2014年10月內政部戶政司統計，總人口數為538,994人，佔台灣人口總數的2.30%。台灣原住民亦有其宗教、文化與生活習俗等因素，所形成的原住民婚禮。

(一)阿美族婚禮

阿美族主要分佈在台灣的花蓮及台東地區，婚禮略有不同。

在花蓮地區，男子至女方家接受族長祝福，需留在女方家做工約月餘，女方母親讓兩人共枕同眠，從此男子入贅女方家。

在台東地區，結婚當天，女方準備牛肉、酒、糕點等物品送給男方家及雙方親友，接著舉行午宴，載歌載舞，款待親友；宴會結束後，男性賓客需至溪邊捕魚，接著是晚宴，同樣歌舞不絕，三天後各自返家，新郎便住在新娘家（侑昇有限公司，2014）。

阿美族一般男女多屬早婚，阿美族男子在成年禮進入第二季以後方可結婚。女子待嫁期則是18～22歲之間，婚姻通常以男子長於女子3、5歲，阿美族之婚姻形式以招贅婚為原則，以嫁娶婚為輔助制度。

阿美族婚姻第一特質為絕對遵守一夫一妻之配偶法則，第二特質為夫從妻婚或招贅婚為原則，即僅在只有男嗣而無女嗣時，則允許由男子承嗣之採嫁娶制，娶婦以承宗祀。

阿美族人盛行入贅婚，稱之「密嘎達夫」，意思是「男子出嫁」。婚俗古樸動人，情趣橫生。然而今日阿美人的社會也日漸受到漢人的影響，入贅婚已漸漸式微；家中經濟權也漸轉移至男子身上，母系社會的特質已漸漸淡化。

◆定情

阿美族男女婚前可以自由戀愛，男子在成年後，女子在待嫁期，男女之戀愛關係為社會所允許的，男女透過勞動和在成年儀禮及他人之成婚儀禮中，藉舉行歌舞酒宴之聚會而結識，進而相互瞭解，產生愛苗。

求愛或由女子或男子主動；女子主動則約男子於某日傍晚訪問女家，伺機邀請男子共出遊，男子如同意即開始交往；反之，如由男方主動，便託該女之女友提出約會，女子同意後如約前往幽會，互約以口琴或口哨為信號相聚；進一步定情時，女子以手巾或飾物相贈，男子以頸飾或頭巾答贈，自此成為愛人；各自珍重保存定情物，若一方反悔，則退還定情物，對方同意亦退還之。

阿美族人在沒有結婚前，少女可以有很多男友，至結婚後，便需專一愛情，阿美族女子對待丈夫都非常多情。

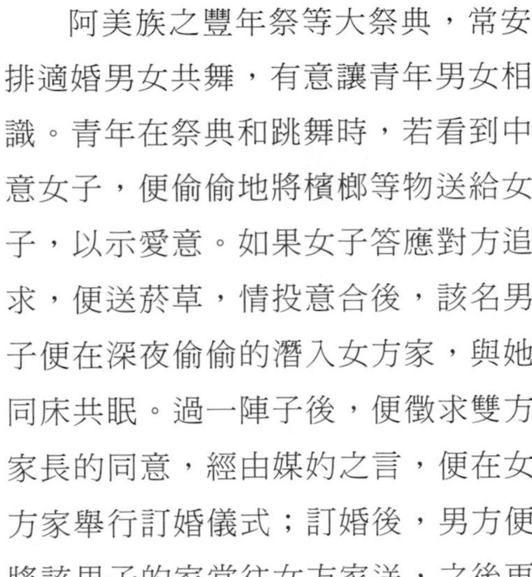

阿美族之豐年祭等大祭典，常安排適婚男女共舞，有意讓青年男女相識。青年在祭典和跳舞時，若看到中意女子，便偷偷地將檳榔等物送給女子，以示愛意。如果女子答應對方追求，便送菸草，情投意合後，該名男子便在深夜偷偷的潛入女方家，與她同床共眠。過一陣子後，便徵求雙方家長的同意，經由媒妁之言，便在女方家舉行訂婚儀式；訂婚後，男方便將該男子的家當往女方家送，之後再舉行結婚儀式。

定情

資料來源：生命禮儀與文化詮釋（2006）

阿美族人約滿16、17歲，已達成年，便得到參加公共集會的權利，隨時可有接近異性的機會，尤其族中每年有一次以歌舞方式選擇配偶，在此狂歌歡舞之際，男女最易滋生愛慕之情；如在同舞時某男愛上某女，當即可以向對方表達愛意。阿美族歌舞是建立戀愛關係極為重要的手段，因此，阿美族青年自幼學習舞蹈，舞技都相當高超。

除了上述結識方式外，另還有「箚拉胖」，即多數人到遠村訪問作客、父母直接介紹、巫師引線等方式訂情。

◆議婚與求婚

阿美族人在求婚期間，流行女方到男家幫工的習俗，稱「密達別」，女子必須穿最好最美的衣裳，每天清晨雞鳴三遍，女方主動到他的意中人家中幫工，幫忙承擔男家挑水、打掃房舍、除草餵豬等家務，中午返家，下午再前往工作，忙到黃昏，攜男子出去散步，男子送女子返家，直到男方點頭同意嫁給女子為止。

男子如同意下嫁時，應請女子留下來吃晚餐，並親自送女子回

家，以示愛意。但如果男方不喜歡，當然晚餐也免了。「密達別」的時間幾週至幾年不等，不計報酬。

雙方把結婚的意願告知父母後，女方母親邀請家族評議男方人品才幹，查詢族屬世系，如果人品好，能勞動，又沒有血親世仇等糾葛，就確認這件婚事。

議婚——扛柴入灶
資料來源：生命禮儀與文化詮釋（2006）

阿美族是母系社會，議婚習慣上在女家舉行，首先由男女雙方父母面談，當雙方父母同意後便差媒人溝通聘金等事。

◆訂婚

1.阿美族婚事議訂後，亦有下聘之禮，多以豬肉、牛肉、米酒及滿載一牛車的木柴等物為聘禮，婚禮亦須擇日在女家完婚。

2.訂婚前女方將家屋和庭院灑掃乾淨，男方邀集朋友上山砍製訂婚用的訂婚柴，並藏之於不易見之處。

3.訂婚清晨，新娘穿著祭服偷偷以陶器盛水頂在頭上，將一壺水倒入男方家的水缸，表示感恩，飲水思源；男方不迎接，女方也不得驚動男方。新郎也必須於黎明前，將訂婚柴擔至新娘家大門側擺設一天，作為信物，有薪火相傳之意。

4.訂婚於夜晚舉行，女家準備神罐、酒杯、椅子和檳榔，男方準備酒送去，新郎最後進來，新郎進門，新娘便送新郎檳榔一顆，表示歡迎和接受訂婚。

5.長老先介紹新娘新郎及雙方家長，並讚美親事及介紹相識經過，巫師持酒向神罐滴酒後唸祈禱語祝福婚姻順利。

6.新娘分送檳榔給每位來賓及長老，並一一倒酒，長老起立，右手指向酒杯，聆聽祈禱，保佑平安及婚姻美滿，並用手指點酒

潑向天空或滴向地面。

7.家長代表致謝後，喝酒聊天至夜深，新郎負責護送巫師巫婆和長老回家後，便自行回家或到聚會所與同級朋友一同睡覺。

◆結婚

1.訂婚期後，女家大量釀酒、造糕、購備新郎新娘服飾，男家則準備男子衣飾、布、腰刀、刺槍、弓矢等。

2.婚禮當天早晨，村人未起時，新郎必須把早已劈好的四塊白木片，編成兩束，送到女方，排到門前，表示此家有結婚喜事。

3.婚禮在女方家辦，通常在夜裡舉行，女家準備檳榔、酒杯、椅子。等到雙方家長、證婚長老、介紹人、親友到齊，婚禮便可開始。

4.酒、檳榔放在中央，新郎新娘坐在中央，先由介紹人介紹其相識經過，然後由證婚人的長老細說二位新人的孝心、勤勞、節儉等美德和對地方的貢獻，並勉勵新人同心同德，百年好合建立美滿家庭。

5.此後巫師對著神罐祈禱，接著新郎持酒瓶依序倒酒，待全部酒杯盛滿酒後，最年長的長老代表起立，右手指著酒杯面向上蒼，祈求神靈保佑婚姻美滿等，大家喝第一杯酒，長老大喊祈福語後，大家報以熱烈掌聲，雙方家長代表向大家致謝。

6.之後便進行「巴拉岸」（替新郎取新名字），男方母舅獻上

結婚儀式

資料來源：生命禮儀與文化詮釋（2006）

裟錦頭巾，撚少許米糕，沾栗酒，撒祭祈神福佑新婚夫婦白頭偕老，子孫滿堂。爾後，唱歌跳舞，徹夜不眠。

7.依習俗，女婿當夜仍回到會所寄宿，翌日晨起，給岳母家送柴、藤心野菜作為報償，新娘到夫家幫公婆汲水、杵穀；歷時十天，婚禮方告圓滿，女婿即上門，在妻家度過一生。（京華婚禮，2014）

(二)泰雅族婚禮

結婚前一天，女方家設宴款待男方家長，並留宿過夜，隔天送新娘到男方家。入門時，男方親屬以指蘸水在新娘前額，之後，雙方族長致詞訓誡，祭拜祖靈，舉行歌舞宴，雙方家長及新人相互敬酒，直至半夜（侑昇有限公司，2014）。

泰雅人認為結婚的目的在繁殖後代，享受天倫之樂及防老。泰雅族人早便對婚姻有特定的規範及儀式，當男方看中女方，男方必須請族中長老到女方家，大夥面對面溝通，男女兩家的家譜溯及五、六代，若有血緣關係則無法成婚，由此可知，泰雅族人優生學及倫理的觀念。

古代泰雅人結婚是男女雙方全祭團的大事，是男女全祭團全體參與，結婚的日期決定後，男女全祭團的成員都出去打獵，男女雙方家都準備釀酒，肉多酒醇即可舉行婚禮。

早期泰雅族，年輕人在部落接受類似成年禮後，男子須進入山區打獵，能扛回大獵物，便是部落勇士成員，有資格論及婚嫁，女子則須學會織布、釀酒、收割雜糧、飼養家禽等民生瑣事。

◆求婚

泰雅族婚姻嚴守一夫一妻制婚，以男娶女嫁為原則，而以招贅婚為變則。泰雅族古代有早婚的習俗，女子15、16歲，便有媒人撮合成婚。過去，女子沒有選郎的自由，全由父母做主。泰雅族也有相親形

式，不過無論在相親時女子表情是哭、是笑、或是冷淡，無關緊要，因為婚配之權操在父母。泰雅族男女可以自由戀愛，但不能有越軌行為，否則需殺豬賠罪。結婚須徵得家長同意，由男方向女方求婚，決定時間。

古代泰雅族的婚姻，雖有出自男女當事人要求者，為按照泰雅族原始風俗，應由雙方父母同意而主婚，且須由男家主動，請媒人向女家求婚。

男方請媒人向女方求婚，媒人受託後即作鳥佔，以判定凶吉福禍，得到吉兆之後，乃攜酒前往女家提親，如得同意，便接受共飲攜來的酒。若女方認為需要再議，則互相敬菸，約定時間再次議談。

一般媒人提親，女家初次必婉拒之，定要再三提出要求後，始表示許婚；若拒絕再議，則表示拒婚。

泰雅族人很重視婚姻關係，求婚時請族長代為提親，泰雅族求婚需互唱長串的家譜，男方須吟唱家譜歌，女方也唱一次，長者發現其中有親戚關係時便不能成婚，婚事一旦談成，男方便送女方一把刀，代表「我把力量加給你」。

◆訂婚

1. 訂情物：想訂婚的男方，須攜刀插於女方家門，三天刀未見收，表示接受訂婚；許婚後，媒人負責商洽聘禮數量。
2. 聘禮：泰雅族結婚是由男方主動，女方答應婚事後，男方須送女方聘禮，泰雅族之聘禮，具有濃厚買賣婚意義，即由媒人奔走於兩家之間以商量聘禮數量。泰雅族古代聘禮，大部分用貝幣或貝珠綴織的珠衣及數頭豬，嫁妝除了新娘自己的東西之外，織布機是不可或缺的嫁妝，尚有新郎用的刀、槍、弓箭等。

聘禮議妥後，男家祭團之全體男子，將入山行獵及捕魚，並將獵肉魚獲醃製，以備納聘及結婚儀禮時使用。

成婚行聘前數日，男家先邀女家驗聘禮，如聘禮不滿意可以向男家提出要求補足，泰雅族送聘由媒人主持。女家若表示聘禮滿意，則由媒人主持，兩家主人進行「水誓」儀禮，媒人手持一瓢水，向神靈祈禱：「從此兩家結為姻親，互相諒解，互相幫助，勿得失和」。雙方主婚人以食指浸水中表示不悔，並互相敬酒，饗宴女家親戚，此時新郎依序向女家親戚敬酒；敬畢，男家近親全體向女家親戚敬酒，以示聯姻；此酒宴繼續至夜半，翌日男家將聘禮送往女家，新郎前往迎親，歡宴親友賓客。

◆結婚

通常古代泰雅族人舉行婚禮，飲酒作樂長達三天。結婚前男方須打獵捕魚，將獵肉魚獲醃製，充實祭儀和婚宴的食品；女方須製作結婚穿的衣服，還需準備小米酒，母親幫女兒準備很多的織布作為嫁妝，以前的人便是以所帶的織布多寡表示體面。

女家近親到男家驗收聘禮後，次日男家近親陪伴新郎攜聘禮酒肉至女家迎親，此時女家亦將為女兒準備的嫁妝陳列於室內，以待男家之族長近親過目驗收。一般新郎需贈珠裙一件給岳父母當見面禮，女方亦回報新郎一套新衣。

當晚由女方宴請男方親戚，並在女家住宿，隔天清早，新郎攜新娘膝褲到野外行鳥佔，得吉兆後返回女家，攜新娘回男家。女方親戚亦隨行送親至男方家，新郎母迎新娘入室內，先在床上休息後，新娘將攜來的織布送給新郎父母兄弟姊妹各一為禮。

新郎背新娘進場（左）；新人著泰雅族珠衣（泰雅族批肩為代表）（右）
資料來源：大紀元（2014）

背新娘的風俗是早期泰雅族嫁娶的重頭戲之一，新娘與新郎間需有良好的默契，才不會從顛簸的山路中

摔落，新郎背負新娘返家，如果路途遙遠艱難亦不得休息，否則視為不祥（京華婚禮，2014）。

由男方將新娘背負到婚禮場所，就定位後，由男方家屬排列聘禮泰雅族珠衣（泰雅族批肩為代表），男方將泰雅族批肩替女穿上，再由女方做同一動作，此意表示男女雙方著新衣。媒人（長老）坐在臼子上，對雙方主婚人（縣長及鄉長）舉行「Sbalay」之儀式，其方法為拿一杯水，祈祝說：「到此協談全部完成（大紀元，2014）。

泰雅族的文化中，最重要也最精采的結婚儀式就是新人穿著泰雅傳統服飾盤坐在草皮上，在眾人的祝福下共飲一杯小米酒，這個過程稱為「愛若蜜」，代表著兩人共組一個家庭的開始。接著長輩將兩條繩索打成一個結，象徵「永結同心」，新人必須在眾人面前互拉這個牢牢的結，以表示不管遇到什麼困難，兩人都能互助互信，內心如手中的繩索緊緊纏繞（美麗婚禮，2012）。

愛若蜜
資料來源：美麗婚禮（2012）

神父交待長輩的話
資料來源：大紀元（2014）

(三)排灣族婚禮

男方需備柴薪、豬、酒，由新郎領親友於結婚當天前往女方家，婚宴結束後，新娘即隨新郎回婆家。男方家亦有一場宴會，新人飲交杯酒後，須向賓客敬酒，通宵慶祝。洞房時，媒人在旁探看新人的感情。

搶婚的儀式仍保存在台東、屏東、高雄等縣內的某些部落。男方須先聲名搶婚，並請親友們協助，女方親友則需阻擋男方找到女子；一來一往，直到搶到為止，男子揹女子回家，途中需受女方親友

留難，亦防女子脫逃。回家後，頭目須宣布兩人為夫妻，祭祖設宴，便完婚。女子的貼身衣物須用線密縫，並由女性友人陪睡，直到第三晚，才留兩人獨處洞房（侑昇有限公司，2014）。

排灣族採取長系繼承制，其餘需分支，故多為小家庭；婚姻是一夫一妻制，同一血族絕不通婚為原則。排灣族由於小家庭制，男女必須分工合作，故造就男女一樣重要的事實，這種男女平等的傳統，獨創出雙系制或男女平權制度。

排灣族婚姻之居處法則採用兩可制，每一位男性及女性，皆有自由選擇娶妻或贅夫與出嫁或出贅兩種方式之一，原則上長嗣承家，其餘可斟酌其婚姻方式。因為排灣族以前有階級身分制度，因此藉著婚姻可攀高階級。

◆婚姻時機

排灣族的青年男女，到達18～20歲為結婚的年齡；對於花樣年華、待嫁閨中的少女，把握展露自己才貌的機會，屆時都裝扮整齊，容顏華麗參加，他們邊跳邊唱自己拿手的歌曲，期待吸引異性。已婚者在裝飾上一定需加戴一副耳環，表明已婚身分，以免誤被青年男士追求。到達結婚年齡時，都可以從事公開交際活動，他們利用舞會或藉口拜訪，達到尋找對象的目的。在許多公開的舞會中，跳舞雖是為了祝賀親友訂婚、結婚或新居落成而舉行，但參加的青年男女，更期待找到適合對象。若男士發現屬意的對象，便趨前要求加入少女身邊共舞；少女如果鬆手准其加入，則表示對其印象不錯；反之，堅持不放手，便表示對其不滿意而拒絕。舞會結束後，雙方有意之青年男女，便可單獨約定時間約會。當雙方感情漸成熟，迸出愛的火花時，男孩便找機會至女方家，幫忙做點打雜的工作，以討好女方家長歡心，期望達到允許結婚的目的。

◆結婚程序

①定情

排灣族婚前定情，普通由男子主動向女子表示愛慕之意，男子先至女家登門拜訪，將自己的頭巾、頭飾等送給女子作為定情禮。若女子接受則表示定情，女子也須以自己的衣飾回贈男友為答禮。在未正式成婚前，若有一方後悔則須退還定情物，並要求對方退還自己所贈予的定情物，被要求者通常同意退還而分手。

②求婚

男女雙方互相定情後，無論將來之婚姻屬嫁娶或出贅，一般排灣族的婚姻是由男方家長央求媒人至女方家求婚。排灣族的提親，男方到女方家，前往的親友越多越好，表示越有誠意。求婚時男方親友帶酒、檳榔、豬肉、頭巾等小禮物至女方家，試探雙方家庭是否有意湊和子女，同時詢問親戚們和女孩的心意。被求婚者接受禮物後即表示同意，求婚完成才開始談男方所需準備的聘禮及條件，女方家接受男方禮品無須回禮。

③訂婚

請族內聲望清高者為媒人，媒人需數次前往女家問婚、求答、送禮、問聘、送聘等繁複過程，經女方族人及頭目同意則完成訂婚。屏東瑪家村的訂婚儀式需唱「起靈歌」，將長眠地下的祖先請來觀禮，接著在前院載歌載舞圍成一大圈，訂婚儀式完成後，又唱起「送靈歌」，將祖先靈魂送回。訂婚後男女雙方不能再見面，一直到結婚那天為止。

④送採薪禮

排灣族男女雙方談妥訂婚事宜後，結婚前男子採薪送至女家為禮，表示男子的能力，為表示禮多，新郎需邀朋友一起入山砍薪。下聘前，男方家長必須上山砍相思木，再砍成一截截短木頭，配合其他的聘禮，將相思木疊在女家門前做成「包固」（以四根竹架成四方形

當基礎，往上豎立，竹頂綁上山刀或竹葉，然後將砍齊的相思木一節節堆高），「包固」疊得越高，表示雙方家庭在部落中頗具威信。結婚前，再一次正式送柴薪禮，新郎率眾入山採薪一大捆，並攜酒一罐，送女家所屬之直系頭目家為聘禮。

早年觀念保守，婚前少有接觸異性的機會，男方在舉行訂婚儀式時，通常會雕刻兩性性器，由老人家據此為新人說明傳宗接待的過程。

⑤送聘禮

聘禮中，檳榔是必備品，必須連枝砍下，而非一粒粒裝起來。另外鐵鍋亦屬必備物，因為是組成家庭的必需品，一般的聘禮還有狩獵用具、農用具及些許傳統食品等，內容及數量皆由洽談確定。迎親的隊伍穿著傳統盛裝，浩浩蕩蕩一行人抬起聘禮，前呼後擁著新郎奔向女家；女家收下後，女方家長代表人須向在場族人大聲宣布男方送來禮物並清點聘物。

送聘禮
資料來源：台南生活美學館（2014）

⑥跳舞祈福與造橋修路

排灣族人的習俗，在一對青年男女婚禮大典舉行的前幾天，一定須至女方家舉行跳舞祝福儀式，這是以結婚者的近親為中心所舉行的舞會，其目的在祝福即將結婚的準新人婚姻幸福，生活美滿。他們認為舞會舉行天數越多越好，這樣新婚夫婦才能白頭偕老。結婚前，男方必須將迎娶必經之路，跨越障礙，事先修築，如山溝、河床處架橋等。

跳舞祈福
資料來源：台南生活美學館（2014）

⑦盪鞦韆

盪鞦韆
資料來源：台南生活美學館（2014）

從前只有頭目家婚禮才有盪鞦韆，現在則沒有如此嚴格的限制。盪鞦韆是女性特有的權利，在鞦韆架上女性須很有技巧地擺盪鞦韆，隨時保持端莊的姿勢；盪得越高，姿勢越挺的人，可獲得大家的喝采。排灣族在結婚前一、二日，新郎邀親友二、三人砍筏樹木數根，至女家廣場聳立鞦韆架，象徵鬱鬱蔥蔥的愛情活力。結婚當天，男方親友到女家，相互寒暄稱讚，在歌舞聲中舉行婚禮，女方設宴款待，隨後進行盪鞦韆儀式。

⑧成婚

新郎於成婚日，由親戚陪行，挑酒、豬、聘禮等至女家，當天須在女家殺一頭豬，以祭天神祖先。

排灣族的貴族式婚禮，男方迎親時，部落中響起歡呼，隊伍到達女家門口亦須先歡呼並鳴放火槍三響，表示對女方的尊重；現今則以燃放爆竹代替獵槍對空鳴槍儀式。男方隊伍到達女家時，男家媒人先攜酒一小罐，向女家祖靈祝祭，以祝女家平安。習俗上，迎娶當天新娘必須被藏起來，由新郎想辦法找到，以考驗新郎的耐心與智慧。排灣族婚禮稱「巴布粟」，婚禮先以歌舞迎賓客，族人身穿傳統服飾，圍成圓圈而舞。在跳舞行列的內圈，新郎與新娘在親友的陪同下，拎著酒瓶，不斷斟酒，向每位跳舞者敬酒，並感謝蒞臨。新人被以最高祝福「馬沙露」祝福新人永浴愛河，接著兩人共飲交杯酒，正式成為夫妻。新郎在傳統婚禮尚未結束前不能抱新娘，也不能有親密舉動，此時新人須在伴郎伴娘協助下進行「什莫乏累」（一種背新娘的儀式），新娘須小心地爬上新郎背上，且不能讓身體有過多碰觸，之後

新郎再遶場一周，證明有能力保護新娘，通過才能正式成為夫妻（京華婚禮，2014）。

交杯酒
資料來源：台灣原住民族資訊資源網、排灣族小米園（2008）

什莫乏累
資料來源：大紀元（2014）

(四)布農族婚禮

結婚當天，男方與女方各推派數名壯丁，舉行一場角力比賽，若女方代表獲勝，則須改期迎娶，直到男方獲勝。迎娶回家後，宴請賓客並分贈每人一塊豬肉，晚上由長輩強拉夫婦同床（侑昇有限公司，2014）。

角力比賽
資料來源：發現婚禮（2014）

布農族習俗早婚，當孩童9、10歲後即有議婚者，男子過18歲，

女子過15歲則稱「逾時」。布農族人認為結婚是上天的旨意，男女結合是天職，傳統不同族的婚姻主要是由家長來決定，當事人沒有選擇餘地，婚配之權完全操之於父母兄長。布農族的婚姻是男娶女的嫁娶制。大多是以聘禮婚為主，輔以服役婚，另外也有童養媳習俗、指腹為婚、交換婚等。

◆議婚

男方父母見自家孩子漸漸長大，便開始物色女子，準備提親；首先是調查女方母親姓氏，是否在禁婚範圍，否則另找其他家女子，古代布農族沒有媒妁者說合，男方父母直接親往女家議婚。

議婚通常由男方家長在晚上到女家商討數次後才會有結果，首先是試探女方父母的心意，若得到共識，雙方才進行研討聘禮及婚禮事宜。只要雙方不在禁婚之列，女方家長便答應婚事。按布農族的文化，兩家結為親家後便不可再有爭吵口角之事；故議婚時，女方須有拒絕與答應的藝術；議婚時的拒絕是給予男方展示是否有誠意議婚的機會，故男方遭拒後過幾天仍要再次上門議婚，直至五次不成方可罷休；否則為人所不齒，之後的議婚亦將遭拒。議婚約訂後，少則數天，多則一個月，即行結婚。傳統的布農族沒有訂婚的儀式，訂婚便含在議婚禮，當雙方家長達成協議後，商討聘禮及婚禮事宜，便是訂婚。

◆結婚

1. 結婚日訂妥後，需行夢佔；若為凶再擇期舉行，若為吉則如期舉行。
2. 商訂婚期後，前三天男方派人員到女方家釀小米酒，亦有先行釀好再攜至女家者，三天後男方家屬親戚帶著約定數量的聘禮至女家迎親，女方點妥後再開始結婚儀式；聘禮以佩刀、獵槍、陷機、鋤頭、豬、牛、羊、小米酒、麻布毯、被褥等最為

普遍。

3.男方所屬部落人員到達女家後，負責燒飯做菜等，以宴請女方家屬及族人。

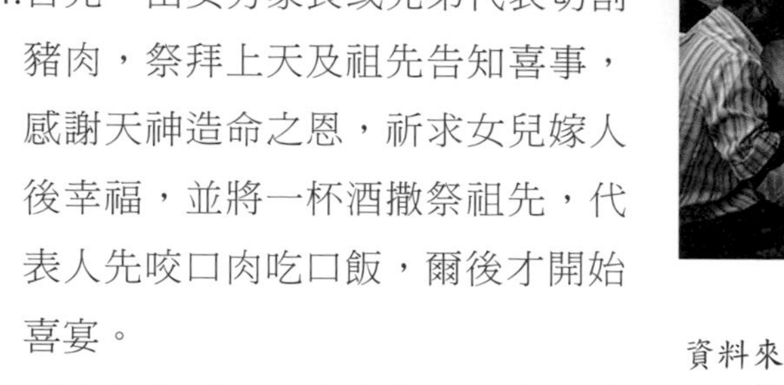

4.首先，由女方家長或兄弟代表切割豬肉，祭拜上天及祖先告知喜事，感謝天神造命之恩，祈求女兒嫁人後幸福，並將一杯酒撒祭祖先，代表人先咬口肉吃口飯，爾後才開始喜宴。

分豬肉
資料來源：台灣原住民族資訊資源網（2008）

5.喜宴是將酒肉放在中間，大家圍成一圈蹲坐著吃，並喝酒唱歌。

6.男方聘禮中的一頭豬是送給女方父系族人平分，由長老負責，分豬肉一定要做到公平且不能遺漏，否則容易造成爭執。女方也準備一頭豬送給男方父系平分表示回敬。

7.之後則由男方的男性親屬與女方的男性親屬行摔跤比賽（承襲古時搶婚制之精神），新郎也須和新娘的舅舅比賽，以考驗新郎有無力量保護新娘。新郎必須摔贏，如此婚姻才能美滿，新郎新娘從此健康無病。

8.結婚當晚，男方能在女方家徹夜飲酒，且歌且舞，通宵達旦。第二天新娘父母及二等親屬隨同男方迎親者將女兒送到男方家，雙方住得過遠時，新郎需帶背架接新娘，新娘則坐在背架上由新郎背回家，路上新娘不可掉下來，否則為不祥。到男家，又設宴款待女方家屬，此時婚事大功告成。

◆婚姻禁忌

1.談論婚嫁時，若雙分親屬有惡死者，須隔一個月後才能舉行婚禮。

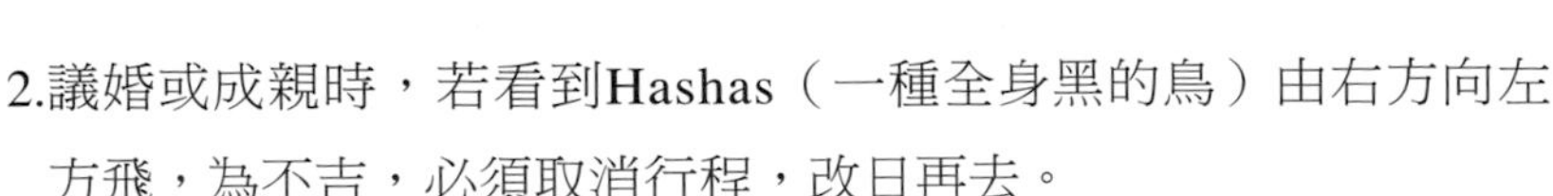

2.議婚或成親時，若看到Hashas（一種全身黑的鳥）由右方向左方飛，為不吉，必須取消行程，改日再去。

3.男方家人作惡夢時也取消行事。

4.結婚時不可打噴嚏及放屁，否則必須擱下，待一段時間再舉行婚禮（京華婚禮，2014）。

(五)卑南族婚禮

訂婚第二天結婚，男方準備檳榔、豬肉至女方家，並宴請親友，晚上留宿女方家一夜，之後須住在會所，直到妻子懷孕，才能住在娘家。第一個小孩誕生後，女方須饋贈禮物給男方，傳統分為五次，男方必每次贈答，使財產轉移（侑昇有限公司，2014）。

◆與外族的婚姻關係

自古常和緊鄰的排灣族和魯凱族有過密切往來，很多卑南族人的居住地域內，有很多魯凱族人的部落混居其間；由於台東平原並不遼闊，所以不只是種族上的交流，甚至風俗習慣也是如此，婚姻亦同。卑南族雖然有共同的語言及風俗習慣，但每個部落都是獨立自主的政治單位，部落與部落間，可能因為些許糾紛引起仇殺或襲擊；但在婚姻關係方面，卻以另一方式連結。

◆示愛、定情、服役

卑南族的婚嫁間是男女相悅，再央媒說合，同意即舉行婚禮。卑南族是母系社會，以招贅婚為常則，但求婚者以男性為主動；男子常採薪柴送女家，女子亦到男家幫男子母親工作。待感情成熟，男方家長邀親屬商討，並委媒人向女方家長求婚，女方舉行親族會議，許可後由雙方舅父主持訂婚。

卑南族人結婚以招贅婚為常則，以嫁娶婚為變則；不過主動求婚者還是男性。由男方向女家送聘禮，即使男子入贅女家也一樣。男子

向所愛慕女子，以其頭巾、檳榔袋秘密贈予，女子若接受即為定情；往後男子後悔還可以討還。定情後，男子即常採薪送女家為服役；女子亦至男家為男子的母親幫忙汲水等家務。

卑南族男子用嘴琴表示愛慕之後，如果女子同意，便接過嘴琴回奏一曲。卑南族男子求婚時要帶上一束檳榔，悄悄地放在女家椅子下，女方再拿回男方家，男方又一次把檳榔送到女方家，如此來回，女方全家研究是否接納。儀式的反覆表示婚姻大事的再三考慮。

◆議婚

男家父母、舅父、姑母等首先互相研商，考慮以下的條件：

1.是否在禁婚血親範圍之內。
2.對方家境貧富。
3.社會地位。
4.容貌等。

會議認為女方條件合適後，邀請與男女兩家均有親戚關係者為媒人，攜帶檳榔與酒赴女家，向女方父母及舅父提出求婚之意。女家亦舉行親族會議後，始能決定許婚與否；所以求婚者常須奔走女家數次後，才能得到女方的許婚。男女家皆以舅父為主婚人，因此女方的舅父必須在場同意，才能許婚。由卑南長老率領新郎丟檳榔，並由長老帶著檳榔、荖葉到女方家，試探女方母舅、父母心意，是否同意雙方青年交往一事。如果女方將男方長者所攜來的檳榔與荖葉收下，即表示許婚（台東牧童呆人，2008）。

議婚
資料來源：台東牧童呆人（2008）

◆聘禮

許婚後，媒人仍須奔走於男女兩家之間，商量聘禮的內容與數量。婚姻雖然以贅婚為主，但聘禮仍由男家送往女家。聘禮是由男家的亞氏族各家集體備辦；包括牛一頭、土地一塊、檳榔一大束、牛車一台、鐵犁一把、鐵鍋一口。女家則以糕與酒為答禮。

聘禮
資料來源：台東牧童呆人（2008）

◆婚姻習俗

訂婚後，媒人協商男方的聘禮，以及女方的答禮。商訂婚禮後，再由男家媒人向女家商定婚期；婚期一般安排在11月至隔年2月間冬季農閒時期。在婚期前十天，男家邀集亞氏族男性親屬一同搬送聘禮至女家。十天後，女家預備答禮酒、糕，由女家亞氏族人送往男家及新郎所屬公廨以迎親。由男家族人招待飲酒後，一起送新郎至女家，在女家舉行宴飲；至傍晚，兩族男女青年開始婚禮舞蹈，直至深夜。

當晚新郎仍回公廨住處，次晚由媒人陪伴新郎至女家，向女家祖先祭告禮，當晚開始在女家住宿，至此婚禮完成（京華婚禮，2014）。

卑南族獨特的慶婚舞，伴著歌聲，讓新娘盪鞦韆，還把新人一起抬上花轎以往上拋的祝福方式慶祝，最後送入洞房（台東牧童呆人，2008）。

男子打米、釀酒、女子編花環
傳統卑南族訂婚儀式
資料來源：度日、渡日（2008）

訂婚時新人以卑南族串珠互贈
婚禮之聘禮、答禮
資料來源：度日、渡日（2008）

卑南族婚禮——喝交杯酒
資料來源：度日、渡日（2008）

卑南族婚禮——盪鞦韆
資料來源：度日、渡日（2008）

(六)魯凱族婚禮

魯凱族的婚姻制度主要是階級聯姻。婚姻是改變身分地位的條件之一，並促進社會階級流動。階級間通婚的三種形式分別為：同階級相婚、升級婚、降級婚三種。

魯凱族婚禮過程，包括男女交友、男子到女方家打掃、耕種等、

探婚、求婚、議婚、立鞦韆架、訂婚下聘禮、宴饗賓客、回禮、盪鞦韆、圈舞、歌頌、報佳音、觸鐵器（新娘要觸摸釘子、鍋子、刀子等，表示正式成為男方的一份子）、勇士禮讚、歌舞禮讚、通宵歌舞、藏新娘、搶婚等（台灣原住民族資訊資源網，2014）。

下聘禮

資料來源：原住民數位博物館（2014）

圓舞

資料來源：原住民數位博物館（2014）

通霄歌舞

資料來源：原住民數位博物館（2014）

背新娘
資料來源：原住民數位博物館（2014）

女方分送檳榔
資料來源：原住民數位博物館（2014）

魯凱族婚禮——交杯酒
資料來源：原住民數位博物館（2014）

結婚儀式分四天進行。

1.男方採收大量檳榔送至女方家。
2.女方分贈檳榔給鄰里，晚上設宴招待鄰里。
3.男方送結婚禮物至女方家，女方轉贈食物給頭目作為婚姻租稅，午後宴客歌舞，到了晚上，將新娘用毛毯裹住，連同女伴一同揹走。回到男方家，亦有宴客，此時新人一起吃飯，歡慶喜事直到次日客散。新娘再度被捆綁，並藏至他處，新郎需找到新娘，並為其解套，當晚同寢洞房（侑昇有限公司，2014）。

(七)鄒族婚禮

婚期前幾天，雙方互贈禮物；結婚當天上午，男方須帶酒至女方家並舉行婚宴，新娘需躲往他處，待新郎尋回，黃昏時迎娶新娘回家。男方雙親向眾親友介紹，媒人餵新人進食，訓話後大開筵席，新人則由媒人攙扶入洞房。隔天一早，新娘需汲水並隨婆婆至田間行「試耕禮」。一、二日後，夫婦受迎回娘家，丈夫由岳父授開口飯，並行「採薪禮」，後需服役至約滿，始得攜婦返家（侑昇有限公司，2014）。

鄒族族人的結婚對象的限制向來嚴格，做法便是氏族的外婚及部落的內婚制，前者主要在防止近親通婚，而後者則在求全體部落的團結。

◆嫁娶婚

一般認為鄒族為一個較成熟的父系社會，氏族系統與繼嗣制度都是父系的，居處法則亦為從父居。鄒族人最重要的婚姻形式以嫁娶婚為主，以父系繼嗣為原則，婚後多半行隨夫居。

◆服役婚

鄒族人盛行男子到女方家農耕勞役的服役婚，較特殊的習慣是男女成婚後，新婿必須到岳家去服勞役，少則一、二年，長則亦有五、六年。若男方家長不願兒子出賣勞力，可以在婚後的一、二個月間，帶著酒和小鍬、小箭到親家去請求免役，若女方答應即可帶新婚夫婦回家。

◆交換婚

鄒族及布農族盛行交換婚，如果甲家娶了乙家的女孩，則乙家可娶甲家之女；這個時候，如果甲家之女尚屬年幼，就贈予黑布或酒肉，作為訂婚禮品，待其成長後，再迎娶進門。

◆搶奪婚

早期鄒族婚禮亦多搶奪婚，近二十年來改為自由戀愛。舊時的搶奪婚為男子到女子家附近，以口琴挑逗，若女子有意相從，男子便和自己的朋友挾擁女子回家成親，之後再給女子家送聘禮。

◆提親

鄒族兒女的結婚大事幾乎是由雙方家族父母決定，如提親時女兒不在場或同不同意都不重要，只要父母親有約定，兒女便奉命行事。

鄒族婚禮——提親
資料來源：阿里山鄉公所（2006）

◆說媒

當男方有意於某女子，則請媒人說合，說媒在形式上是極其冗長的請求與故作辭謝表白的過程，即使女方心裡已允准，其父叔輩仍需大力跺地嚴厲責罵，因此前往提親的男方家屬或遇到女方家責難或不悅，倒表示女方頗有應允之意，反之一開始便和顏悅色，才是不妙。

◆訂婚

鄒族普通是由男家向女家求婚，媒人說合成功，女方家同意婚事，即由男方贈二、三丈的黑布作為禮物，女家接受後，訂婚即成立。鄒族人有自幼訂婚的習俗，鄒人男孩才4、5歲時，父母便急著為他尋偶訂婚；訂婚後，無論男女家任何一方提毀約時，對方必表同意，經由媒人將女家所受之聘禮還給男家，即認婚約取消。

◆結婚

結婚時，男方須派壯丁前往女家迎親，若是女兒不願意，壯丁也會

連拖帶拉地將新娘帶到男方家，正式的婚禮便算完成。娶進門後還須等一段時間才正式宴請，那時需準備小米酒、年糕及其他山野美味；參加的族人須盛裝出席，酒酣耳熱後，還得對唱山歌，手舞足蹈。

◆婚禮

婚禮很簡單，先由雙方釀米酒製米糕，再由男方父母及兄弟攜酒至女家，與女方父母共飲後即可攜新娘回家；到家後，新人同坐爐旁，媒人坐二人中間，以手取些許糯米飯，使二人共食，並訓勉二人互愛互助，體念父母苦心，永偕白首，隨即邀請氏族成員飲宴；飲宴結束後媒人又攜二人之手，送到新郎床內，此時兩人中必有一人故意逃跑，但隨即由逃跑者的兄弟帶回。第二天，婆婆須帶新媳婦到田間象徵性耕作，再過一、二天，女方須帶著新釀的酒到男方家迎接女兒女婿回岳家，岳父先給女婿吃幾口飯後帶他上山砍樹枝，此後女婿則依雙方約定的時間，在岳家工作（京華婚禮，2014）。

鄒族婚禮

長老祈福

資料來源：PUPower的相簿（2011）

鄒族婚禮
資料來源：台灣原住民族文化知識網（2014）

(八)達悟族（雅美族）婚禮

男女雙親或姐妹於訂婚當日或次日帶準新娘穿新衣到男方家，同時帶水芋等，作為禮物交換。準新娘進門後，應稱呼男方雙親，待片刻，由婆婆帶到田裡試耕，後由村中女伴約去。隔天早上，男方準備芋頭、番薯，並宰殺豬羊一頭，一半贈予女方帶回，另一半則宴請雙方近親，依親屬遠近配予芋肉。當晚視雙方感情而定新娘夜宿何處（侑昇有限公司，2014）。

很早以前，達悟族人的婚姻早已建立良好的制度體系，因此能延續到今日。往昔，在達悟族人的觀念中，非常希望頭胎的男孩子能早點結婚生子，除了能讓作祖父母的心滿意足外，他們最怕沒有孩子或孫子繼承家族的財產，尤其是富貴家族，不能讓家族的財產外流，故達悟族人對婚姻非常重視。

達悟族的社會，擇偶並不是很自由，因為社會階級的概念。不同階級的家族各有其功能與勢力，因此擇偶均在某一個家族的範圍內，很少能向其他家族選擇對象。婚姻制度有內婚制與外婚制兩種。

◆試婚

達悟族的試婚，在於試探女孩子的辦事能力。許多女孩子便在試婚時遭到退婚，而退婚現象最多產生在外婚制的方式，多數被退婚的女孩通常是由於社會知識欠缺導致。達悟族的試婚過程，通常由男方父母選擇吉日至女方家迎娶，不舉行任何的儀式與宴食，通常是晚上去迎娶女孩，而迎娶人員須穿上禮服、手環與佩刀等，且一定要在

早上日出時到達男方家，象徵一個人的前途如日出上升，絕不退落之意。

試婚最長時間大約一年，最少也不短於一個月，女孩子要在這段時間好好表現以贏得男方滿意。

◆訂婚

在達悟族中，訂婚的時間與儀式在婚姻的過程中是非常重要的，尤其伸手接物的那一剎那，便可以看出婚姻的成功與失敗。

1. 時間：送禮的時間則照雅美月曆推算吉日，月份多為國曆的3、4、7月，日子大多在這些月份的上旬，而大部分的人都在晚上送禮，而且在送訂婚禮時不可以除草和修材料等；草枯與物品損壞對婚姻都有不吉之意。
2. 禮物：一串紅瑪瑙，共有5顆，其中要有一個大瑪瑙，其餘都是小的，且一定要用裹百葉竹麻油抽出來的線串珠，不可用假瑪瑙，否則婚結不成，再怎麼喜歡都沒有用。
3. 儀式：訂婚的儀式很簡單，意義卻很深厚。雙方的父母都須穿禮服、手環、掛金片、戴銀盔等珠寶。面朝東南方，意味男女雙方的婚姻像日升，絕無落下之意；在接物的過程中，須唸出祝賀經文，最多兩三句，且要很嚴肅不可以馬虎，女方接受後便掛上珠寶，訂婚儀式便完成。

◆結婚

一對男女在經過一段時間相處後，彼此認為可以共同生活時，便可以請雙方父母選個日子舉行結婚儀式。

1. 男方首先須準備地瓜、芋頭，若有家畜，也可以宰豬宰羊送給女方作為最佳禮品，此時男方父母為祝賀小家庭的誕生亦特別盛裝及配戴首飾。如有宰殺豬或羊，一半是給女方，一半是與

女方家庭共同用餐。用餐時刻也要非常小心，不能有小摩擦，因為婚姻的美滿與否往往與這餐有關。

2.用餐後，男方父母須護送女方家人回家，在女方家，母親取出籃子裡的食物時，護送的男方不可以觀看。當男方家人到女方家時，女方以檳榔迎接他們，女方家人在食用男方送的禮物時可請近親好友共用，但是吃結婚禮的人不可以在這一天做除草的工作或加工材料，這是禁忌。如果女方住在另一個部落，護送女方父母的人便必須過夜，以便女方家有所準備並回贈禮品給親家。

3.結婚儀式有的隆重有的簡單，隆重的婚禮，男方須穿禮服戴金鍊、手環、佩刀及銀盔，食物則多是芋頭及肉類，最特別的是新人需到海邊的礁石上找白色貝殼，如果其中一位沒找到，兩人必須互相幫忙直到找到為止。白色貝殼是表示希望白頭偕老，永不分離。簡單的婚禮則免去尋貝殼儀式（京華婚禮，2014）。

達悟族婚禮

資料來源：臺灣原住民族文化知識網（2014）

(九)賽夏族婚禮

結婚前三天，男方攜聘禮至女方家，並宴請親友，雙方敬酒道賀，新郎需備珠裙一件，以贈新娘兄弟。結婚日，男方備禮品迎娶並宴請賓客，結束後，男方女戚帶新娘離開。男方家門前需插茅草以求神靈護佑，新娘跨過茅草前，需換下舊衣，並交由送親者帶回，接著由婆婆迎入新娘。新娘需汲水，婆婆須以四片芹葉沾水劃過新娘額頭四次，便能繼續做家事。

宴客時，夫婦共餐並向賓客敬酒，當晚，兩人暫不同床。翌晨，夫婦與公婆帶禮品會見女方親友，並設宴歌舞直到天亮。結束後，夫婦共坐，岳父致訓並飲酒祝福，兩人留住娘家，幫忙勞動數月才可返家。公公將授媳婦米糕食用，代表成為夫家的一份子（侑昇有限公司，2014）。

◆婚姻有固定形式

賽夏族人是一支相當優秀有智慧的族群，他們對婚喪喜慶，都有固定的儀式，每種儀式，都有特殊意義，絕不含糊，充滿高尚的人文關係與敬畏天地的謙卑情懷，充滿族群文化之美。

◆婚姻的類型

賽夏族古代婚姻為嫁娶制之一夫一妻制，也有交換婚和勞役婚（服役婚），但無招贅婚。交換婚是雙方以姊妹互換，常在訂婚時同時決定，婚禮則仍舊分開舉行，甚至可以相隔數年。

更早期的時候有所謂的搶劫婚（掠奪婚、搶奪婚），男女當事人互相愛戀，而遭女方拒絕，男方可以邀集親族兄弟及朋友，伺機進行搶劫婚。事前多先與女方當事人約定，於某日自某處途中劫之而歸男家；然後請人向女家肯求答允，付出賠償若干以謝罪後，再舉行婚禮。

日治之前，賽夏族人盛行交換婚，另有買賣婚、勞役婚為輔，現在賽夏族人的婚俗由原先的交換婚變為嫁娶婚，由勞役婚變為招贅婚，而買賣婚則存在於異族通婚中，搶奪婚則已絕跡。

◆婚姻的時機

古代賽夏族男子自20～30歲，女子17～18歲，為適婚年齡，年齡以相若或男長女小為原則。

◆許婚

賽夏族人傳說，在舉行巴斯達隘矮靈祭中相識而結婚者，可以得到最大的幸福。賽夏族人對於婚喪嫁娶、孕婦禁忌、胎教等均甚重視。

賽夏族成婚須先訂婚，男方選定對象後，請同氏族長輩到女方家求婚。女方如果表示同意，便與男方的求婚者互相交換菸斗，這樣便完成「許婚」儀式。在南賽夏族群，「許婚」即女方家長許婚之後，選定一株杉樹培植，不可以砍伐，作為許嫁的象徵，表示「不移」的意思。

◆結婚

台灣的原住民族，有許多族群自求婚、訂婚到結婚，在很短的時間內便完成人生大事；但在賽夏族，訂婚後二、三年擇期結婚。

◆賽夏族古代結婚禮儀

1.男家先釀酒邀女家近親及新娘到家宴飲，並驗禮物，此時新人仍穿常服。飲宴時新郎向新娘之兄弟敬酒，新郎父母對其親家夫婦敬酒，新郎之姊妹對女家之姊妹敬酒。酒飲畢，新郎以珠裙一件送予其妻之兄弟為禮。

2.翌日或數日之後，男家之男女親屬二、三人盛裝，由一位女親

屬（通常為新郎之嫂）為先導，攜糕酒及新娘頭飾至女家迎親。由新娘之母招待，迎親婦人即入室攜新娘手而出，女家之母姊，表以送別訓話，送至社外。

3.男家迎親者，攜新娘行至距離男家數十步時停步，迎親者以鬼茅兩根，交叉插於地上，新娘即在其地，更換男家送來之新衣與頭飾，將從女家穿來之常服置於地上，由一位送親者帶回娘家。

4.迎親者即攜新娘至男家，由新郎之母迎入屋內，稍作休息，由迎親伴娘偕新娘，行模擬式掃除室內，並帶至泉水處汲水，返家煮飯做家常工作；以新娘第一次所汲之水，取Katasatsatsum草葉四片，浸水貼於新娘鬢角並為之祝福。

5.翌日，男家父母偕同氏族親屬，一起偕新郎新娘，持酒糕、豬肉及魚至女家會親，女家當天則以男家帶來的禮物，開盛大酒宴，由女方之同氏族人與男家賓客共飲，繼續至深夜，全體住宿於女家；翌日，男家賓客辭行前，新郎新娘同席而坐，由新娘之父或其代表，對新娘訓話後，斟酒一杯，新娘當場飲之，男家賓客飲盡餘酒後告辭而歸。新人留在岳家，至祖靈祭前，共返男家，參加祭儀後，由新郎之父，以祭糕一塊賜新娘食之，表示正式加入為男家氏族（京華婚禮，2014）。

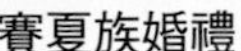
賽夏族婚禮

資料來源：台灣原住民族文化園區（2014）

(十)邵族婚禮

結婚當天，男方先祭祖，後請同族青年男女送禮至女方家，並由兩位女性親戚陪同前往迎親，女方青年和男性親友需進行搶婚的打架儀式，新娘不停哭泣，而後由男子揹往男方家，由女性親戚護行。入門後，祭拜祖靈，進行宴會，招待親友，當晚夫婦同房（侑昇有限公司，2014）。

邵族行單偶婚，雖有離婚和再婚，但沒有多偶家族。邵族有氏族組織，行氏族外婚。邵族家族盛行收養子女的習俗，且養女之比數比養子為多，邵族收養子女純為延續家嗣。

有招贅婚制，即男子嫁到女家，成為妻家的一員，共度一生，由於邵族為父系社會，居住制以父居制為主。邵族婚俗的另一個特色為繼娶寡嫂制度盛行，凡同族兄弟先亡，其未婚兄弟繼娶嫂為婦；亦有女子夫死再嫁的習慣，但居次要地位。

邵族婚姻亦有類似掠奪婚風習，使婚娶的過程因戲劇化而熱鬧，據說兩家親戚互相毆打，打得越兇親戚關係越為密切。目前邵族的求偶方式，多與漢人一般所行相同，即娶媳婦應送聘金，嫁女應有嫁妝（京華婚禮，2014）。

邵族婚禮

資料來源：《台灣原住民族歷史語言文化大辭典》（2014）；台灣原住民（2014）

十二、中國少數民族婚禮

中華人民共和國參照史達林的《馬克思主義和民族問題》定義方法，官方劃分 56個民族，包括漢族和55個少數民族。另有一些少數民族可能由於人數過少，或因被其他族群所同化，導致尚難鑒別等原因，尚未被官方確認，稱為未識別民族。如同各國的民族，由於地域位置、文化背景、宗家信仰與傳說等因素，形成中國少數民族的婚禮習俗。

(一)苗族婚禮

青年男女經過戀愛情投意合後，父母便為他們選擇吉日結婚。但結婚前一段時間內，男女雙方卻不能見面，俗稱「婚前不見面」。結婚前一天，男方將結婚用品送到女方家過目。這些迎親禮中，有一張又大又厚的糯米粑粑，是用25～30斤糯米麵做成的，足有簸箕大，表示結婚後新郎新娘團圓，豐衣足食。

結婚當天，男女雙方都在家裡宴請親朋好友和同村寨的鄉親。新郎由幾個伴郎陪同，帶著禮物前去娶親。娶親者中須有一位經驗豐富的中老年男子；娶親者到達女方村寨時，需有一些婦女伸出竹竿攔住去路，需與娶親者對歌；每對完一首歌，娶親者都需拿出禮物給這些婦女，她們才會收回竹竿讓路。如此走一段，對歌一次，反覆數次才能到達新娘家。

這期間，還須防止新郎讓婦女們搶走；如搶走，她們會將新郎藏起來，讓娶親者不能按時娶到新娘。到了新娘家，姑娘們還需圍住新郎，將他折騰、戲弄一番，引得賓客發出陣陣哄笑。更有甚者，有的姑娘還用鍋灰將新郎的臉抹黑。

新娘娶回家後，須舉行拜堂儀式，新郎新娘須向長輩和賓客敬酒，並接受他們的祝賀。吃飯開始前，新郎新娘需先給父母餵一口

飯，然後再交換飯碗吃飯。這期間，女方家來送親的姑娘們可以抓住機會，用大竹籮筐罩住新郎，使新郎動彈不得。望著在籮筐裡掙扎的新郎，人們歡笑一片，結婚禮增添了無限的樂趣。

婚禮期間，苗家歌手需演唱婚禮歌和習俗歌。其中主要的一首為〈大客歌〉。這首長篇的婚俗歌淋漓盡致地描述父母怎樣為兒女的婚事忙碌操勞，新娘如何梳妝打扮，如何辭別父母、哥嫂，同村寨的姐妹如何相送、如何依依不捨等。然後又唱新娘出嫁一路的經過，新郎家怎麼迎親，新娘怎麼進門、拜堂等，最後唱到新娘到夫家後的第一件事是挑水，已經挑水的過程和新娘的心情等。歌手在婚禮上演唱的這首歌，可以說基本概括了苗家的基本婚禮習俗。

歌手們演唱完以後，全村寨的男女青年載歌載舞，表示對新人的祝賀；他們一邊唱，一邊跳，一邊吹著蘆笙，場面煞是熱鬧。

在苗族聚居的地方，尚保留古老的搶親習俗，他們稱為「拉咪彩」。在男女青年自由戀愛的基礎上，雙方共同商定搶親的時間和地點。屆時，男方約幾個要好的夥伴，將新娘搶回家。據說，實行這種形式的搶親，若將來夫妻不和或男方喜新厭舊，女方才有理可講。將新娘搶回男方家後，再按苗家的規矩舉行婚禮。同時，男方須派人帶著禮物至女方家說明情況，賠禮道歉，女方家斥責和吵罵幾句，接著便收下禮物。

有些地區，姑娘得知男方要來搶自己，便故意躲起來，並邀約同村寨的女伴數人，手持掃帚、竹棍等候。當男方的搶親者到預定地點時，並不見新娘的蹤影；迷惑間，突然伏兵齊出，無數的掃帚、竹棍落在搶親者的頭上、身上。小夥子們頓時省悟過來，但按習俗是不能還手的；他們一邊挨著掃帚和竹棍，一邊機警地搜尋著新娘。當發現新娘的蹤影後，便齊心合力，避開姑娘們的追打，將新娘搶回男方家。

按習俗，新娘搶回新郎家後就不能再離開；新娘一到男方家，便意味已成為男方家的成員，便不能隨便回娘家。在麻栗坡等地，將姑

娘搶到男家後，先用一把紙傘將她象徵性地罩住，再由一位年老婦女用活公雞在姑娘頭上繞三圈，表示姑娘的魂已留在男方家，新娘再也不會離開夫家（八號甜蜜8 Sweet，2010）。

◆婚前

苗族青年男女經過戀愛情投意合後，父母便為他們選擇吉日結婚。但結婚前一段時間內，男女雙方不能見面，俗稱「婚前不見面」，結婚的前一天，男方把結婚用品送到女方家過目。這些迎親禮中，有糯米、酒、魚、肉等。

婚前
資料來源：雷山縣仰央苗族婚禮體驗有限公司（2014）

◆迎親

結婚這天，男女雙方都在家裡宴請親朋好友和同村寨的鄉親。新郎由幾個伴郎陪同，帶著禮物前去娶親。娶親者中須有一位經驗豐富的中老年男子，娶親者到達女方村寨時，女方家會在家門前擺設攔路酒迎接迎親隊伍的到來。

迎親
資料來源：雷山縣仰央苗族婚禮體驗有限公司（2014）

◆接親

結婚這天，男女雙方都在家裡宴請親朋好友和同村寨的鄉親，在寨門前擺設苗族的最高禮節十二道攔路酒，吹蘆笙唱苗歌迎接迎親隊伍的回來。

接親
資料來源：雷山縣仰央苗族婚禮體驗有限公司（2014）

◆婚禮

新娘娶回家後，要舉行拜堂儀式，去寨中最老的井水挑吉祥水，新郎新娘要向長輩和賓客敬酒，並接受他們的祝賀。吃飯開始前，由寨老唱祝福詞，新郎新娘要先敬祖吃鼓藏肉等。

婚禮
資料來源：雷山縣仰央苗族婚禮體驗有限公司（2014）

◆歡慶宴

請親朋好友和同村寨的鄉親們，一起在蘆笙場為新人一起舞蹈。（雷山縣仰央苗族婚禮體驗有限公司，2014）

歡慶宴
資料來源：雷山縣仰央苗族婚禮體驗有限公司（2014）

(二)壯族婚禮

◆找情人

壯族青年男女自由戀愛的方式有拋繡球、打木槽和對歌等。拋繡球是壯族趕歌時，姑娘們手提五彩繽紛的花繡球，整齊地排隊唱山歌，若見到中意的小夥子，便將繡球拋給他。小夥子接過繡球，如果對姑娘滿意，就將小件禮物纏在繡球上扔回女方，戀愛便這樣開始。

繡球
資料來源：中文百科在線（2011）

打木槽一般在農曆年初舉行，最初由年輕女子以木棍來打槽，擊出各種不同的聲音，大家盡情地歡樂；之後由幾位女子擊木槽數棍後便唱山歌，接著有許多年輕男子拿著木棍，跑到木槽邊共同敲擊，每敲一下，大家便唱山歌，表達男女之間的愛慕。

新人對歌
資料來源：快拍快拍（2014）

在雲南靖西一帶，有種「隔街相望」的戀愛風俗。每到趕場當天，青年男女一早便到街口，男的站一邊，

女的站一邊，僅相隔幾步，相互對望，一直站到太陽落山；雙方眉目傳情，如果有意，便示意對方離開大家。在相望過程中，雙方陣營中的同伴商量，相互參謀，十分有趣。

廣西都安棉山的壯族「三月三」中有一項特別有趣的「碰雞蛋」的活動。在前一天晚上，青年們特意準備好十幾個染紅的熟蛋，忙得不亦樂乎；遊戲開始時，男女雙方各握一個蛋，相對而立，然後手握紅蛋相互對碰；如果雙方紅蛋同時破裂，則被認為兩人的命運相連，有緣分，便將紅蛋互贈吃掉。如果只是單方面的紅蛋破裂，則表示雙方沒有緣分，只好自己將紅蛋吃掉。

◆婚禮

雲南壯族的婚禮可分為四部曲：接親、送親、成親和回門。

在吉祥的婚日，男方請媒人帶著伴郎等人到女方家接親。接親的隊伍中，一般須有一位經驗豐富的婦女、一名小姑娘和一名背娃娃的婦女。寓意是：原來的小姑娘出嫁後便要生兒育女，帶有祝福新娘的意味。新郎一般不去接親，而是在家門口迎候；迎親的隊伍到了女方家，女方家須設宴盛情款待；席間，新娘的姑媽須向接親者敬酒，接親者須給女方家「六六」數目的「奶水錢」。等所有的賓客都宴請完畢後，迎親者才能迎走新娘。

新娘的嫁妝和男方事先送來的結婚禮物也同時背、挑、抬到男方家；這些東西包括箱櫃、衣服、被褥、自行車、電視機，以及米、酒、雞、鴨、魚等。

新娘穿著壯家的盛裝，戴著銀項圈、銀耳環、銀手鐲，用大紅布蓋頭，在眾多送親者的簇擁下，告別家人前往新郎家。廣南一帶姑娘出嫁時需痛哭一場，並唱〈哭嫁歌〉離開家門，其他地方的新娘則不哭。送親的隊伍多數為步行，也有騎馬和乘汽車、馬車和拖拉機的。一路上需吹奏嗩吶，鳴放鞭炮，遇有橋和溝，都要給「走路錢」。送親的隊伍中，還有不少的歌手，一路走一路唱，增添婚日的喜慶氣氛。

來到男方家門口，一般須等到臨天黑前才讓新娘跨進男方家門檻，時辰不到不能進門。屆時，男方家點燈上香，庭院和堂屋燈火輝煌，新娘才款款邁進男方家門。新娘進屋後，按習俗，送親者須將新娘的嫁妝和結婚用品陳列展示，有的地方還一一過秤，顯示嫁妝的豐富和娘家的闊氣；之後，須舉行拜堂儀式。

拜堂時，堂屋上方坐長輩，下方坐親戚，新郎新娘在衣袖上紮紅繡球，並肩站在堂屋中央。在主婚人的主持下，新郎新娘先拜天地神靈，再拜長輩鄉親，賓客也紛紛祝福新郎新娘白首偕老，永不分離。拜堂過後，新郎新娘被送入洞房；進洞房時有些地區還流行新郎新娘搶先進門的習俗；據說誰搶先，誰今後便不被對方欺侮。因此，新郎新娘都爭著先進洞房，引得賓客開懷大笑。

當男方家宴請賓客時，新人需雙雙敬酒，先敬長輩，後敬小輩。這時候，賓客可以捉弄新郎新娘，或讓他們表演節目。晚上，青年男女可以鬧房，並請歌手唱歌，或拿新郎新娘逗趣取樂。洞房裡、堂屋中、庭院內，到處是歡笑聲和甜美的歌聲；到一定的時候，新人還須向大家敬獻特有的糖。

第二天，新婚夫婦需到女方家回門。回門的時候，新郎新娘須有人陪伴，男方家須帶給女方家一桌酒菜，並攜帶鞭炮，一路鳴放進入女方家，表示對女方父母及親戚的答謝。有些地方，女方家的人還往新郎身上灑水，以示祝福。

背新娘
資料來源：幸福婚嫁（2008）

雲南壯族有些地區有婚後不落夫家的習俗，即婚後第三天，新娘便回娘家居住，只在農忙和節日期間到夫家住幾天。丈夫則每隔十天半月便須帶上禮物前往女方家探望妻子，同時小住一兩天，順便幫岳母家幹些

活。直到懷上第一個小孩後，妻子才正式到丈夫家生活。

雲南壯族仍存在招贅的習俗，即男子到女方家從妻居。招贅後，男子需改姓女方的姓，所生子女均隨母姓，並繼承母親的遺產。

歷史上，由於包辦婚姻等原因，雲南壯族中搶婚、逃婚等現象屢有發生。因此，壯族民間流傳著許多關於搶婚、逃婚和追求婚姻自由的動人故事和敘事歌謠。隨著時代的變遷，搶婚、逃婚等現象已逐漸消失（八號甜蜜8 Sweet，2010）。

(三)滿族婚禮

滿族青年男女相愛後，婚前需經過「相看」的過程，即男方母親到女方家觀看姑娘的容貌，尋問年齡，並考察姑娘家的有關情況等。如果各方面滿意，男方母親便送一份禮物給女方家，婚事便算確定。結婚前幾天，男方家須給女方家送彩禮（俗稱過禮）。

彩禮一般比較豐厚，有衣服、首飾、器皿和現金等。結婚前一天，新娘由伴娘陪伴，坐轎車或坐車到男方家附近預先借好的住處下榻，俗稱「打下墅」，第二天由男方在下榻處迎娶新娘。這種風俗源於歷史上清朝軍隊多年征戰，長年不歸，滿族姑娘赴軍營完婚，需先在軍營附近借房暫住，久而久之，便成一俗。現此俗已變，改為在女方家迎娶。

結婚當天，由父母子女俱全的長輩婦女佈置洞房，鋪好床後，在被子四周放置棗子、花生、桂圓、栗子，取其「早生貴子」之意，然後在被子中間放一如意或蘋果；同時在洞房內奏樂，稱為響房。喜轎需裝扮得十分漂亮，並擺在院子裡，稱為「亮轎」。

婚禮當天，新郎由長輩陪同到女方家迎親，在女方家向岳父母叩頭後，即可迎娶新娘返家。一路嗩吶高奏，鼓樂喧天，吹吹打打地把喜轎抬到洞房外；進洞房前，地上放一火盆，新娘的喜轎從火盆上經過，為了避邪。喜轎到洞房門前，新郎手拿弓箭，向轎門連射三箭，俗稱為「箭射新娘」，射完後新娘才能下轎。新娘下轎後，有人將一

個紅綢紮口、內裝無穀雜糧的花瓶（俗稱寶瓶）放在新娘手中；接著在門檻上放置馬鞍，讓新娘從上面跨過去。當新娘在床上坐穩後，新郎便可以揭開新娘頭上的蓋布。這時候，新人按男左女右的位置並肩坐在新床上，舉行坐帳儀式：由長輩婦女將新郎的右衣襟壓在新娘的左衣襟上，隨後新人喝交杯酒，吃半生不熟的麵食，表示生子之意。

箭射新娘
資料來源：我要紅妝（2010）

跨馬鞍
資料來源：滿州文化傳媒（2013）

接著還須舉行拜堂儀式，新郎新娘需拜天地、祖先、父母和長輩，夫妻要對拜；晚上舉行鬧房的習俗。婚禮期間，男女雙方家裡都須大宴賓客，接受親朋好友及來賓的祝賀。

滿族婚禮有比較固定和較為繁瑣的禮節，散居在各地的滿族舉行婚禮的過程也略有出入；總體過程可歸納為：相看、送小禮、過彩禮、婚禮、回門等五個部分（八號甜蜜8 Sweet，2010）。

滿族婚禮

資料來源：滿州文化傳媒（2013）

(四)蒙古族婚禮

蒙古族婚筵充滿戲劇色彩；婚慶筵席有兩種，一是許婚筵，一是迎親筵。

許婚筵在女方家進行，稱作女方的「勒答兒筵」。「不兀勒答兒」是蒙古語，指動物的頸喉（這裡專指羊的頸喉），寓意為「好馬一鞭，好漢一言」，今生今世，不得後悔。後來，有些地方不設許婚筵，便在結婚筵上舉行這個儀式。新娘的嫂子和弟弟們，為了看新姑爺的熱鬧，故意把「不兀勒答兒」，煮得硬一點，甚至在椎骨裡插入小木棍，使新姑爺掰不斷骨節。這時男方的「跟姑爺」（伴郎）、隨行親友便須偷偷地幫助新姑爺，女方發現便罰酒，吵吵嚷嚷，場面十分熱鬧、有趣。

迎親筵在女方家舉行。蒙古族娶親多在結婚吉日的前一天至女方家，去的人除了新郎外，還有主婚人、親友、祝詞家（歌手）和「跟姑爺」等。迎親筵在晚間舉行，蒙古語叫「沙恩吐宴」，是新娘出嫁

蒙古族婚禮
資料來源：美辰旅遊（2010）

的筵、告別父母的筵；新娘、新郎、嫂子和姑娘們坐在一桌，宴席上吃的手把肉，吃帶有「沙恩」的部分。「沙恩」，俗稱「嘎拉哈」。筵席一開始，這塊象徵吉祥、新郎帶回去長期保存的「沙恩」，在女方同伴的偏袒下，便由新娘的嫂子、妹妹們奪得；男方為要回這塊沙恩，便需唱歌：

玲瓏的小沙恩，連著骨頭連著筋，只要沙恩在，大腿小腿不能分。
珍貴的小沙恩，連著血肉連著心，沙恩若比人哟，連著男女兩家親。

沙恩吐宴，是喜慶的宴，是賽歌的宴。圍繞爭奪沙恩，歌子唱了一支又一支，但沙恩還要不回來。一直唱完〈姑娘的歌〉、〈額莫的歌〉、〈報時歌〉，因為啟程的時間到了，女方的姐妹才無可奈何地把「沙恩」交給新郎，筵席才告結束（八號甜蜜8 Sweet，2010）。

(五)維吾爾族婚禮

維吾爾族人從提親到結婚一般需經過五個階段，即選親、接親、送訂、親禮、送大禮與婚禮。

◆選親

男方家長從親戚朋友、鄰里或別處為兒子物色姑娘，選中後，便透過別人告訴兒子，徵求兒子的意見；兒子亦可自己物色對象，但須經父母同意。

◆接親

姑娘一經選定，由家長出面拜託親戚朋友中的兩名中年男子到女方家提議結親，經女方家長同意，才可以訂親。

◆送訂親禮

送訂親禮時由男方母親帶上聘禮，在三、四名婦女陪同下至女方家。女方備餐熱情招待；餐中，將帶去的禮物一一拿出，當面交給女方，並商定送大禮的日期。

◆送大禮

作為大禮送的衣物、食品及其他東西須比第一次送得多。送大禮時，陪同人數和娶親人數一般由雙方商定。男方的父母在親友及鄰居的陪同下至女方家，與女方的父母和主要親屬正式見面。送大禮的客人須受到女方的熱情款待；之後，雙方共同商定結婚日期和婚禮事宜。

◆婚禮

舉行婚禮的前一天，男方須將舉行婚禮需要的東西送到女方家。當天，新郎新娘兩家同時在各自的家裡擺席招待賓客；先招待男賓，後招待女賓。男女不同席；慶賀禮物由女賓帶去。新郎、新娘由各自的伴郎和伴娘陪同，聚集在女方院內一間屋中彈唱跳舞。舉行婚禮，須請伊瑪目或宣禮員誦經。儀式上，新人同時吃一塊在鹽水裡泡過的饢，意思是「同甘共苦，永結良緣」，因為鹽和饢是維吾爾人生活中最離不開的兩樣東西（八號甜蜜8 Sweet，2010）。

維吾爾族婚禮

資料來源：吐魯番地區政府網；中國網（2009）

(六)回族婚禮

回族青年男女結婚一般都選擇星期五為婚期，因為這一天在回族的習慣中認為是吉利的日子。回族規定齋月（回曆9月）期間不得舉行婚禮。

結婚前一天，男方須向女方家送禮，女方須向男方家回禮，這種形式被稱為過大禮。男方送給女方家的禮物中，有肉食、果品、裝飾品等；其中，肉食、果品類是送女方家宴請賓客的，而裝飾品類是送給新娘裝扮的。這些禮物由阿訇帶領男方家的人送到女方家。女方的回禮一般是新娘陪嫁的東西，如傢俱、衣服、被褥、生活用品等，由新娘的弟兄在收到男方禮物的當天，送到男方家。

舉行婚禮當天，男方家須貼大紅喜字和對聯，堂屋牆正中掛著阿拉伯文寫的一段《古蘭經》，兩邊是阿拉伯文條幅。一大早，男方的內親們跪在堂屋裡，聽阿訇跪著朗誦《古蘭經》，祈求真主賜福；唸完後，婚筵的首席需招待阿訇。

新郎在伴郎、媒人的陪伴，於飯後坐轎（或騎馬、走路）至新娘家迎親。抵達新娘家的時候，新娘家的大門卻是關閉的；伴郎即上前

代表新郎叫門，並說一些祝賀、感謝的話，等女方家大門打開，新郎等人才能進入新娘家。女方家對迎親的人非常熱情和禮貌，進茶點時讓新郎坐上席，需上三道檳榔、三道糖茶款待迎親者和陪同的客人。茶點過後，又上一道牛肉冷片、一碗涼雞和一條魚。魚上了桌，便意味迎親者可以迎走新娘。這時由伴郎和媒人周旋，讓新郎起身並向女方父母行禮，新娘坐進轎子，便啟程上路。新娘的兄長或弟弟需扶著新娘轎杆，送出一段路程後才返回，或一直送到男方家。

新娘抵達男方家後，由兩位女性老人打開轎簾，拿一小碗紅飯餵新娘吃，紅飯拌有松仁、瓜子和芝麻，表示早生貴子，多子多孫。新娘吃完，下轎後，由兩位姑娘攙扶進門。新娘一手捧《赫聽》（《古蘭經》選段及聖訓選），一手提錢，意為祈求真主賜福，將幸福和錢財帶到新郎家。這時候，新郎在新房門口迎接新娘；新娘進入洞房後，將娘家帶來的紅紙包裹的喜糖分送給賀喜賓客。

接著宴請賓客，一般是吃牛八碗，八人一桌，有時還加幾碟小菜；席間，有專人給賓客加湯、上菜和添飯，服侍十分周到。

結婚儀式一般於晚上舉行，堂屋裡紅燭高照，坐著雙方父母、親戚和賓客。婚禮由阿訇主持，先問新郎是否願意結為夫妻，得到肯定的答覆後，唸《古蘭經》中的「喜經」部分；接著抓起桌上的松子、瓜子、紅棗之類撒向新郎新娘，並讓新郎新娘以衣襟接住。喜果撒過後，阿訇又對新郎新娘進行訓示，教育新婚夫婦須尊敬父母，須互敬互愛，誠實勤勞，不做違法之事等；並講述回族的禮俗、歷史和美好的傳統。婚禮結束時，在阿訇的主持下，眾人一起感謝真主。婚禮結束，新郎家以茶點、糯米飯招待阿訇和賓客。

第二天，新娘須回門。當天，新娘家須宴請親朋好友和賓客，新郎新娘須和女方親友見面；當晚，新郎新娘須回到男方家。

第三天叫複門，新娘單獨回到父母家住（八號甜蜜8 Sweet，2010）。

◆提親

回族當中有句俗話：「一家女兒百家奔。」當回族姑娘長到16、17歲時，就有人上門提親。提親一般都是男方家透過各種途徑看準女方家的姑娘後，請媒人去提親。回民請媒人一般要兩個以上，一個代表男方家的媒人，一個代表女方家的媒人。男方家的媒人提親時，要帶上茶、糖等四色禮，並通報男方家的姓名、家庭經濟狀況和教派等情況，有的還詳細介紹男方家男子的相貌、性格、文化程度、手藝等，女方家長聽後覺得大體合適，便給男方家媒人給話。女方家也請媒人到男方家看家道，並由男女雙方媒人安排姑娘、男子在集市或親戚朋友家見面，看男女雙方相互能否看上相貌人品。見面後如無反對意見，男方家父母或其他人帶上四色禮，男子還要帶上見面錢，在媒人的陪同安排下正式見面。姑娘一般由姑媽或嫂嫂領著當面看女婿，媒人此時問男子和姑娘同意不同意。男子此時給姑娘見面錢，一般同意就接收，不同意則不接收。有些地方姑娘收了男子的見面錢後還給男子回贈小禮品。過去回族女子怕羞，不敢在客人或父母面前說婚姻事，不敢張口說同意不同意。在這種情況下，父母或媒人就觀察表情，如果低頭微笑，就說明同意；如果沉臉、哭泣或發脾氣，則說明不同意，就不強迫，但也有不少父母包辦的婚姻（青林攝影，2008）。

隨著社會的發展變化，現在有些青年男女早已互相認識，彼此也瞭解，互有愛慕之心，但還要請媒人給雙方家庭說明情況，否則會受到諷刺（青林攝影，2008）。

回民擇偶不「合八字」。不管是自由戀愛的，還是經人介紹的，只要雙方表示同意，則要儘快準備「定茶」（青林攝影，2008）。

◆定茶

有些地方的回族也叫「說色倆目」或「道喜」。定茶一般要選

擇主麻日（星期五），男方家要準備回民喜歡喝的花茶、綠茶、陝青茶、龍井、毛尖等各種高中檔茶葉，還要準備一些紅糖、白糖、桂圓肉、核桃仁、葡萄乾、紅棗、花生米、芝麻等等，然後分別包成一斤重的小包，每個小包上放一條紅紙，表示是喜慶的事。另外，還給未婚妻送二至三套合體、漂亮的衣服，由男方父母和未婚夫一起送去。女方家要宰雞、宰羊，以糖茶、宴席熱情款待。吃完宴席，雙方當著眾親戚朋友的面，互道「色倆目」，表示這門婚姻大事已經定下和許諾，今後一般不再變更和許配他人。女方家在送客人時，還要給男方家以適當的回贈禮，表示意志堅定，絕不反悔（青林攝影，2008）。

◆插花

回族也叫「定親」，有的地方還叫「提盒子」，也叫納聘禮，意思是為姑娘插朵美麗的花。

插花一般是在女方喝了「定親茶」以後，媒人根據女方的需要，由男方納合理的聘金，回民叫「麥哈爾」，並適當購置一些化妝用品、日常生活用品、四季服裝或布匹材料、手錶、自行車、答錄機等等，以及送相當的裝飾品，如手鐲、戒指、耳環等，還要準備一隻羊、一百斤大米和若干糖、茶等。如果不贈送聘禮，則婚姻無效。這些東西一般由女方或男方長輩或同輩婦女去陪同購買。

插花一般都定在主麻日，男方由一位阿訇等帶領，父母和嫂子或奶奶、嬸子跟隨。女方家也有一位阿訇或回族老人在家迎客，接盒子接聘禮。女方家還要炸油香、宰羊、過「爾麥里」。「爾麥里」，即由男女雙方請的阿訇或懂得伊斯蘭教義的人，誦讀《古蘭經》有關章節，其餘人聆聽。「爾麥里」過後，兩家人和親戚一起赴宴，這時相互寒暄，講婚配和攀親的重要意義。最後由雙方商量結婚的大致日期，以便做好準備。

插花這天，有些地方的回民由嫂子或奶奶故意將一對青年男女安排在一起吃飯、幹活兒，增進瞭解，加深感情。

送聘金沒有規定，一般是根據男方的經濟條件量力而行，不強迫。通常情況下，不得少於一兩純銀，但無論多少都要履行這一習俗。回民認為，贈送聘金，一方面是為了防止男子對婚姻大事不嚴肅，朝三暮四，隨意離婚，從經濟上有所牽制；另一方面也是保障女子生活的一項措施。長期以來，在回族當中形成了男子如果無理提出離婚或中斷婚姻關係，男方所贈的聘禮和東西不能索回。

但有些地方的回民，由於受中國封建社會買賣婚姻的影響，所索聘禮越來越多，數額越來越大，給家庭貧窮者的生活帶來一定的困難（青林攝影，2008）。

◆娶親

回族青年男女結婚不看黃道吉日，一般都是以伊斯蘭教的主麻日或主麻日的前日以及陰曆雙日為佳期。在結婚的前一兩天，由男方帶一隻羊、一百斤大米和半斤重的大饅頭、油香若干個，送到女方家去，這叫催裝禮，意為請女方家老小放心，保證姑娘過門後，好光陰賽蜜糖。女方家接受催裝禮後要儘快做準備。結婚當天上午，如女方家住得較遠，接親車要早點出發，主要是怕與懷孕的婦女相見，要圖吉利。寧夏涇源等回族聚居區在娶親這天，男方家還要請一位結婚不久的新媳婦去接親，臨去時還要帶些核桃之類的東西，到女方家後先把核桃之類的東西撒到院子裡，乘人不注意時趕忙到客屋吃飯；之後，陪同新娘上車。女方家一般在結婚頭一天要設宴款待親戚朋友和鄰里鄉親。來的人一般都要給新娘送衣服、襪子、鞋、毛巾被、布料和錢，回民管它叫「填箱」。結婚這天上午，姑娘要洗大淨，這叫「離娘水」。要絞臉，用交叉的

準備迎親

資料來源：青林攝影（2008）

線絞掉臉上的汗毛。梳妝完之後，要穿上紅色的棉襖，即使是炎熱的夏天也要穿上，這叫「厚道」，主要是講究吉慶，如果穿得太薄，則認為是「薄情寡意」，頭上要搭上一塊紅綢子或紅紗頭巾，將新娘的面孔蓋得嚴嚴實實。然後從近鄰和親友中請幾位上有老、下有小、夫妻和睦、兒女雙全的人去送親，回民也叫吃「宴席」。在送親途中，若遇其他娶親人馬，新娘子要互相交換腰帶，以防「沖喜」。

接親
資料來源：青林攝影（2008）

接親車快到男方家大門口時，新郎要由姐夫帶上跑步迎上去，圍著接親車轉一圈，故意碰一下車，這叫「撞親」。到大門口時，恭賀新喜的人要自動排成兩行，迎接新娘和送親的賓客，並向來賓道「色

毯子包新娘（左）；新娘由哥哥抱進洞房（右）
資料來源：青林攝影（2008）

倆目」問好。然後將賓客安排到客屋先喝茶、入席。男方家還要從新房門口到大門口，鋪上紅氈或毛毯子，新娘的哥哥或舅舅要抱著新娘走進洞房。無論如何，新娘的鞋是不能沾土的。同時，將新娘的陪嫁物和箱子也抬進院裡的桌子上，待男方家給了開箱錢或搭門簾錢後，女方家陪新娘的嫂子或新郎才揭新娘頭上的「搭婦巾。

◆唸「尼卡哈」及其他

當新娘子入了洞房，送親客人進屋後，主人一方面安排接待客人，一方面請阿訇給新郎新娘唸「尼卡哈」，即在堂屋正中設一張方桌，上方坐阿訇，左右坐證婚人和父母親，地下鋪上毯子，新郎、新娘跪或站在上面，聆聽阿訇的教誨，阿訇宣讀《古蘭經》有關片斷，再用漢語作一番解釋，其大意是：結婚是成人的標誌，是夫婦做人的開始，從此做人應盡種種責任；要嚴守教律，孝敬父母，待人謙虛，主持家務，奉公守法，上進求學等。然後阿訇面對證婚人問新郎：「你願娶她為妻嗎？」新郎如願意則應馬上表態。再問新娘：「妳願意嫁給他嗎？」新娘如表示願意，阿訇就宣布，從今天起，你們兩位正式結為夫妻，並告知新郎、新娘要互敬互愛，白頭到老。證婚儀式結束後，新郎、新娘準備入洞房時，教長或家長將早已準備好的果子、糖、棗子、核桃、花生向新郎和新娘身上撒去，意為感謝真主賜給的良緣，祝新郎、新娘長生到老，早生貴子。有些地方新人入洞房時，將喜棗、喜糖等撒向圍觀的群眾，以表示喜慶的施捨，眾人皆從地上搶著揀，回民把「撒喜」也稱為「撒金豆」。

唸尼卡哈

資料來源：青林攝影（2008）

這種撒喜的習俗早在元末明初就已盛行。據《清源全氏族譜》「麗史」篇載，「西域回回那兀 ，選民間女子入其

室，為金豆撒樓下，命女子攫取以為戲笑」。可見過去有些富商是用真正的豆粒黃金來撒喜，後來勞動人民因沒有黃金，就用自己喜愛的棗子、糖、花生、核桃等來代替。

撒喜以後，開始耍新郎，不能讓他隨便進洞房，新郎一般要請姐夫等人保駕或掩護，準備衝進洞房。如不慎被恭喜的人擋住了，要將鍋底黑粉、墨汁等往新郎面上抹，直到抹成「黑包公」時才放進洞房。有些地方不耍新郎耍公婆。當新娘入洞房後，眾鄉親把公婆簇擁到院裡，耳朵上掛兩串紅辣椒，頭上戴上破草帽，脖子裡掛一個銅鐘，反穿皮襖，倒騎毛驢，在眾人的逼迫下，讓公婆騎上毛驢轉圈圈，逗笑話。回族群眾認為，結婚三天沒大小，不耍不熱鬧。山東泰安和曹縣的回民婚禮習俗也很有趣，新娘在媒人帶領下，和婆家所有的親戚見面，新郎拿著墨碗隨從，新娘見一位親戚，用毛筆在他臉上畫一下，誰的臉上畫得最多，誰就最受新娘尊敬。

將臉抹黑

資料來源：青林攝影（2008）

有些地方當天晚上的晚飯由新娘做長麵，以示茶飯水準。吃過晚飯，開始鬧洞房，大家民主推薦一位能說會道、幽默風趣的

共吃一塊糖

資料來源：青林攝影（2008）

人當司儀，出點子，串節目，新郎、新娘在威逼和笑聲中表演夫妻共啃一塊糖、說繞口令等各種節目。

鬧房結束後，新郎、新娘要交換禮品。新郎要給新娘送一個裝著20元或50元錢的小紅包，新娘給新郎送一個紅布蛋蛋或「針紮子」，表示恩愛夫妻、同甘共苦、永不分離。新郎還要問新娘是否懂得伊斯蘭教的最基本教義，如答上，才能度蜜月，答不上新郎表示再教授，新娘要樂於接受才行。

拷問
資料來源：青林攝影（2008）

第二天拂曉，新郎的嫂子要將熱水和湯瓶放在新郎、新娘的屋門口，新娘、新郎都淋浴。吃罷早飯後，新郎的奶奶和其他人，要領著新娘認婆家大小。有的地方新娘三天不出門，到第四天才開始認大小。認長輩時，新娘要長長叫一聲，長輩要響亮地答應一聲，然後要略表心意，給新娘見面禮物或錢，以示紀念。

◆錶針線

回民也叫擺針線，一般都在結婚的當天下午或第二天上午舉行。擺針線，過去是為了看新娘子的針線活做得如何，將她未過門時給公婆做的鞋、丈夫的衣服、繡花枕套、荷包等一一展示出來讓眾人欣賞。同時，選一個才思敏捷、能說會道的人即興編詞演說，誇耀稱讚和渲染，向眾人們介紹新娘是個心靈手巧、精明能幹的人。現在擺針線，主要是眾人看看娘家給新媳婦陪嫁了什麼東西，男方家給新婚夫婦購置了什麼傢俱、電器以及生活用品。

◆回門

婚禮後三天或七天，新郎要準備禮品陪同新娘回門，也叫回娘家，看望岳父母及親屬。岳父母家也要事先做好準備，款待女婿女兒。寧夏固原、涇源等地的回民習慣用雞腿來款待重要客人和親友。除此以外，新娘家親戚還要一家挨一家的請新郎、新娘吃飯，並給新娘回贈禮物。回門的當晚，新郎要趕回家中，新娘一般住上三五天或一星期後再由娘家人送回家或新郎自己來接回家（青林攝影，2008）。

(七)哈薩克族婚禮

哈薩克族的婚姻習俗，主要在草原遊牧的獨特環境下形成；有些是古突厥民族遺留的婚姻現象；後來在哈薩克民族信奉伊斯蘭教後，融入宗教習俗，流傳於民間，約定俗成，為人們遵守的規範，歷史上亦形成過一些婚姻法規。

哈薩克婚姻是一夫一妻制，歷史上也有過一夫多妻制，但這些現象主要存在於貴族和富戶。哈薩克族舊時的婚姻具有濃厚的買賣婚姻性質，因此以女為貴，注重門第，彩禮也因門第差別懸殊，富者贈駱駝百峰，相當於500匹馬或者1,000隻羊。貧窮人家，男方亦須送女方「吃奶禮」、「成婚禮」以及衣物等。貧窮人家有「換門親」的習慣，以抵消彩禮。

哈薩克的婚姻制度一般是終身的，通常不允許離婚。舊時還存在「安明格爾」的婚姻制度，這是一種非常古老的遺俗；婦女死了丈夫後，如果要求改嫁，一定須嫁給亡夫的兄弟或近親，或在本部落中為其選擇一人，若此人不同意娶她，才可以自由改嫁；通常中年婦女喪夫之後，大都不再改嫁。不願改嫁的寡婦，被認為是有德行的，受到人們的尊敬和社會的稱頌。

哈薩克人注重部落外通婚，這是哈薩克人為繁衍人口自然形成的優生制度。同一部落的人一般不得通婚，如果通婚必須在七服以上，

還須徵得部落的長者同意，聯姻的兩家人需有七水之隔。不管是否同父母所生，只要吃過同一女人的奶水，便如親兄妹，不能結婚。

哈薩克青年男女的戀愛方式充滿詩情畫意；如在各種聚會活動中，在生產勞動中，相互結識，或透過「姑娘追」等風趣的文娛活動，逐步建立感情。於是，成雙成對放韁縱馬馳騁於草原上、尋找兩人約會的小天地，當一對哈薩克青年男女選中一塊幽靜之處，便翻身下馬，將男女雙方的馬鞭交插在附近人們容易看見的地方。於是，有這種獨特標記的地方便成了哈薩克青年男女相互傾吐熾熱感情、追求幸福和愛情的「伊甸樂園」。路過此地的哈薩克人看見它，都心領神會地繞道而行，默默地祝福。

哈薩克人對自己後代的婚姻大事非常重視，家長都須對雙方進行嚴格周密的調查瞭解，經過考驗，雙方家長允許後才能定親事。哈薩克的婚事需經過訂婚、聘禮、婚禮等三大過程；有些還須增加些儀式，如實訪、觀察、看門、訂親、送吃、看彩禮、過彩禮、喜禮、出嫁等，這些儀式通常都是女方決定（八號甜蜜8 Sweet，2010）。

哈薩克族在婚姻上有許多限制，其中一條是：同一部落的青年男女不能通婚，如果通婚必須超過七輩，聯姻的人家也必須相隔七條河。這些限制防止哈薩克人近親結合，使其種族興旺昌盛。

舉行婚禮時，草原上的親朋好友都要來祝賀。新娘子來到男方家時，陪嫁人要拉起紅色帳布，讓新娘走在中間，男方家人要出來迎

哈薩克族新郎
資料來源：視頻中國（2014）

伴娘陪伴著哈薩克族的新娘
資料來源：視頻中國（2014）

迎娶新娘的轎子
資料來源：視頻中國（2014）

接，女方家人這時要將準備好的糖果、奶疙瘩等食品撒向人群，青年男女和小孩要去拾完有喜氣的食品。新娘和新郎來到父母的氈房正式舉行婚禮，氈房中有一堆火塘，新郎和新娘在火塘前，面對正中向長輩和來賓三鞠躬。主婚人便拿著繫有紅綢的馬鞭，在新娘面前唱逗歌。歌詞大意是：歡迎新娘的到來，祝福夫妻相敬互愛，尊敬老人，勤勞致富。

唱罷，來賓們席地圍坐，這時有一位在胳膊上繫有各種顏色的布條，手持嫩樹枝或馬鞭的男人走出來，隨機應變地唱起富有風趣的「開場白歌」。新娘的婆婆便拿出「恰什吾」（即奶疙瘩、乳餅、糖果、包爾薩克等混合在一起的食品），一把一把撒向新娘和來賓們的頭上，人們歡笑祝福，小孩子們拾揀「恰什吾」，在歡笑聲中那位男人又唱起「揭面紗歌」，此時新娘屈右膝向公公、婆婆、哥哥、嫂子等長輩施禮，人們爭相觀看新娘的面容。歌聲讚美新娘如何美麗動人，祝福新娘幸福美滿，在這天阿肯們和歌手要進行賽歌對唱，一直唱到第二天紅日當空。婚禮在歌聲中開始，在歌聲中結束。

婚禮上的阿肯彈唱
資料來源：視頻中國（2014）

哈薩克人的婚嫁，和其他信仰伊斯蘭教的民族不同的地方是——不用毛拉主持婚禮，而是由伴娘、伴郎和大家一起唱歌，這種婚禮歌哈薩克語稱為「阿吾加爾」。它沒有固定的唱詞，卻有一定的曲調。阿吾加爾大致可分五個部分：(1)序曲；(2)勸慰；(3)哭訴；(4)哭別；(5)揭面紗歌。這些歌並不是在一個地方唱的，有的在和自己父母離別時唱，有的是來到婆婆家唱。每唱完一種歌，還有一些風俗習慣，如當新娘送到公婆家門口時，男方就舉行娶親儀式，首先由主持迎新儀式的小夥子唱「開場白歌」，當歌中唱到「讓各種香甜的喀蘇撒下吉祥」時，婆婆就拿著一大盆「恰什吾」朝新娘和客人的頭上一把一把

地撒去，老人歡笑，小夥子和小孩跑去搶著揀拾，以示吉祥（視頻中國，2014）。

每種歌都反映了不同的內容，也代表了不同人的心情。姑娘在出嫁時，因要離別自己的父母和兄弟姐妹，心情是悲切的，歌中傾吐了對親人和故鄉的留戀，對新生活的憂慮。如歌中唱道：我的新房安置在什麼地方，那裡像不像這裡水豐草旺？雖說那裡也有親人，卻不像在媽媽跟前那樣無憂無掛。我走了，看不見門前的青松和泉水，請親人們常把我去看望。

當姑娘來到新天地，小夥子們要唱〈拜塔夏爾〉，即〈揭面紗歌〉，使她跟親人見面。那麼親人對她的態度如何呢？歌中唱道：新娘是個賢淑的姑娘，她的心像金子一樣明亮。她是別的部落山上翱翔的雄鷹；她是別的部落湖上遨遊的天鵝。啊唔！天生的一對，是我們的榜樣，阿吾勒的人會把你請進氈房，你在阿吾勒就像天鵝飛翔……。

接著歌中還要唱到新娘子怎樣料理家務、尊敬公婆、與鄰居和睦相處等內容，之後用馬鞭將新娘頭上的面紗揭去。新娘來到婆家，婚禮雖然結束了，但歌聲並沒有結束，在新婚的夜晚，人們還要聚集在一起，開展各種形式的賽歌會，以慶賀草原上又有一對青年人的結合（視頻中國，2014）。

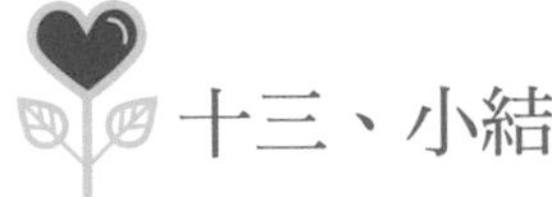

十三、小結

1.中國傳統婚禮舉行時，新娘服裝的色調以紅色為主，象徵吉祥如意，希望結婚後的日子能紅紅火火；西方新娘則以白色調為主。

2.新娘在婚禮上穿婚紗的歷史不到兩百年時間。新娘所穿的下擺拖地的白紗禮服原是天主教徒的典禮服。由於古代歐洲一些國

家是政教合一的國體，人們結婚必須到教堂接受神父或牧師的祈禱與祝福，這樣才能算正式的合法婚姻，所以，新娘穿上白色的典禮服向神表示真誠與純潔。

3.西方在19世紀以前，少女們出嫁時所穿的新娘禮服沒有統一顏色規格，直到西元1820年前後，白色才逐漸成為婚禮上廣為人用的禮服顏色，這是因為英國的維多利亞女王在婚禮上穿了一身潔白雅緻的婚紗；從此，白色婚紗便成為一種正式的結婚禮服。

4.新娘在婚禮佩戴頭飾的習俗由來已久，古代女子在適婚年齡都戴花環，區別已婚婦女。

5.起初新娘戴面紗是年輕和童貞的象徵，信奉天主教的新娘戴面紗則代表純潔。許多新娘趕赴教堂舉行婚禮時都選擇戴雙層面紗。新娘的父親將女兒交給新郎後，由新郎親手揭開面紗。

6.鮮花代表激情和獎賞，傳達繁榮富饒、出類拔萃的訊息。有幸接到新娘花束的人將有好運氣，下一個喜結良緣的人。

7.新娘一般站在新郎的左邊，起源於搶婚盛行的年代。由於擔心他人在婚禮上將新娘搶回去，新郎必須騰出右手隨時應戰。

8.婚禮以新人的親吻宣告結束，這一吻富有深刻的涵義：透過接吻，一個人的氣息和部分靈魂留在另一個人體內，愛情使他們合二為一。

9.抱新娘入洞房的習俗由一些土著部落的婚俗演變而來，因為這些部落裡的單身女子太少，男子須到鄰近的村落搶親，並將她們扛走，免得她們一沾地便逃走。當代人則認為，新娘不能用左腳邁進新房的門，所以最好由新郎抱新娘進房。

10.當新婚夫婦乘車出發度蜜月時，汽車後面拴上許多易開罐，此起源於古代扔鞋子的習俗，參加婚禮的來賓向新人身上扔鞋子，如果有鞋子擊中新人乘坐的喜車，便帶來好運；跟在婚車後面的車隊一路不停地鳴笛，以驅走惡魔。

CHAPTER 5

婚禮忌諱

一、婚禮忌諱

二、新房佈置禁忌

三、拋捧花的禁忌

結婚是人生大事，儘管現代人因生活習慣改變、工作忙碌等因素，傳統婚禮的繁文縟節多簡化，而許多長輩除了尊重新人對婚禮舉辦的想法外，仍希望能保留重要的婚禮儀式，以及在新人決定結婚後，多會提醒古人告誡的婚禮禁忌。此外，東西文化融合，以及跨國婚禮的舉辦，西方婚禮的忌諱也必須留意。

一、婚禮忌諱

(一)中國傳統婚禮忌諱

1.忌於鬼月完婚，即農曆七月。忌於農曆六月完婚，有半月妻的意思。

2.安床時，需把床置放正位，忌與桌子衣櫥或任何物件的尖角相對，床位安好後至新婚夜前夕，準新郎忌一個人獨睡新床，可找一位大生肖（如肖龍者）及未成年的男童陪睡。

新床
資料來源：360doc個人圖書館（2013）

3.訂婚當天，不管天氣有多熱，所有參加訂婚的人，都不可以搧扇子，不然會有拆散的意思。

4.訂婚之文定喜宴完畢後，雙方都不可以說再見，不然會有再婚的意思。

新郎、新娘禮服
資料來源：360doc個人圖書館（2013）

5.新娘子結婚當天所穿的衣服禮服忌有袋口，以免帶走娘家財運，新娘子離開娘家時，哭得越厲害越好，有哭發哭發，不哭不發的

意思。

6.結婚當天，新娘出門時，姑嫂須回避，不能相送。因為「姑」與「孤」同音，而「嫂」與「掃」同音，都不吉利。

7.在迎娶途中，如遇到另一隊迎娶車隊，叫「喜沖喜」，會抵消彼此的福分，所以必須互放鞭炮，或由雙方媒人交換花朵，以化解之。

8.結婚當天，任何人都不可以接觸到新床，直到晚上就寢。

9.因小孩容易哭，所以小孩應禁入結婚禮堂，因為在禮堂哭會不吉利。

10.禮堂忌用鮮花，因為鮮花容易凋謝，只有蓮招花和花石榴不忌。

11.新娘進男家門時，忌腳踏門檻，應要跨過去。

12.凡是生肖屬「虎」的人或寡婦，不可觀禮及進新房。

13.新娘子小心，不要踏到新郎鞋，會有羞夫之意。

14.歸寧當天，新婚夫婦必須於日落前離開娘家回家，絕對不可留在娘家過夜。萬一有特殊原因不能回家，夫妻二人要分開睡，以免沖撞娘家，令娘家倒楣。

15.新婚四個月內，忌參加任何的婚喪喜慶。

16.新婚四個月內，忌在外過夜。

(二)西方婚禮忌諱

1.白色的婚紗一定不能配紅鞋，因為紅鞋代表跳入火坑，也不能帶紅花、繫紅腰帶、穿紅底褲等紅色的東西，因為白色代表純潔，而紅色恰恰相反。白色的婚紗應搭配白色、金色或銀色的鞋。

2.穿婚紗的新娘不宜鞠躬，也不宜被抱起來走，在歐洲，新娘在婚禮進行中保持一種矜持的高傲，享受婚禮是一種禮節。

3.婚紗不應裝有裙撐，紗擺不能抖動得太厲害，紗裙提起來的高

婚鞋
資料來源：大紀元（2014）

度有講究。

4.著婚紗時新娘的禮步應是走一步，停一下，再走下一步；手勢及手捧花的位置也有講究。

5.新娘一定須以頭紗遮面舉行儀式，頭紗並不是單純的裝飾，同時代表一種分界線，頭紗絕對不能由新郎之外的人去掀開。

6.西式婚禮的站位是男右女左，與中式婚禮的男左女右剛好相反。（BJ星級彩妝造型學苑，2012）

頭紗遮面
資料來源：品啦結婚網（2012）

二、新房佈置禁忌

1.新房的床具要用新的，並於結婚數日前，擇吉日安床。

2.新娘房的鏡子在新婚四個月內，忌借給他人，同時忌照到別人，以免「分心」。因此嫁妝的衣櫃或梳妝台若有鏡子，皆用紅紙蒙住的習俗，滿四個月才能拆掉。

3.新婚及未婚夫妻應注意，床下忌放置雜物。

4.未婚夫婦不宜在陽台上栽種爬藤植物，否則兩人感情容易橫生枝節。

5.玻璃帷幕不適合做新房，否則婚後容易發生外遇。

6.騎樓之上忌設新房，因為人來人往易衍生亂氣，會影響夫婦感情。

7.新婚臥房不宜設在神位的上方，否則容易發生不好的事。

8.古怪玩物以及擺飾，不宜放置在新婚臥房。

9.新婚臥房最好慎防鄰屋尖角沖射，可用窗簾或綠色盆栽阻擋沖煞。

新房佈置

資料來源：我願意（2014）；wedding day（2013）

三、拋捧花的禁忌

1.拋出的捧花一定要有人接。

2.可能會因力度或風向問題令捧花落空跌在地上，只要有人拾起該捧花便沒事。

3.若捧花落空而又沒有人拾起，那就不太好。除了令場面尷尬外，並表示不好兆頭，因落空即是「凶」，不太吉利。

4.先內定一位姊妹來接捧花。

5.捧花一定不可以拋「散」，因有分離之意，所以宜選用小巧圓型的花球。

拋捧花

資料來源：隨想心境（2009）；美合網（2014）

CHAPTER

6

貼心叮嚀

一、婚禮廠商挑選

二、婚宴場所挑選

三、伴郎伴娘挑選

結婚前若能先請教有經驗的親朋好友，或透過網站評估意見，慎選婚顧（婚企）公司協助婚禮舉辦，將減少新人許多時間，達到事半功倍的效果。新人若因預算考量，想選擇半自助方式完成婚禮，挑選優良服務品質的廠商配合，按部就班進行，既可省錢又能擁有一場屬於自己理想的婚禮。

一、婚禮廠商挑選

(一)簽約

無論預約哪一項婚禮服務，都應該和廠商簽訂合約，才能保障雙方權益。別忽略合約當中沒有提及的服務態度，這項也是新人必須列入廠商挑選的要點之一。

廠商大部分都提供合約書（新秘合約範本、婚攝合約範本）或預約單，簽約同時向新人收取訂金保留檔期，訂金一般不該超過服務費用總額的30%，若新人對於合約內容有任何問題，也應該當面向廠商反應，立即溝通協調，雙方對於合約條文都沒有問題才簽名；合約內容一旦生效，非經雙方同意，任何一方都不得以任何理由要求解除合約或退還已支付之訂金。

合約內應明載雙方約定的服務內容，例如：婚期、時段時間、服務地點、包套內容、金額數量、額外收費、付款方式、訂金尾款金額、交付日期等；基本上，就是將雙方約定的服務內容記載於合約之中，所以，所有廠商承諾的服務內容都應該在此時確認完成，並檢查細項是否均已記載於合約中，另外也應該瞭解違約時應負的責任，避免日後糾紛的發生（veryWed 非常婚禮-心婚誌，2013）。

(二)廠商挑選重點

無論選擇任何形式的婚禮，必須慎重挑選配合廠商，才能享受愉快的婚禮舉辦過程與擁有美好的記憶。

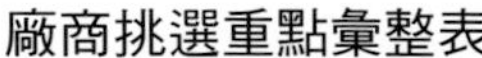

廠商挑選重點彙整表

婚禮廠商類別	廠商挑選重點
婚紗	1.攝影風格 2.造型風格 3.禮服試穿 4.門市服務態度 5.婚紗包套內容及價位 6.加挑加價部分
宴客場地	1.場地容納桌數及低消 2.每桌價位菜色及試菜優惠 3.裝潢佈置及動線設計 4.婚禮主持人 5.服務態度 6.交通便利性及停車場
婚戒金飾	1.造型款式品質 2.戒台材質 3.國際認證 4.品牌及價位 5.後續服務
蜜月旅行	1.地點及價位 2.導遊領隊是否專業 3.業務人員服務態度 4.飯店及行程食宿評比 5.品保及保險
婚禮顧問 （婚禮企劃）	1.專業性及貼心服務 2.主持人資歷及風格 3.婚禮流程規劃設計 4.價位及配套
喜餅	1.喜餅口味試吃 2.外盒包裝款式 3.門市服務態度 4.品牌價位及折扣贈品 5.配送方式及次數

喜帖	1.款式風格 2.色系紙質 3.印刷品質及速度 4.最低印量及價位 5.燙金及特殊效果 6.服務態度
禮服西服新鞋	1.款式風格 2.材質色系 3.價位及折扣
新娘秘書	1.造型風格 2.服務態度 3.試妝 4.造型師資歷及專業度 5.價位時段及其他車馬收費 6.飾品配件提供
婚禮紀錄	1.攝影風格 2.服務態度 3.作品參考 4.攝影師資歷及專業度 5.價位時段及其他車馬收費 6.照片後製及交付時間
會場佈置	1.佈置風格 2.鮮花氣球及道具 3.設計構圖及專業度 4.價位及服務態度 5.完成時間
婚禮小物	1.商品造型及類別 2.設計風格及精緻度 3.食用期限或使用期間 4.價位及折扣 5.服務態度 6.商品交付時間
婚禮音樂	1.演奏風格類型及專業度 2.樂手人數及團隊默契 3.音響設備及樂器 4.現場掌控及台風穩健 5.中西曲目作品聆賞 6.價位及時段

資料來源：veryWed 非常婚禮-心婚誌（2013）

二、婚宴場所挑選

婚宴場地挑選重點，說明如次。

(一)場地選擇

◆戶外婚禮場地

符合女生天性愛浪漫的最佳選擇，如浪漫的海灘、綠草如茵的湖畔草原等，在陽光普照的大自然中與親友們共享人生中最美好的一刻，這些都是許多女生心中深藏已久的婚禮夢想。

選擇戶外婚禮的新娘需確認天氣及雨天備案（結婚新人看過來｜N個你必看的訂結婚重點 ，2014）。

戶外婚禮場地
資料來源：新婚生活易（2012）

◆室內婚禮場地

室內婚禮場地的基本條件為光線明亮、寬敞、不要有柱子及壓迫感。

會館一般都提供整套完整的婚顧主持服務，風格可能無法自己挑選，比較制式化，價位相對於飯店比較親民，不過菜色恐怕比不上飯店高檔可口；當然也有很棒的會館場地，相對的價位較高。

相對於會館，長輩們可能較偏好飯店為宴客場地，除了菜色和服務在水準之上外，飯店響亮的名號，向親戚朋友說起都覺得很有面子（結婚新人看過來｜ N個你必看的訂結婚重點 ，2014）。

室內婚禮場地

資料來源：結婚新人看過來｜ N個你必看的訂結婚重點 （2014）

◆交通位置

婚宴通常邀請親戚朋友參加，而長輩們的意見多數希望能離自己家近一點，因此選擇場地的時候需儘量考慮賓客的交通問題，至少得滿足交通方便、停車方便、容易尋找這幾個基本條件，如果能靠近捷運站就更好。

◆**費用**

依據預算前提，也需保證賓客能吃飽喝足，賓主盡歡。

◆**婚宴菜色**

其實婚宴的菜色常是大同小異，詢問身邊朋友或參考網評，好吃就行；至於究竟要訂哪些菜可以再慢慢討論，另外酒水一定不能少，需吃好更要喝得盡興。

婚宴菜色
資料來源：宸上名品飯店（2014）

◆**服務態度**

服務態度是新人決定婚宴場所重要因素之一，除了接待人員的態度及負責人是否用心外，在用餐時的服務人員也需積極細心，希望能讓賓客們開心參加喜宴。

當實地瞭解場地後，徵詢相關細節，如果接待人員始終保持著耐心和微笑，相信後面的服務品質都不會太差（結婚新人看過來｜ N個你必看的訂結婚重點 ，2014）。

服務態度

資料來源：普特英語聽力（2013）；鉅亨網（2012）

◆其他注意事項

1.確認進出場動線及紅毯到主桌的位置、注意來賓視線是否會被遮擋、參觀新娘休息室或贈送的新人房。

2.有無電梯、有無新娘休息室及是否附鑰匙、是否提供免費的新人房、與會場的動線距離及大小、休息室有無洗手間、親友訂房優惠等。

3.預訂的宴客場地廳名稱或包廂名稱、所在樓層、是否為獨立空間、場地使用有無時間限制、開席前可以提前多久佈置會場或彩排。

4.可容納的最大及最少桌數、多少桌以內不會過於擁擠、每桌人數是否扣除小朋友的扶手椅、可以臨時加開的桌數及價格、加桌菜是由其他桌分出來或另外準備食材、當日未達保證桌數是否會被換廳、未達保證桌數是否可以退費或換成餐券使用、最晚多久前確認桌數、何時付清尾款。

5.每桌的價格及人數、服務費、是否贈送水果甜點、小菜、瓜子喜糖、試菜是免費或另有折扣。

6.菜色共有幾道、每道菜色的詳細說明、可否免費更換菜色、若菜色與喜宴當日不符的處理方式。

7.可否準備素食、是蛋奶素或全素、素食是依單桌還是人數計費、若依人數當日可否追加。

8.是否免費提供水酒飲料、若自備水酒是否加收開瓶費、若免費提供是否限制時間及瓶數、提供酒類的價格及種類、是否以開瓶數量計費、是否提供免費冰塊。

9.非旺日的折扣、訂金幾成是否可退、什麼情況下沒收訂金、若不開發票服務費可有折扣、若刷卡是否加收手續費、付款方式有哪幾種。

10.是否提供主持人、司儀及婚禮規劃秘書、餐廳事宜聯絡人、服務人員人數、平均幾桌提供一位服務人員、席間更換餐具的次數、服務人員紅包費用、服務人員是否會引導賓客入場或提供告示牌、是否可以請服務人員協助儀式的進行。

11.提供哪些會場佈置如鮮花、氣球拱門、舞台區鮮花、氣球佈置、主桌、收禮桌之鮮花盆花、每桌桌花、桌卡佈置及菜單、相片架、鮮花、氣球佈置、紅毯、廳內是否提供桌巾椅套、桌巾椅套的顏色選擇。

12.是否提供蛋糕、銀燭台、香檳塔及冰雕、是否提供喜糖盒或喜糖籃、海報大圖輸出。

13.免費提供上菜秀或價格、燈光調光或投射燈、配合出場播放音樂、播放成長光碟、投影機及白色投影布幕提供。

14.宴客場地有無特殊限制，如撒花瓣、吹泡泡機、拉炮或彩花炮、點蠟燭或仙女棒、乾冰或煙火施放。

15.是否提供禮車接送及接送範圍、停車位數量、提供多少免費停車券及泊車費用、是否提供交通圖示，如名片、附近交通停車狀況、是否捷運、公車可到達。（結婚新人看過來｜ N個你必看的訂結婚重點 ，2014）

16.新人要仔細觀察餐廳現場的燈光效果如何，是否有聚光燈會照在舞台或新人身上，餐廳的音響效果如何，是否能讓全場每個角落都能聽得清楚，並要和餐廳確認是不是有專人負責控管燈光和音效。

17.現場確定是否有舞台，舞台的大小、舞台的形式與舞台的高度。如果是活動式的舞台，擺放的位置在哪才是適合，都是新人選擇餐廳需考慮到的因素。

18.注意投影螢幕是否會被人頭或桌椅擋住。有些婚宴餐廳的投影設備架設位置過低，會造成投影時螢幕被擋住，可以要求餐廳調整。

19.婚宴餐廳一般有附帶新娘休息室，注意休息室離婚宴場地的大門需要走多長時間，確認好才不會造成新人出場匆忙或來不及的情況。另外須注意新娘休息室是否有洗手間，免得穿著禮服的新娘和賓客排隊共用洗手間。比較貼心的餐廳，婚宴中會提供小點心，或將餐點裝成小盤放置在新娘休息室，讓新娘在換裝時取用。

20.通常餐廳的限制都是在婚宴場地的安全和清潔上，如不可撒花瓣、拉炮、碎紙片或噴彩帶（如果撒了可能需要付另外的清潔費）、不可以在餐廳牆上亂貼海報或者別的裝飾物，如果在流程中需要這些特殊佈置，新人須事先問清楚餐廳的負責人，避免不愉快情況發生（易雷希婚禮動畫，2014）。

(二)西式教堂婚禮場地選擇

舉辦西式教堂婚禮前，首先須決定教堂，還須邀請一位神父證婚。並須注意教堂的費用或其他具體需求。新人須提前與教堂負責人溝通交流相關細節。

◆西式教堂婚禮的佈置

教堂是半公共的場所，活動較多，新人在佈置場地時須考慮時間限制。舉辦西式教堂婚禮，可佈置得簡約些，不用太繁複花俏，重點在接待處，以及在貴賓席旁邊裝飾些鮮花；會場簡潔裝飾，方便會後處理。

◆西式教堂婚禮的座位安排

賓客抵達後，伴郎須帶領賓客到觀禮座位。女方賓客和新娘的家人一樣，安排在左邊，新郎的賓客坐在右邊。如果一方的人來得較多，最簡單的方法便是在兩邊隨便坐，這樣觀禮賓客都能有很好的觀禮視線。須注意的是，一般伴郎應該用右手把女賓客請到座位上，男賓客就不需顧慮這些。如果同時抵達一大批賓客，便是年長者優先。

◆西式教堂婚禮須注意的細節

在教堂舉辦婚禮，須謹慎地選擇儀式音樂、誓言、祈禱文，並須依據新人文化情感背景，確定一些固定習慣或是參考一些其他的形式，例如蠟燭儀式，即通道須擺三根大白蠟燭，其中兩根象徵新婚夫婦間的愛情終身不渝。在新人宣誓過後，新人須點燃第三根蠟燭，表示「同心燭」（上海久久結婚網，2014）。

(三)主題婚禮方案流程

近年來，因應新人的成長背景、愛情故事、共同喜好、星座連結或姓氏聯想等，讓新人的婚禮發展多樣而創新的主題婚禮方案。主題婚禮舉辦，除了須保有傳統婚禮的重要習俗外，婚禮顧問（婚禮企劃）多能依新人的需求，打造具特色的主題婚禮。主題婚禮的婚宴場地，大致可分為飯店、婚宴會館、餐廳、戶外等四種類型；面對婚禮市場琳琅滿目的選擇，究竟該如何挑選最合適的場地，除了假手婚禮顧問（婚禮企劃）外，新人第一步不妨先將婚期、桌數、預算確定，再進行每個階段的細節項目。

新人與雙方家長的初步溝通後，新人可藉由婚期、桌數、預算等三個基本條件，結合婚宴主題，初擬婚宴場地名單，並透過宴客場地的網站、網路評價、親友口碑等意見，篩選適合的場地與廳別。若是戶外婚宴場地則須規劃雨天備案；若選擇非市區的飯店餐廳，新人

須貼心規劃交通車或接送服務等措施；另外可以從住家附近的宴客場地開始進行勘查詢價，切記訂席之前須先勘查場地，方能完成付訂手續。

新人可斟酌需求條件作為場地篩選的指標，例如婚禮司儀的需求是否為必要條件，或者宴會廳內須挑高不宜有樑柱，或需要大型舞台或特殊的出場方式，以及是否需要同時擁有西式證婚台加宴會廳等，另外，如硬體裝潢、菜色價位、折扣優惠、交通位置、服務態度等項目，亦可列為篩選的條件，最後綜理表列各家的優缺點，再依新人最在意的需求條件排出優先順序，逐步完成簽約付訂的流程，並記得洽談過程中的細節最好能註記於合約中，才能保障雙方權益（veryWed非常婚禮-心婚誌，2013）。

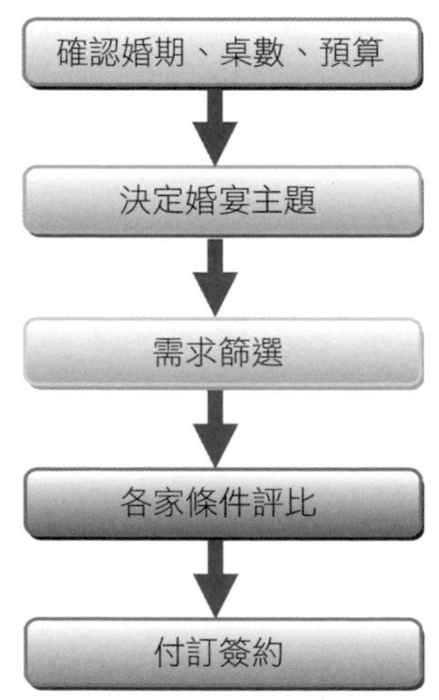

婚宴場地簽約流程圖

婚宴場地的氛圍營造、婚宴內容、婚禮設備，以及賓客抵達婚宴會場的交通資訊安排，事先用心設計與佈置，令賓客分享幸福、賓至如歸。

婚宴場地硬體佈置與交通資訊重點彙整表

婚宴場地硬體裝潢動線			
廳別房間	硬體設備	佈置動線	地理交通
1.廳內是否方正及挑高 2.是否為獨立空間 3.新娘房是否有洗手間、空調 4.舞台大小、位置、新人出場動線 5.廳內是否有樑柱 6.廳內可容納的最大和最少桌數，以及保證桌數 7.宴會桌為長桌或圓桌 8.可否選擇桌巾椅套的色系 9.宴會廳所在樓層 10.是否提供新房住宿或新娘房 11.親友訂房優惠 12.是否有低消額度限制 13.場地使用有無時間限制	1.入口大廳是否明亮氣派 2.是否提供場地設備Spot Light、燈光秀或上菜秀、施放煙火、乾冰泡泡機、升降舞台 3.是否提供投影機、投影布幕大小位置及數量 4.音響喇叭的配置 5.有線或無線麥克風 6.音響播放設備或鋼琴 7.是否有戶外證婚台 8.場地使用是否有特殊限制	1.是否提供賓客導引指示牌 2.是否包含氣球或鮮花的會場佈置 3.放大照及相簿是否提供佈置 4.是否提供放大照畫架、大圖輸出吊架 5.桌花是否提供鮮花 6.是否有專屬迎賓送客拍照區域	1.是否鄰近捷運或公車站牌 2.是否提供接駁車或泊車服務 3.停車場位置、數量及客滿處理 4.免費停車數量及時數限制

(五)菜色服務價位

婚禮舉辦之婚宴場地，為新人結婚當天，令賓客賓至如歸，以及分享幸福感受的重要場域，為表示對前來祝福親友的感謝，必須事先細心安排與確認相關菜色、服務等相關細節。

婚宴場地菜色服務價位重點彙整表

婚宴場地菜色服務價位			
菜色水酒	婚企服務	價格優惠	特殊服務
1.菜色共有幾道及等級 2.每道菜色的食材與做法 3.桌菜或自助式 4.可否菜色升等 5.出菜時間與順序 6.素食是以人數或是單桌計費 7.水酒飲料是否免費提供 8.贈送酒類為何種品牌等級 9.自備酒類可否免收開瓶費及清潔費	1.是否提供專業主持人或婚企服務 2.是否提供成長／婚紗MV製作及播放 3.席間更換碗盤餐具次數 4.平均幾桌提供一位服務人員	1.單桌桌價多少 2.包套方案價格 3.刷卡是否要另外收手續費 4.付現可否現金優惠 5.訂金需預付幾成 6.早鳥方案或促銷方案	1.是否提供喜糖籃／盤 2.是否提供特殊客製小物 3.是否提供禮車接送 4.是否提供新秘／婚攝服務

資料來源：veryWed非常婚禮-心婚誌（2013）

三、伴郎伴娘挑選

伴郎及伴娘是婚禮不可或缺的重要人物；他們當天身負重任協助婚禮更加順利進行。因此挑選伴郎伴娘的條件，最好與新人的關係親密、熟悉新人的喜好，並有責任感。傳說伴郎及伴娘將是下一個結婚的幸運兒，因此多會選擇未婚的親朋好友擔任。

婚禮當天伴娘需做的事很多，必須能細心地隨時留意新娘的髮型、彩妝及禮服。而伴郎最好很能喝酒，而且能接待賓客，敬酒間伴郎常需替新郎擋酒，或迎娶通關時，必須挺身而出協助過關。

(一)伴娘的任務

1.隨時留意及整理新娘的禮服及造型，拍照時尤其注意。
2.迎娶時的擋嫁要好好為新娘把關，別讓新郎太容易迎娶到新娘。
3.新娘穿著婚紗不方便行動，伴娘需隨時協助新娘拉婚紗。
4.需幫忙遞送新娘準備的探房小禮。
5.儀式進行時，協助新娘拿捧花。
6.結婚儀式進行時，負責傳遞結婚戒指。
7.沒有新娘秘書時，隨時幫新娘補妝、換禮服及頭飾等。

(二)伴郎的任務

1.協助新人處理臨時或突發狀況。
2.提醒新郎於迎娶前的相關事宜。
3.在迎娶時，替新郎向伴娘們打通關，幫助新郎順利娶得美嬌娘。
4.結婚儀式進行時，負責傳遞結婚戒指。
5.敬酒時儘可能幫新郎擋酒，並說吉祥話。

(三)對於伴郎伴娘的人數，應該如何決定才適當？

一般伴郎及伴娘計算人數的方式，有分成對數及人頭數，兩種方式都有人採用，基本上視自己的家人及長輩的意思為考量。

1.對數：以總對數計算；一對伴郎伴娘加上新人對，總共兩對；或單純只算伴郎伴娘對，那就會有兩對或六對，一般都會是雙數並避開4。
2.總人頭數：就是算伴郎及伴娘的總人頭數，不要是4就好，例如：三對就會說是陪嫁男女共六人。

數量可依據個人喜好而定，並無特殊限制，亦有習俗以伴郎伴娘最好保持男女一致，其實完全可以依新人的經濟能力決定（結婚新人看過來｜ N個你必看的訂結婚重點 ，2014）。

CHAPTER 7

公證結婚

一、登記結婚年齡限制

二、公證結婚程序

三、公證結婚注意事項

有些新人工作忙碌，乾脆選擇簡單隆重的「公證結婚」方式，完成終身大事。

一、登記結婚年齡限制

1.滿18歲結婚。

2.應有公開儀式及二人以上之證人。

3.父母可陪伴，也可不陪同參加。

二、公證結婚程序

1.辦理公證結婚，除了平常日外，星期日及例假日亦有受理，提前一、二日於上班時間向地方法院公證處登記。

2.公證結婚時間由申請人指定，星期下午、星期日、例假日、均照常公證，如果所申請之日結婚人數過多，則改在規定時間自由選定。

3.登記時新郎、新娘及兩位證人均須攜帶國民身分證及印章，證人可於結婚當日補辦手續。

4.若是外籍人士或華僑，則須帶護照或僑居地身分證件，以及未婚證明書。

5.軍人須提出主管批准之婚姻報告表正本，並且準備複印本一份，以憑核對及存查。

6.新郎新娘應服裝整齊，不可穿牛仔褲。

7.如本人不能親自前往辦理登記，得委託他人代辦，但結婚時，新人及證人均應到場。

8.公證手續費用包括：結婚公證書和公證請求書各一份，共22

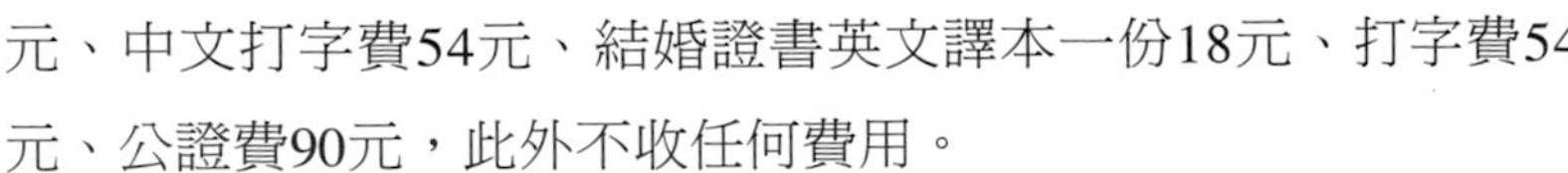

元、中文打字費54元、結婚證書英文譯本一份18元、打字費54元、公證費90元，此外不收任何費用。

9.公證處備有新郎領帶領結、新娘禮服、面紗花球、手套胸花、名條等，免費提供新人借用。

10.法院於儀式禮畢後，交付新人結婚公證書正本兩份及謄本一份，作為申報戶籍婚姻登記用。

公證結婚
資料來源：搖擺狗部落格（2007）

三、公證結婚注意事項

新人選擇公證結婚，仍須注意以下情況：

1.結婚人有下列情形者，不得為其辦理公證結婚。

(1)男未滿18歲，女未滿16歲者。

(2)女子自前婚姻關係消滅後未逾六個月之期間，但已分娩者不在此限。

(3)違反民法第九八三條所定親屬結婚之限制者。

(4)監護人與受監護人於監護關係存續中結婚，而未經受監護人

之父母同意者。

(5)重婚者。

(6)因姦經判決離婚，或受刑之宣告而與相姦人結婚者。

2.結婚人如有原配偶死亡（包括宣告死亡）或離婚情形者，應命其提出國民身分證查核，必要時得命提出戶籍謄本予以核對。

3.結婚人如男已滿18歲，女已滿16歲而未滿20歲者，其法定代理人（即生父母、養父母或監護人）應親自到場，行使同意權，其不能到場者，應出附有印鑑證明書之同意書，或經其他公務機關簽註之同意書。

4.未成年人結婚，其法定代理人到場行使同意權時，應於公證聲請書有關欄內，記明法定代理人姓名、性別、年齡、籍貫、職業、住所、身分證字號，表示同意，並由其於公證結婚證書上簽名蓋章。

新人在結婚公證書上簽名蓋章
資料來源：Heureux（2010）

公證人將結婚證書交予新人
資料來源：Heureux（2010）

參考資料

一、研究報告、論文

于亦知、詹詠為、蕭智強、楊子毅、陳思妘（2013）。《台灣婚禮產業服務創新流程報告——婚紗攝影與婚禮顧問的共同成長》。

江珮綺（2010）。《探討不同生活型態消費者購買婚禮產品之差異》。國立台灣師範大學運動與休閒管理研究所。

行政院勞工委員會（2008）。《服務類課程訓練計畫書——婚禮顧問》。行政院勞工委員會職業訓練局泰山職業訓練中心。

吳奇浩（2012）。《洋風、和風、台灣風：多元雜揉的台灣漢人服裝文化》（1624-1945）。國立暨南大學歷史學系博士論文。

林宜蓁、李羚寧（n. d.）。《各國之習俗禮儀文化》。國立淡水高級商工職業學校。

邱于霖（2010）。《台灣婚姻儀式之演進歷程與優質婚姻之探討》。逢甲大學經營管理碩士在職專班碩士論文。

柯亭安、陳奕雯、鄭凱心（2010）。《客製化的婚禮——婚禮企劃》。

胡珮莉（2014）。《婚禮小物消費需求與偏好之研究》。國立台灣藝術大學工藝設計學系在職碩士班碩士論文。

徐岳彤（2011）。《爵士樂婚禮樂團關鍵成功因素之研究——以高雄市婚禮樂團為例》。國立高雄大學高階經營管理碩士（EMBA）在職專班碩士論文。

張金印（2010）。《大台北都會區消費者對婚禮企劃服務認知之研究》。經國管理暨健康學院健康產業管理研究所碩士論文。

張維正（2012）。《接觸、殖民與文化容受：日治時期台灣漢人婚禮的變遷》。國立台灣師範大學台灣史研究所碩士論文。

莊金德（1963）。〈清代台灣的婚姻禮俗〉。《台灣文獻》，第14卷第3期，頁28-70。

許閔惠（2012）。《白紗與花朵的管理——飯店婚禮企劃服務初探》。國立高雄應用科技大學觀光與餐旅管理研究所碩士論文。

陳景雄、陳漢杰（n. d.）。《國家文化的不同——從各國日常生活中的文化差異看起》。

經濟部商業司（2006）。《消費與生活型態研究與訓練之策略計畫》。

經濟部商業司（2009）。《結婚產業研究暨整合拓展計畫》。

蕭棓勻（2008）。《婚紗攝影產業與消費者集體想像的「攝影再現」之研究》。南華大學美學與視覺藝術學系碩士班碩士論文。

二、網站

《台灣原住民族歷史語言文化大辭典》（2014），http://210.240.125.35/citing/default.asp

【婚禮】準備婚事~發現夢幻婚禮。好事婚禮顧問公司（2013），http://cuterosalind1016.pixnet.net/blog/post/253424168-%E3%80%90%E5%A9%9A%E7%A6%AE%E3%80%91%E6%BA%96%E5%82%99%E5%A9%9A%E4%BA%8B~%E7%99%BC%E7%8F%BE%E5%A4%A2%E5%B9%BB%E5%A9%9A%E7%A6%AE%E3%80%82%E5%A5%BD%E4%BA%8B%E5%A9%9A%E7%A6%AE

360doc個人圖書館（2013），http://www.360doc.com/index.html

Anna Wedding婚禮佈置企劃（2014），https://www.facebook.com/annaweddingparty?fref=photo

AJ HK Wedding Planner (2014), http://hkweddingplanner.com/chinese-wedding-master.html

bestwedding net asia (2013), http://bestweddingasia.pixnet.net/blog

BJ星級彩妝造型學苑（2012，http://poeis23465.pixnet.net/blog/post/12677141-%E4%B8%AD%E8%A5%BF%E6%96%B9%E7%B5%90%E5%A9%9A%E5%A9%9A%E7%A6%AE%E7%A6%81%E5%BF%8C%E5%A4%A7%E4%B8%8D%E5%90%8C

BuzzHand (2014), http://www.buzzhand.com/

C'EST BON金紗夢婚禮（2013），http://cestbon7832.pixnet.net/blog

CHER'S TRAVEL (2013), http://cherstravel.blogspot.tw/

Chris Leung-flickr相簿（2014），https://www.flickr.com/photos/chicosan/

daddydear (2008), http://daddydear.projectdreamz.com/?cat=76

Danny's Flower (2014), http://www.danny.com.tw/

DavidsBridal (2014), http://www.davidsbridal.com/

Donfer Photography (2014), http://www.ludonfer.com/

Elsa.Double Happiness (2013), http://babyelsalove.blogspot.tw/

FT中文網（2013），http://www.ftchinese.com/photonews/263

Heureux (2010), http://blog.yam.com/joeille/article/26392442

I Love Pomeranjan (2014), http://blog.yam.com/bettylovesky

IDO99 (2013), http://www.ido99.cn/html/33/312.html

iwed婚禮（2014），http://www.520iwed.com/jiehunxisu/2014/0504/881.html

jasmiin (2014), http://jasmiinchiu.pixnet.net/blog

Jerry Lin Photo Studio (2011), http://blog.xuite.net/theshowjerry/wretch

JustSay【YES】就是要幸福 婚禮顧問主持（2012），http://justsayyes.pixnet.net/blog

korea fan network (2014), http://www.kofan.com/tw/?p=1486

Lamigo Monkeys粉絲團（2014），https://www.facebook.com/LamigoMonkeys?fref=photo

Love MiMi (2013), http://tayuandmimi.blogspot.tw/

MP de luxe (2014), https://mpdeluxe.mingpao.com/cfm/main.cfm

MOR婚紗・攝影工坊（2014），http://www.deamorwedding.com/5805/%E5%A9%9A%E7%B4%97%E5%81%B4%E6%8B%8D-mor-moment-vol2/

NADIA LEE (2014), http://nadialee.idv.tw/

Only You唯你自主婚紗攝影工作室（2014），https://www.facebook.com/wedding.onlyyou/timeline

our20081231相簿（2008），http://our20081231.pixnet.net/album/list

peopo公民新聞（2014），http://www.peopo.org/

Plus Priority的相簿（2014），http://pluspriority.pixnet.net/album

PRE-WEDDING 自助婚紗（2014），http://www.sharkjiang.com/category/pre-wedding-%E8%87%AA%E5%8A%A9%E5%A9%9A%E7%B4%97/

PUPower的相簿（2011），http://pupower.pixnet.net/album/photo/165942268

rayli新娘（2013），http://bride.rayli.com.cn/dress/accessories/2013/11253846_4.shtml

Rose創意婚禮搜查線｜婚禮情報特搜｜婚禮IDEA分享（2010），http://blog.xuite.net/roseqiangwei/twblog

Swiss Debby (2006), http://blog.udn.com/debby927/333298

Tiffany&Co. (2008), http://zh.tiffany.com/

Tiffany婚禮企劃主持（2014），https://www.facebook.com/tiffany.yun.5?fref=photo

tinayann的部落格（2010），http://blog.udn.com/tinayann/3796435

veryWed非常婚禮（2014），http://verywed.com/

veryWed非常婚禮-心婚誌（2013），http://verywed.com/magazine/

veryWed婚禮櫥窗（2014），http://verywed.com/vwblog/vwreport/

Watabe Wedding 華德培婚禮有限公司（台灣分公司）（2014），http://www.watabe-wedding.com.tw/

Wed114結婚網（2013），http://nb.wed114.cn/c20130407152654 9893.html

wedding day (2013), http://www.weddingday.com.tw/blog/

WeddingDay小花。禮服控狂想曲（2014），http://blog.fashionguide.com.tw/8022/posts/user_category/17556-%E7%9B%B4%E6%93%8Aweddingday%E5%B0%8F%E8%8A%B1%E3%80%82%E8%A9%A6%E7%A9%BF%E6%96%87

WeddingDay自助婚紗第一站（2013），http://vernayzcube.pixnet.net/blog

yoka時尚網（2011），http://www.yoka.com/luxury/people/2010/1121407971.shtml

サイクリングと居合道そして都心散（2007），http://blog.goo.ne.jp/elcondr/e/53cf215266c5639b506707157d083e5c

八號甜蜜8 Sweet（2008），http://muyubebesblog.pixnet.net/blog

八號甜蜜8 Sweet（2010），http://muyubebesblog.pixnet.net/blog

八號甜蜜8 Sweet（2013），http://muyubebesblog.pixnet.net/blog

上海久久結婚網（2014），http://sh.99wed.com/

千媚網（2013），http://www.qianmeiw.com/a/wed/xisu/3343.html

土耳其旅遊部落格（2014），http://www.travelrich.com.tw/members/turkey/index.aspx

大紀元（2005、2009、2014），http://www.epochtimes.com/

大浙社區（2014），http://myzj.qq.com/

大喜婚嫁禮品館（2014），http://www.dashi2699.com/index.asp?le=tchinese

大頭鼠的部落格（2009），http://www.bhm.idv.tw/blog/?p=501

女人世界（2013），http://www.4738.com/

女人迷（2012），http://womany.net/?ref=logo

中文百科在線（2011），http://www.zwbk.org/MyLemmaShow.aspx?zh=zh-tw&lid=205050

中國頂級好聲音雙語主持人-有為（2012），http://www.weddingmc.cn/

中國網（2009），http://www.china.com.cn/index.shtml
中國禮品網（2013），http://www.lipingov.cn/
中國警察網（2012），http://www.cpd.com.cn/
中團網（2012），http://0574.teambuy.com.cn/
互動百科（2014），http://www.baike.com/
六堆生活學苑（2009），http://liouduei.pixnet.net/blog
勾勾婚禮（2014），http://ppwedding.net/
天使的嫁衣（2013），http://hutu61306569.blog.sohu.com/277531277.html
心動禮影攝影（2014，http://xn--h1sy24e4icey5a.com/
文匯報（2010），http://paper.wenweipo.com/
文學城（2011），http://www.wenxuecity.com/news/2011/10/17/1501325.html
水雲美容芳療學院（2011），http://angel560217.pixnet.net/blog
半生不熟蘋果誌（2010），http://hsiaobao.pixnet.net/blog
世界奢侈報導（2012），http://luxury.icxo.com/
世界禮俗網（2014），http://103.30.133.33/
可艾婚禮小物&喜帖設計（2013、2014），http://kutewedding.pixnet.net/blog
台中婚紗｜Queena Wedding（2013），http://queena888.pixnet.net/blog
台中婚攝/女攝&地圖貓影像攝影團隊（2013），http://vivian52052030.pixnet.net/blog
台妹駐美代表處（2009），http://florada0330.pixnet.net/blog
台東牧童呆人（2008），http://blog.sina.com.tw/tt0910148289/
台南生活美學館（2014），http://old.tncsec.gov.tw/
台南縣政府新聞處（2007），http://ifo.tainan.gov.tw/active_Detail.aspx?ID=808&page=1&ActiveDate=2008/5/10&sTitle=
台灣原住民（2014），http://teacher.aedocenter.com/mywebB/Newbook-7/kc-08.htm
台灣原住民族文化知識網（2014），http://www.sight-native.taipei.gov.tw/mp.asp?mp=cb01
台灣原住民族文化園區（2014），http://www.tacp.gov.tw/home01.aspx?ID=1
台灣原住民族資訊資源網（2014），http://www.tipp.org.tw/index.asp
史丹利 樂福（2013），http://aronrandom.pixnet.net/blog
史蒂芬婚禮企劃（2014），https://www.facebook.com/steven.wedding
正和家園網（2014），http://www.lyj123.com/showinfo-904-207885-1.html

正樹日語實驗教室（2013），http://blog.roodo.com/masaki70

永恆婚禮顧問（2014），http://www.foreverwed.com.tw/

生命禮儀與文化詮釋（2006），http://yangy.chinese.nsysu.edu.tw/951life/PAGE1.HTM

石欣茹、吳佳芸、蘇幸汶，日本婚禮和儀式。

伊秀娛樂（2014），http://www.yxlady.com/

合訊網（2014），http://www.hexun.com.tw/

吉美臻品婚禮（2014），http://www.xajm520.com/

吐魯番地區政府網（2012），http://www.tlf.gov.cn/info/430/75840.htm

好事婚禮顧問 Our Wedding（2014），http://ourweddingplan.pixnet.net/blog

百合婚禮社區（2010），http://www.lilywed.cn/

百度貼吧（2010），http://tieba.baidu.com/p/700796388

米果婚禮設計（2014），http://megodesign.pixnet.net/blog/category/359363

艾薇 廚房是我的遊樂園部落格（2014），http://novichen.pixnet.net/blog

快拍快拍（2014），http://www.kpkpw.com/index.php

我是吳酸酸部落格（2014），http://arosa5433.pixnet.net/blog

我要紅妝（2010），http://www.51hongzhuang.com/anlishow.asp?ID=1669

我要結婚了WeddingDay（2013），http://blog.xuite.net/weddingday/wretch

我愛熱可樂（2014），http://www.52rkl.cn/

我愛購物網（2011、2014），http://www.55bbs.com/

我願意（2014），http://ido520.com/index.php

求婚大作戰（2014），http://proposemarry.pixnet.net/blog

男婚女嫁網（2014），http://www.nanhunnvjia.com/

芒果媽咪（2014），http://ivynaco.pixnet.net/blog

那米哥宴會廣場（2014），http://www.lamigo-wedding.com.tw/index.htm

京采飯店（2014），http://www.splendor-tp.com.tw/index.php

京華婚禮（2014），http://www.jinhuaname.com.tw/index1.asp

侑昇有限公司（2014），http://9722768.tw/

典華幸福機構（2014），http://www.denwell.com/index.php

宗教趣聞百科（2011），http://zjqw.baike.com/article-83873.html

幸福久久久（2014），http://www.twhf999.com.tw/article.php?id=234

幸福婚嫁（2008），http://www.xfwed.com/artcle/meeting/2008-9/22/2008092469.html

幸福瞬間（2014），http://moment.mall.yorkbbs.ca/StoreCatagory.aspx?Id=18383
易雷希婚禮動畫（2014），http://www.easyflash.com.tw/index.php
直髮盧女士與捲毛壞脾氣小姐相簿（2014），https://www.flickr.com/photos/chiukoala/
直觀中國（2015），http://www.chineendirect.com/china/event/14087_2.html
邱子柔sosi JC（2014），https://www.facebook.com/sosistudiojc?fref=ts
長城網（2013），http://edu.hebei.com.cn/
阿里山鄉公所（2006），http://www.alishan.gov.tw/home.asp
青林攝影（2008），http://yqlmmcr.blog.163.com/blog/static/11401153200811705115705/
青青食尚花園會館（2014），http://www.77-67.com/index.php
南方網（2005），http://www.southcn.com/
南博網（2011），http://www.caexpo.com/
品啦結婚網（2012、2013），http://www.pinla.com/article-11408.html
哈秀時尚網（2012），http://baby.haxiu.com/20120630105482_2.html
度日、渡日（2011），http://gina5yeh.pixnet.net/blog
柯乞寥的日志（2011），http://blog.renren.com/blog/341278183/726449812
皇家結婚用品百貨（2014），http://2011.kwed.com.tw/html/front/bin/home.phtml
相信一切都是最好的安排部落格（2014，http://flperi.pixnet.net/blog
紅刺蝟風格婚紗（2014），https://www.facebook.com/RED.PORCUPINE2013?fref=ts
美合網（2014），http://www.cmeihe.com/
美辰旅遊（2010），http://www.sh51766.com/view/view_2839.htm
美麗婚禮（2012），http://www.weddingideal-tw.com/knowledge.php?p=597
耐斯王子大飯店（2014），http://www.niceprincehotel.com.tw/index.aspx
背包客棧（2009），http://www.backpackers.com.tw/forum/
迦拿婚禮（2014），http://www.canawedding.com.tw/node/156
重慶結婚網（2014，http://www.cqwed.com/
食譜秀（2014，http://www.shipuxiu.com/
香港地產網（2011），http://www.hkproperty.com/
原住民數位博物館（2014），http://www.dmtip.gov.tw/Index.aspx
宸上名品飯店（2014），http://www.chenshang.com.tw/caise.php
時尚網（2014），http://trends.com.cn

海味軒（2014），http://hiwave.starrygift.com/
馬來西亞觀光局官方網站（2014），http://www.promotemalaysia.com.tw/default.aspx
高雄婚設阿鴻婚禮紀錄（2014），http://ahungiphoto.blogspot.tw/
唯愛婚禮紀錄（2014），http://goo.gl/j0001
堆糖（2014），http://www.duitang.com/people/mblog/182275671/detail/
婚禮工房（2014），http://www.wedwishes.com.tw/
婚禮情報（2012），http://www.wed168.com.tw/
婚攝鯊魚影像工作室（2014），http://www.sharkjiang.com/
婚戀百科（2011），http://hunlian.baike.com/article-115299.html
排灣族小米園（2008），http://www.paiyuan.url.tw/tribal/tb-7.htm
淘寶網（2014），http://tw.taobao.com/?spm=a220o.1000855.0.0.rcl9fj
牽緣婚禮（2014），http://www.wed853.com/show.aspx?id=1834&cid=418
紹興頻道（2013），http://sx.zjol.com.cn/07sxtk/2012_hunlian/index.shtml
郭元益（2014），http://www.kuos.com/bride.html
野澤碧部落格（2014），http://beei.pixnet.net/blog
鹿城影友的日志（2010），http://wo.icfpa.cn/space.php?uid=50669&do=blog&id=4081
麻吉大聲公（2014），http://blog.marqueeplay.com/
博寶拍賣網（2014），http://auction.artxun.com/pic-528780241-0.html
喀報（2012），http://castnet.nctu.edu.tw/
喜田屋有限公司（2014），http://www.bridecookie.com/index.html
喜印坊網路喜帖公司（2014），http://www.love999.org/
喜苑婚禮顧問工作室 DGwedding（2012），https://www.facebook.com/XiYuanHunLiGuWenDGwedding?fref=photo
普特英語聽力（2013），http://www.putclub.com/
發現婚禮（2014），http://blog.findwed.com.tw/
結婚百事通（2014），http://www.yilian99.com/
結婚百科（2011），http://jiehun.baike.com/article-29937.html
結婚進行曲（2014），http://www.ingwed.net/
結婚新人看過來｜ N個你必看的訂結婚重點 （2014），http://easymarry1007.pixnet.net/blog
結婚趣婚禮事務所（2014），http://weddingfun.pixnet.net/blog

虛室生白吉祥止止（2012），http://bit.ly/copy_win

視頻中國（2014），http://www.camchina.cn/show.aspx?cid=100&id=10876

飲食文化（2014），http://dietary-culture.blogspot.tw/。

嫁日婚紗攝影。彩妝（新娘秘書、婚禮顧問）（2013），https://www.facebook.com/pages/%E5%AB%81%E6%97%A5%E5%A9%9A%E7%B4%97%E6%94%9D%E5%BD%B1%E5%BD%A9%E5%A6%9D%E6%96%B0%E5%A8%98%E7%A7%98%E6%9B%B8%E5%A9%9A%E7%A6%AE%E9%A1%A7%E5%95%8F/209662635741575?sk=timeline

微日報（2014），http://www.wribao.com/ent/201409/201462797.html

愛上愛婚禮企劃（2014），https://www.facebook.com/LTBIL

愛結網（2014），http://www.ijie.com/

愛戀海外婚禮有限公司（2014），http://www.overseaswedding.com.tw/index.html

搖擺狗部落格（2007），http://musicveter.pixnet.net/blog

搜狐旅遊（2009、2010），http://travel.sohu.com/

新天地餐飲集團（2010），http://blog.xuite.net/newpalace1945/blog

新唐人電視台（2011），http://kp.ap.ntdtv.com/?p=314

新娘秘書網（2014），http://bride.yeah.com.tw/

新浪四川（2012），http://sc.sina.com.cn/

新浪博客（2012），http://qing.blog.sina.com.cn/tj/8a858b1f33000l2i.html

新浪網（2014），http://www.sina.com.cn/

新婚生活易（2012），http://wedding.esdlife.com/

新華網（2004、2009、2010、2011、2013），http://big5.news.cn/gate/big5/www.news.cn/

sosi BLAKE（2014），https://www.facebook.com/sosiblake

詹囍氣婚禮紀錄（2014），http://www.kkwed.com.tw/index.php

鉅亨網（2012），http://www.cnyes.com/

雷山縣仰央苗族婚禮體驗有限公司（2014），http://www.miaozuhunli.com/page.asp

預見幸福（2013），http://felicitawedding.pixnet.net/blog/post/152222168-%E3%80%90%E5%A9%9A%E7%A6%AEqa%E3%80%91%E5%A9%9A%E7%A6%AE%E9%A1%A7%E5%95%8F%E5%8F%AF%E4%BB%A5%E7%82%BA%E6%88%91%E7%9A%84%E5%A9%9A%E7%A6%AE%E5%81%9A%E4%B

A%9B%E4%BB%80%E9%BA%BC
滿州文化傳媒（2013），http://blog.boxun.com/hero/201306/manchu87/41_1.shtml
漢服網（2014），http://www.23hanfu.com/
網易（2005），http://www.163.com/
樂芙禮品公司（2014），http://www.web66.com.tw/web/Comp?MID=129403#
樂樂花園工作室（2014），http://anleflowers.co/
歐洲新報網（2014），http://forum.xinbao.de/
歐越的博客（2010），http://ouyuezi.blog.sohu.com/
隨想心境（2009），http://blog.xuite.net/edward.ck/blog
優仕網（2012），http://www.youthwant.com.tw/
優博留學網（2014），http://www.ubroad.cn/archives/44332
環球網（2014），http://country.huanqiu.com/image/showimage/acid/1277/aid/5600
韓國嬌妻日記（2014），http://krystal2014.blogspot.tw/2014/06/2014315.html
藝術的私密的空間（2011），http://chgq1020.blog.163.com/
麗人秀時尚社區網（2014），http://club.ladypk.com/index.html
蘋果日報（2010），http://hk.apple.nextmedia.com/international/art/20100516/14035258
攝真文字影像工坊（2008），https://www.flickr.com/photos/porpoise35/
攝影師的光影美學（2014），http://www.daran.tw/blog/
櫻前線日本留學教育特刊（2013），http://www.szsjapan.com.tw/
鐵血社區（2014），http://bbs.tiexue.net/post_3660510_1.html
歡迎光臨jeveux愛朵婚卡（2007），http://blog.xuite.net/icezhuo/twblog
戀戀情深（2014），http://blog.xuite.net/rosy0613/twblog

婚禮風格規劃概論

編 著 者／傅茹璋
出 版 者／揚智文化事業股份有限公司
發 行 人／葉忠賢
總 編 輯／閻富萍
特約執編／鄭美珠
地　　址／新北市深坑區北深路三段 260 號 8 樓
電　　話／(02)8662-6826
傳　　真／(02)2664-7633
網　　址／http://www.ycrc.com.tw
E-mail／service@ycrc.com.tw
ISBN／978-986-298-178-8
初版一刷／2015 年 4 月
初版二刷／2019 年 3 月
定　　價／新台幣 550 元

國家圖書館出版品預行編目資料

婚禮風格規劃概論 / 傅茹璋編著. -- 初版. --
新北市 : 揚智文化, 2015.04
面； 公分

ISBN 978-986-298-178-8（平裝）

1.婚紗業 2.婚禮

489.61 104004049

Notes

Notes